Deepen Your Mind

Deepen Your Mind

前言

電腦視覺（Computer Vision，CV）又稱為機器視覺（Machine Vision，MV）主是一門研究如何使機器「看」的科學，更進一步的說它是用來指用攝影機和電腦代替人眼對物件進行辨識、追蹤和測量等機器視覺，隨著社會科技的發展，用電腦處理成為更適合人眼觀察或傳送給儀器檢測的圖型。

深度學習則來自經典的神經網路架構，屬於機器學習領域，它透過不同形式的神經網路，結合視覺巨量資料的大規模存量與不斷產生的增量進行訓練，自動提取細粒度的特徵，形成抽象化的視覺描述，在視覺分析方面取得很大的進步，是當前人工智慧爆炸性發展的核心驅動。就目前技術而言，電腦視覺可分為以下幾個大方向：

- 圖型分類
- 物件偵測
- 圖型分割
- 圖型重構
- 圖型生成
- 人臉
- 其他

隨著巨量資料及人工智慧技術的不斷發展，電腦視覺以其可視性、規模性、普適性逐步成為 AI 實作應用的關鍵領域之一，在理論研究和工程應用上均迅速發展。

Python 是一種電腦程式語言，是一種物件導向的動態類型語言，它在設計上堅持了清晰劃一的風格，這使得 Python 成為一門易讀、易維護，並且被大量使用者所歡迎的、用途廣泛的語言。隨著 Python 版本的不斷更新和語言新功能的增加，越來越多被用於獨立的、大型專案的開發。自從 20 世紀 90 年代初 Python 語言誕生至今，它已被逐漸廣泛應用於系統管理任務的處理和 Web 程式設計。

自電腦誕生以來，透過電腦來模擬人類的視覺便成為非常熱門且頗具挑戰性的研究課題。隨著數位相機、智慧型手機等硬體裝置的普及，圖型以其易於擷取、資訊相關性多、抗干擾能力強的特點得到越來越廣泛的應用。資訊化和數位化時代已經來臨，隨著對人工智慧領域的投入強度，電腦視覺處理的需求量也會越來越大，應用也將越來越廣泛。

因為 Python 的好用、簡單、普遍等特性，所以本書的電腦視覺實現是在 Python 完成，本書編寫特點主要表現在：

（1）案例涵蓋面廣、實用、擴充性、可讀性強。

本書以概述＋案例的形式進行編寫，充分強調案例的實用性及程式的可擴充性，所選案例大多數來自日常生活中，應用性強。另外，書中每個案例的程式都經過偵錯與測試，同時程式碼中增加了大量的解釋說明，可讀性強。

（2）點面完美結合，兼顧性強。

本書點面兼顧，涵蓋了數位影像處理中幾乎所有的基本模組，並涉及視訊處理、對位拼接、數位浮水印等進階影像處理方面的內容，全面講解了基於 Python 進行電腦視覺應用的原理及方法，內容做到完美連結與統籌兼顧，讓讀者實現了由點到面進行發散性延伸。

全書共 20 章，每章節的主要內容包括：

第 1 章介紹了電腦視覺程式設計基礎，主要包括電腦視覺的概述、Python 程式設計軟體、幾個常用函數庫、Python 影像處理類別庫等內容。

第 2 章介紹了去霧技術，主要包括空域圖型增強、時域圖型增強、色階調整去霧技術等內容。

第 3 章介紹了形態學的去除雜訊，主要包括圖型去除雜訊的方法、數學形態學的原理、形態學運算等內容。

第 4 章介紹了 Hough 變換檢測，主要包括 Hough 直線檢測、Hough 檢測圓等內容。

第 5 章介紹了分割車牌定位辨識，主要包括車牌影像處理、定位原理、字元處理、字元辨識等內容。

第 6 章介紹了分水嶺實現醫學診斷，主要包括分水嶺演算法、分水嶺醫學診斷案例分析等內容。

第 7 章介紹了手寫數字辨識，主要包括卷積神經網路的概述、SVC 辨識手寫數字等內容。

第 8 章介紹了圖片中英文辨識，主要包括 OCR 的介紹、OCR 演算法原理、OCR 辨識經典應用、獲取驗證碼等內容。

第 9 章介紹了小波技術的圖型視覺處理，主要包括小波技術的概述、小波實現去除雜訊、圖型融合處理等內容。

第 10 章介紹了圖型壓縮與分割處理，主要包括 SVD 圖型壓縮處理、PCA 圖型壓縮處理、K-Means 聚類圖像壓縮處理等內容。

第 11 章介紹了圖型特徵比對，主要包括相關概念、圖型比對等內容。

第 12 章介紹了角點特徵檢測，主要包括 Harris 的基本原理、Harris 演算法流程、Harris 角點的性質、角點檢測函數、FAST 特徵檢測等內容。

第 13 章介紹了運動物件自動檢測，主要包括幀差分法、背景差分法、光流法等內容。

第 14 章介紹了浮水印技術，主要包括浮水印技術的概念、數位浮水印技術的原理、典型的數位浮水印演算法、浮水印技術案例分析等內容。

第 15 章介紹了大腦影像分析，主要包括閾值分割、區域生長、區域生長分割大腦影像案例分析等內容。

第 16 章介紹了自動駕駛應用，主要包括理論基礎、環境感知、行為決策、路徑規則運動控制及自動駕駛案例分析等內容。

第 17 章介紹了物件偵測，主要包括 RCNN 系列、YOLO 檢測等內容。

第 18 章介紹了人機互動，主要包括 Tkinter GUI 程式設計元件、佈局管理器、事件處理、Tkinter 常用元件、選單等內容。

第 19 章介紹了深度學習的應用，主要包括理論部分、AlexNet 網路及案例分析、CNN 拆分資料集案例分析等內容。

第 20 章介紹了視覺分析綜合應用案例，主要包括越南大戰遊戲、停車場辨識費率系統等內容。

本書由佛山科學技術學院張德豐編寫。由於時間倉促，加之作者水準有限，所以錯誤和疏漏之處在所難免。在此，誠懇地期望得到各領域的專家和讀者們的批評指正，聯繫電子郵件 workemail6@163.com。

張德豐

目錄

1 電腦視覺程式設計基礎

1.1 電腦視覺的概述 1-2

    1.1.1 什麼是電腦視覺 1-2

    1.1.2 發展現狀 1-3

    1.1.3 電腦視覺用途 1-5

    1.1.4 相關學科 1-6

    1.1.5 電腦視覺的經典問題 1-6

1.2 Python 程式設計軟體 1-7

    1.2.1 Python 應用領域 1-8

    1.2.2 發展歷程 1-8

    1.2.3 Python 的安裝 1-9

    1.2.4 使用 pip 安裝第三方函數庫 1-13

1.3 幾個常用函數庫 1-15

    1.3.1 Numpy 函數庫 1-15

    1.3.2 Scipy 函數庫 1-16

    1.3.3 pandas 函數庫 1-18

    1.3.4 scikit-learn 函數庫 1-19

1.4 Python 影像處理類別庫 1-19

    1.4.1 轉換圖型格式 1-21

    1.4.2 創建縮圖 1-23

    1.4.3 複製並貼上圖型區域 1-23

    1.4.4 調整尺寸和旋轉 1-23

1.5 Matplotlib 函數庫 1-26

1.6　Numpy 影像處理 1-31

　　1.6.1　灰階變換 1-32

　　1.6.2　圖型縮放 1-34

　　1.6.3　長條圖均衡化 1-34

　　1.6.4　圖型平均 1-36

　　1.6.5　圖型主成分分析 1-40

1.7　Scipy 影像處理 1-41

　　1.7.1　圖型模糊 1-41

　　1.7.2　圖型導數 1-43

　　1.7.3　形態學 1-47

　　1.7.4　io 和 misc 模組 1-49

1.8　圖型降低雜訊 1-50

2　圖型去霧技術

2.1　空域圖型增強 2-2

　　2.1.1　空域低通濾波 2-2

　　2.1.2　空域高通濾波器 2-8

2.2　時域圖型增強 2-24

　　2.2.1　傅立葉轉換 2-24

2.3　色階調整去霧技術 2-31

　　2.3.1　概述 2-31

　　2.3.2　暗通道去霧原理 2-31

　　2.3.3　暗通道去霧實例 2-33

2.4　長條圖均衡化去霧技術 2-35

　　2.4.1　色階調整原理 2-35

　　2.4.2　自動色階影像處理演算法 2-37

3 形態學的去除雜訊

3.1 圖型去除雜訊的方法 3-2

3.2 數學形態學的原理 3-4

    3.2.1 腐蝕與膨脹 3-4

    3.2.2 開閉運算 3-6

    3.2.3 禮帽 / 黑帽操作 3-9

3.3 形態學運算 3-12

    3.3.1 邊緣檢測定義 3-12

    3.3.2 檢測邊角 3-13

3.4 權重自我調整的多結構形態學去除雜訊 3-15

4 Hough 變換檢測

4.1 Hough 直線檢測 4-2

    4.1.1 Hough 檢測直線的思想 4-3

    4.1.2 實際應用 4-4

4.2 Hough 檢測圓 4-9

5 分割車牌定位辨識

5.1 基本概述 5-2

5.2 車牌影像處理 5-3

    5.2.1 圖型灰階化 5-3

    5.2.2 二值化 5-4

    5.2.3 邊緣檢測 5-5

    5.2.4 形態學運算 5-6

    5.2.5 濾波處理 5-7

5.3 定位原理 5-8

5.4 字元處理 5-8

5.4.1　閾值分割原理 5-8

5.4.2　閾值化分割 5-10

5.4.3　歸一化處理 5-10

5.4.4　字元分割經典應用 5-10

5.5　字元辨識 5-13

5.5.1　範本比對的字元辨識 5-14

5.5.2　字元辨識車牌經典應用 5-15

6　分水嶺實現醫學診斷

6.1　分水嶺演算法 6-2

6.1.1　模擬浸水過程 6-3

6.1.2　模擬降水過程 6-3

6.1.3　過度分割問題 6-4

6.1.4　標記分水嶺分割演算法 6-4

6.2　分水嶺醫學診斷案例分析 6-5

7　手寫數字辨識

7.1　卷積神經網路的概述 7-2

7.1.1　卷積神經網路的結構 7-2

7.1.2　卷積神經網路的訓練 7-6

7.1.3　卷積神經網路辨識手寫數字 7-7

7.2　SVC 辨識手寫數字 7-13

7.2.1　支持向量機的原理 7-14

7.2.2　函數間隔 7-15

7.2.3　幾何間隔 7-16

7.2.4　間隔最大化 7-18

7.2.5　SVC 辨識手寫數字實例 7-19

8 圖片中英文辨識

8.1　OCR 的介紹 8-2

8.2　OCR 演算法原理 8-3

　　8.2.1　圖型前置處理 8-3

　　8.2.2　圖型分割 8-4

　　8.2.3　特徵提取和降維 8-6

　　8.2.4　分類器 8-7

　　8.2.5　演算法步驟 8-8

8.3　OCR 辨識經典應用 8-9

8.4　獲取驗證碼 8-10

9 小波技術的圖型視覺處理

9.1　小波技術的概述 9-2

9.2　小波實現去除雜訊 9-2

　　9.2.1　小波去除雜訊的原理 9-2

　　9.2.2　小波去除雜訊的方法 9-4

　　9.2.3　小波去除雜訊案例分析 9-5

9.3　圖型融合處理 9-9

　　9.3.1　概述 9-9

　　9.3.2　小波融合案例分析 9-12

10 圖型壓縮與分割處理

10.1　SVD 圖型壓縮處理 10-2

　　10.1.1　特徵分解 10-2

　　10.1.2　奇異值分解 10-3

　　10.1.3　奇異值分解應用 10-5

10.2 PCA 圖型壓縮處理 10-12

    10.2.1   概述 10-12

    10.2.2   主成分降維原理 10-12

    10.2.3   分矩陣重建樣本 10-13

    10.2.4   主成分分析圖型壓縮 10-14

    10.2.5   主成分壓縮圖型案例分析 10-15

10.3 K-Means 聚類圖像壓縮處理 10-18

    10.3.1   K-Means 聚類演算法原理 10-18

    10.3.2   K-Means 聚類演算法的要點 10-19

    10.3.3   K-Means 聚類演算法的缺點 10-20

    10.3.4   K-Means 聚類圖像壓縮案例分析 10-21

10.4 K-Means 聚類實現圖型分割 10-24

    10.4.1   K-Means 聚類分割灰階圖型 10-25

    10.4.2   K-Means 聚類比較分割彩色圖型 10-28

11 圖型特徵比對

11.1 相關概念 11-2

11.2 圖型比對 11-3

    11.2.1   以灰階為基礎的比對 11-4

    11.2.2   以範本為基礎的比對 11-4

    11.2.3   以變換域為基礎的比對 11-12

    11.2.4   以特徵比對為基礎案例分析 11-13

12 角點特徵檢測

12.1 Harris 的基本原理 12-2

12.2 Harris 演算法流程 12-5

12.3 Harris 角點的性質 12-6

12.4　Harris 檢測角點案例分析 12-7

12.5　角點檢測函數 12-11

12.6　Shi-Tomasi 角點檢測 12-15

12.7　FAST 特徵檢測 12-19

13 運動物件自動偵測

13.1　幀差分法 13-2

　　13.1.1　原理 13-2

　　13.1.2　三幀差分法 13-3

　　13.1.3　幀間差分法案例分析 13-5

13.2　背景差分法 13-8

13.3　光流法 13-10

14 浮水印技術

14.1　浮水印技術的概念 14-2

14.2　數位浮水印技術的原理 14-3

14.3　典型的數位浮水印演算法 14-6

　　14.3.1　空間域演算法 14-6

　　14.3.2　變換域演算法 14-7

14.4　數位浮水印攻擊和評價 14-8

14.5　浮水印技術案例分析 14-9

15 大腦影像分析

15.1　閾值分割 15-2

15.2　區域生長 15-4

15.3　以閾值預分割為基礎的區域生長 15-5

15.4　區域生長分割大腦影像案例分析 15-5

16 自動駕駛應用

16.1　理論基礎...16-2

16.2　環境感知...16-3

16.3　行為決策...16-3

16.4　路徑規則...16-4

16.5　運動控制...16-4

16.6　自動駕駛案例分析...16-5

17 物件辨識

17.1　RCNN 系列...17-2

　　　17.1.1　RCNN 演算法的概述..17-2

　　　17.1.2　RCNN 的資料集實現..17-5

17.2　YOLO 檢測...17-19

　　　17.2.1　概述..17-20

　　　17.2.2　統一檢測..17-21

　　　17.2.3　以 OpenCV 為基礎實現自動檢測案例分析.................17-24

18 人機互動

18.1　Tkinter GUI 程式設計元件 18-2

18.2　佈局管理器...18-7

　　　18.2.1　Pack 佈局管理器..18-7

　　　18.2.2　Grid 佈局管理器..18-14

　　　18.2.3　Place 佈局管理器...18-17

18.3　事件處理...18-20

　　　18.3.1　簡單的事件處理 18-20

　　　18.3.2　事件綁定..18-21

18.4　Tkinter 常用元件 18-27

18.4.1　ttk 元件 18-27

18.4.2　Variable 類別 18-28

18.4.3　compound 選項 18-30

18.4.4　Entry 和 Text 元件 18-31

18.4.5　Radiobutton 和 Checkbutton 元件 18-34

18.4.6　Listbox 和 Combobox 元件 18-37

18.4.7　Spinbox 元件 18-41

18.4.8　Scale 元件 18-43

18.4.9　Labelframe 元件 18-44

18.4.10　OptionMenu 元件 18-47

18.5　選單 18-49

18.5.1　視窗選單 18-49

18.5.2　右鍵選單 18-51

18.6　Canvas 繪圖 18-53

19　深度學習的應用

19.1　理論部分 19-3

19.1.1　分類辨識 19-3

19.1.2　物件辨識 19-3

19.2　AlexNet 網路及案例分析 19-4

19.3　CNN 拆分資料集案例分析 19-11

20　視覺分析綜合應用案例

20.1　越南大戰遊戲 20-2

20.1.1　遊戲介面元件 20-2

20.1.2　增加「角色」 20-23

20.1.3　合理繪製地圖 20-37

　　　20.1.4　增加音效 20-39

　　　20.1.5　增加遊戲場景 20-44

20.2　停車場辨識費率系統 20-50

　　　20.2.1　系統設計 20-50

　　　20.2.2　實現系統 20-51

參考文獻

1

電腦視覺程式設計基礎

電腦視覺（Computer Vision，CV）主要研究如何用圖型擷取裝置和電腦軟體代替人眼對物體進行分類辨識、物件追蹤和視覺分析等應用。深度學習則來自經典的神經網路架構，屬於機器學習領域，它透過不同形式的神經網路，結合視覺巨量資料的大規模存量與不斷產生的增量進行訓練，自動提取細粒度的特徵並組合粗粒度的特徵，形成抽象化的視覺描述，在視覺分析方面取得很大的進步，是當前人工智慧爆發性發展的核心驅動。

1.1 電腦視覺的概述

隨機巨量資料及人工智慧技術的不斷發展，電腦視覺以其可視性、規模性、普適性逐步成為 AI 落地應用的關鍵領域之一，在理論研究和工程應用上均迅速發展。那電腦視覺是怎樣定義的？它的發展現狀怎樣？有哪些用途？本節將進行這幾個方面介紹。

1.1.1 什麼是電腦視覺

電腦視覺是一門研究如何使機器「看」的科學，明白地說，就是指用攝影機和電腦代替人眼對物件進行辨識、追蹤和測量等機器視覺，並進一步做圖形處理，用電腦處理成為更適合人眼觀察或傳送給儀器檢測的圖型。

作為一個科學學科，電腦視覺研究相關的理論和技術，試圖建立能夠從圖型或多維資料中獲取「資訊」的人工智慧系統。這裡所指的資訊是指可以用來幫助做一個「決定」的資訊。因為感知可以看作是從感官訊號中提取資訊，所以電腦視覺也可以看作是研究如何使人工系統從圖型或多維資料中「感知」的科學。

電腦視覺同樣可以被看作是生物視覺的補充。在生物視覺領域中，人類和各種動物的視覺都獲得了研究，從而建立了這些視覺系統。另一方面，在電腦視覺中，靠軟體和硬體實現的人工智慧系統獲得了研究與描述。生物視覺與電腦視覺進行的學科間交流為彼此都帶來了巨大價值。

電腦視覺包含以下一些分支：畫面重建，事件監測，物件追蹤，物件偵測，機器學習，索引建立，圖型恢復等。

視覺是各個應用領域，如製造業、檢驗、文件分析、醫療診斷，和軍事等領域中各種智慧／自主系統中不可分割的一部分。電腦視覺的挑戰是要為電腦和機器人開發具有與人類水準相當的視覺能力。作為一門學科，電腦視覺開始於 60 年代初，但在電腦視覺的基本研究中的許多重要進展是在 80 年代取得的。現在電腦視覺已成為一門不同於人工智慧、影像處理、模式辨識等相關領域的成熟學科。電腦視覺與人類視覺密切相關，對人類視覺有一個正確的認識將對電腦視覺的研究非常有益。為此我們將先介紹人類視覺。

1.1.2 發展現狀

電腦視覺領域的突出特點是其多樣性與不完善性。圖 1-1 列出了電腦視覺與其他領域的連結。

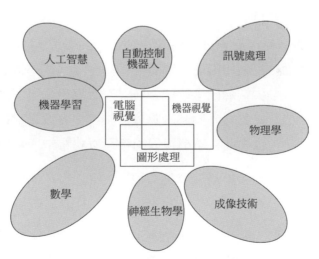

圖 1-1　電腦視覺與其他領域連結

在 20 世紀 70 年代後期人們已開始掌握部分解決具體電腦視覺任務的方法，可惜這些方法通常都僅適用於一群狹隘的物件（如：臉孔、指紋、文字等），因而無法被廣泛地應用於不同場合。

對這些方法的應用通常作為某些解決複雜問題的大規模系統的組成部分（例如醫學圖型的處理，工業製造中的品質控制與測量）。在電腦視覺的大多數實際應用當中，電腦被預設為解決特定的任務，然而以機器學習為基礎的方法正日漸普及，一旦機器學習的研究進一步發展，未來「泛用型」的電腦視覺應用或許可以成真。

人工智慧所研究的主要問題是：如何讓系統具備「計畫」和「決策能力」？從而使之完成特定的技術動作（例如：移動一個機器人透過某種特定環境）。這一問題便與電腦視覺問題息息相關。在這裡，電腦視覺系統作為一個感知器，為決策提供資訊。另外一些研究方向包括模式辨識和機器學習（這也隸屬於人工智慧領域，但與電腦視覺具有重要聯繫），也由此，電腦視覺時常被看作人工智慧與電腦科學的分支。

物理是與電腦視覺具有重要聯繫的另一領域。

電腦視覺關注的物件在於充分了解電磁波 —— 主要是可見光與紅外線部分，遇到物體表面被反射所形成的圖型，而這一過程便是以光學物理和固態物理為基礎，一些尖端的圖型感知系統甚至會應用到量子力學理論，來解析影像所表示的真實世界。同時，物理學中的很多測量難題也可以透過電腦視覺得到解決。也由此，電腦視覺同樣可以被看作是物理學的拓展。

另一個具有重要意義的領域是神經生物學，尤其是其中的生物視覺系統的部分。

在 20 世紀中，人類對各種動物的眼睛、神經元、以及與視覺刺激相關的腦部組織都進行了廣泛研究，這些研究得出了一些有關「天然的」視覺系統如何運作的描述，這也形成了電腦視覺中的子領域 —— 人們試圖建立人工系統，使之在不同的複雜程度上模擬生物的視覺運作。同時電腦視覺領域中，一些以機器學習為基礎的方法也有參考部分生物機制。

電腦視覺的另一個相關領域是訊號處理。很多有關單元變數訊號的處理方法，尤其是對時變訊號的處理，都可以很自然地被擴充為電腦視覺中對二元變數訊號或多元變數訊號的處理方法。這類方法的主要特徵，便是他們的非線性以及圖型資訊的多維性，在訊號處理學中形成了一個特殊的研究方向。

除了上面提到的領域，很多研究課題同樣可被當作純粹的數學問題。舉例來說，電腦視覺中的很多問題，其理論基礎便是統計學，最佳化理論以及幾何學。

1.1.3 電腦視覺用途

人類正在進入資訊時代，電腦將越來越廣泛地進入幾乎所有領域。一方面是更多未經電腦專業訓練的人也需要應用電腦，而另一方面是電腦的功能越來越強，使用方法越來越複雜。人可透過視覺和聽覺，語言與外界交換資訊，並且可用不同的方式表示相同的含義，而目前的電腦卻要求嚴格按照各種程式語言來編寫程式，只有這樣電腦才能運行。

智慧電腦不但使電腦更便於為人們所使用，同時如果用這樣的電腦來控制各種自動化裝置特別是智慧型機器人，就可以使這些自動化系統和智慧型機器人具有適應環境，和自主作出決策的能力。

電腦視覺就是用各種成像系統代替視覺器官作為輸入敏感手段，電腦視覺的最終研究目標就是使電腦能像人那樣透過視覺觀察和了解世界，具有自主適應環境的能力。要經過長期的努力才能達到的目標。因此，在實現最終目標以前，人們努力的中期目標是建立一種視覺系統，這個系統能依據視覺敏感和回饋的某種程度的智慧完成一定的任務。電腦視覺可以而且應該根據電腦系統的特點來進行視覺資訊的處理。但是，人類視覺系統是迄今為止，人們所知道的功能最強大和完整的視覺系統。

1.1.4 相關學科

為了清晰起見，我們把一些與電腦視覺有關的學科研究目標和方法的角度
加以歸納：

● **影像處理**

影像處理可透過處理使輸出圖型有較高的信噪比，或透過增強處理突出圖
型的細節，以便於操作員的檢驗。在電腦視覺研究中經常利用影像處理技
術進行前置處理和特徵取出。

● **模式辨識（圖型辨識）**

模式辨識技術根據從圖型取出的統計特性或結構資訊，把圖型分成予定的
類別。舉例來說，文字辨識或指紋辨識。在電腦視覺中模式辨識技術經常
用於對圖型中的某些部分，例如分割區域的辨識和分類。

● **圖型理解（景物分析）**

在人工智慧視覺研究的初期經常使用景物分析這個術語，以強調二維圖型
與三維景物之間的區別。圖型理解除了需要複雜的影像處理以外還需要具
有關於景物成像的物理規律的知識以及與景物內容有關的知識。

在建立電腦視覺系統時需要用到上述學科中的有關技術，但電腦視覺研究
的內容要比這些學科更為廣泛。電腦視覺的研究與人類視覺的研究密切相
關。為實現建立與人的視覺系統相類似的通用電腦視覺系統的目標需要建
立人類視覺的電腦理論。

1.1.5 電腦視覺的經典問題

幾乎在每個電腦視覺技術的具體應用都要解決一系列相同的問題。這些經
典的問題包括：

● 辨識

一個電腦視覺，影像處理和機器視覺所共有的經典問題便是判定一組圖像資料中是否包含某個特定的物體，圖型特徵或運動狀態。這一問題通常可以透過機器自動解決，但是到目前為止，還沒有某個單一的方法能夠廣泛地對各種情況進行判定：在任意環境中辨識任意物體。現有技術能夠也只能夠極佳地解決特定物件的辨識，比如簡單幾何圖形辨識，人臉辨識，印刷或手寫入檔案辨識或車輛辨識。而且這些辨識需要在特定的環境中，具有指定的光源，背景和物件姿態要求。

● 運動

以序列圖型為基礎的對物體運動的監測包含多種類型，諸如：自體運動、圖型追蹤。

● 場景重建

指定一個場景的二或多幅圖型或一段錄影，場景重建尋求為該場景建立一個電腦模型 / 三維模型。最簡單的情況便是生成一組三維空間中的點。更複雜的情況下會建立起完整的三維度資料表面模型。

● 圖型恢復

圖型恢復的目標在於移除圖型中的雜訊，例如儀器雜訊，模糊等

1.2 Python 程式設計軟體

Python 是一種直譯型、物件導向、動態資料類型的進階程式語言，具有易學習、易拓展、跨平台等優點，被廣泛應用於 Web 開發、網路爬蟲、資料分析、人工智慧等領域，是當前主流的程式語言之一。

本書的電腦視覺是在 Python 平台上進行的。因此，在介紹電腦視覺前，先來了解 Python 的程式設計基礎。

1.2.1 Python 應用領域

Python 的標識如圖 1-2 所示,它是一種直譯型指令碼語言,可以應用於以下領域:

圖 1-2 Python 標識圖

- Web 和 Internet 開發
- 科學計算和統計
- 教育
- 桌面介面開發
- 軟體開發
- 後端開發

1.2.2 發展歷程

自從 20 世紀 90 年代初 Python 語言誕生至今,它已被逐漸廣泛應用於系統管理任務的處理和 Web 程式設計。由於 Python 語言的簡潔性、易讀性以及可擴充性,在國外用 Python 做科學計算的研究機構日益增多,一些知名大學已經採用 Python 來教授程式設計課程。許多開放原始碼的科學計算軟體套件都提供了 Python 的呼叫介面,例如著名的電腦視覺函數庫 OpenCV、三維視覺化函數庫 VTK、醫學影像處理函數庫 ITK。而 Python 專用的科學計算擴充函數庫就更多了,例如以下 3 個十分經典的科學計算擴充函數庫:NumPy、SciPy 和 matplotlib,它們分別為 Python 提供了快速陣列處理、數值運算以及繪圖功能。因此 Python 語言及其許多的擴充函數庫所組成的開發環境十分適合工程技術、科學研究人員處理實驗資料、製作圖表,甚至開發科學計算應用程式。

1.2.3 Python 的安裝

Windows 系統並非都預設安裝了 Python，因此你可能需要下載並安裝它，再下載並安裝一個文字編輯器。

1. 安裝 Python

下載並安裝 Python 3.6.5（注意選擇正確的作業系統）。下載後，安裝介面如圖 1-3 所示。

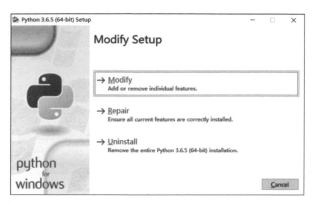

圖 1-3　Modify Setup 介面

在圖 1-3 中選擇 Modify，進入下一步。如圖 1-4 所示，可以看出 Python 套件附帶 pip 命令。

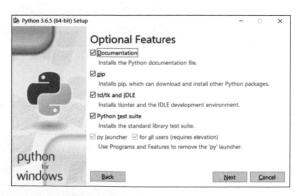

圖 1-4　Optional Features 介面

點擊下一步,即選擇安裝項,並可選擇安裝的路徑,如圖 1-5 所示。

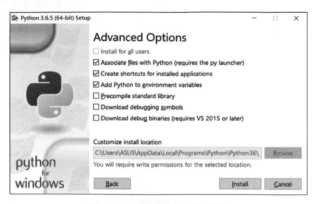
圖 1-5 安裝項及路徑選擇

選擇所需要安裝項以及所存放的路徑後,點擊「Install」按鈕,即可進行安裝,安裝完成效果如圖 1-6 所示。

圖 1-6 安裝完成介面

完成 Python 後,再到 PowerShell 中輸入 python,看到進入終端的命令提示則代表 python 安裝成功。安裝成功後的介面如圖 1-7 所示。

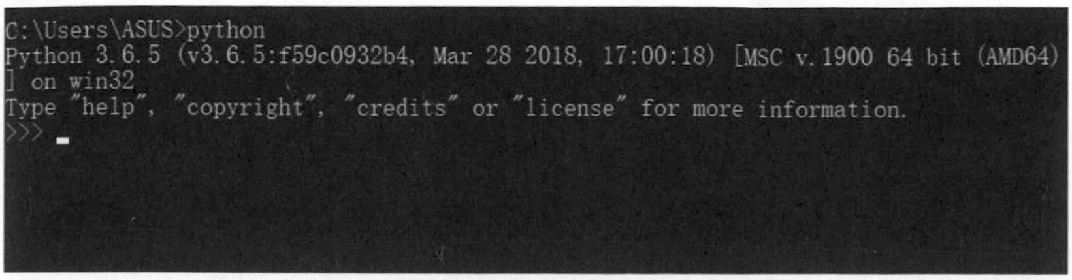

```
C:\Users\ASUS>python
Python 3.6.5 (v3.6.5:f59c0932b4, Mar 28 2018, 17:00:18) [MSC v.1900 64 bit (AMD64)
] on win32
Type "help", "copyright", "credits" or "license" for more information.
>>> _
```

圖 1-7 終端顯示成功後的資訊

2. 安裝文字編輯器

要 下 載 Windows Greany 安 裝 程 式，可 存 取 httt://geany.org/，點 擊 Download 下的 Releases，找到安裝程式 geany-1.25_setup.exe 或類似的檔案。下載安裝程式後，運行它並接受所有的預設設定。

啟動 Geany，選擇「檔案 | 另存為」，將當前的空檔案保存為 hello_world. py，並在編輯視窗中輸入程式：

```
print("hello world!")
```

效果如圖 1-8 所示。

圖 1-8 Windows 系統下的 Geany 編輯器

現在選擇選單「組建 | 設定組建指令」，將看到文字 Compile 和 Execute，它們旁邊都有一個命令。預設情況下，這兩個命令都是 python（全部小寫），但 Geany 不知道這個命令位於系統的什麼地方。需要增加啟動終端階段時使用的路徑。在編譯命令和執行中，增加命令 python 所在的驅動器和資料夾。編譯命令應類似於如圖 1-9 所示。

圖 1-9 編譯命令效果

提示：務必確定空格和大小都與圖 1-9 中顯示的完全相同。正確地設定這些命令後，點擊「確定」按鈕，即可成功運行程式。

在 Geany 中運行程式的方式有 3 種。為運行程式 hello_world.py，可選擇選單「生成 |Execute」、或點擊 🖳 按鈕或按 F5。運行 hello_world.py 時，將彈出一個終端視窗，效果如圖 1-10 所示。

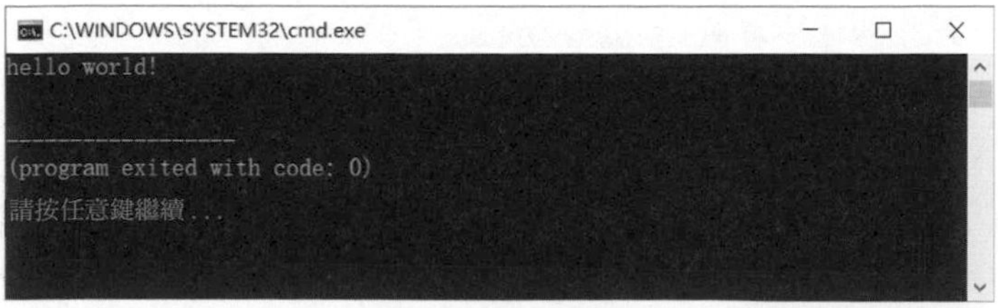

圖 1-10　運行效果

1.2.4　使用 pip 安裝第三方函數庫

pip 是 Python 安裝各種第三方函數庫（package）的工具。

對於第三方函數庫不太了解的讀者，可以將函數庫了解為供使用者呼叫的程式組合。在安裝某個函數庫後，可以直接呼叫其中的功能，使得我們不用一個程式一個程式地實現某個功能。這就像你需要為電腦防毒時會選擇下載一個防毒軟體一樣，而非自己寫一個防毒軟體，直接使用防毒軟體中的防毒功能來防毒就可以了。這個比方中的防毒軟體就像是第三方函數庫，防毒功能就是第三方函數庫中可以實現的功能。

下面例子中，將介紹如何用 pip 安裝第三方函數庫 bs4，它可以使用其中的 BeautifulSoup 解析網頁。

打開 cmd.exe（在 Windows 中為 cmd，在 Mac 中為 terminal），在 Windows 中，cmd 命令是提示符號，輸入一些命令後，cmd.exe 可以執行對系統的管理。打開 cmd 的方法為：

點擊「開始」按鈕，在「搜尋程式和檔案」文字標籤中輸入 cmd 後按確認鍵，系統會打開命令提示視窗，如圖 1-11 所示。在 Mac 中，可以直接在「應用程式」中打開 terminal 程式。

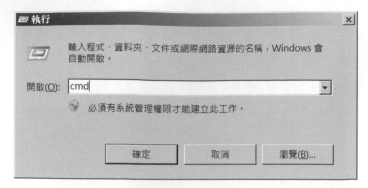

圖 1-11 cmd 介面

安裝 bs4 的 Python 函數庫。在 cmd 中輸入 pip install bs4 後按確認鍵,如果出現 successfull installed,就表示安裝成功,如圖 1-12 所示。

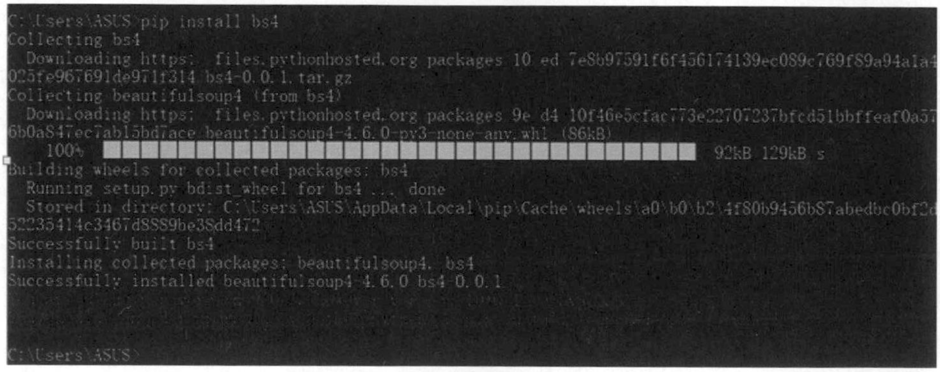

圖 1-12 成功安裝 bs4

除了 bs4 這個函數庫,之後還會用到 requests 函數庫,lxml 函數庫等其他第三方函數庫,幫助我們更進一步地使用 Python 實現機器學習。

1.3 幾個常用函數庫

Python 的功能之所以強大，很大原因是因為第三方函數庫，這些第三方函數庫都可以透過「pip install+ 安裝檔案全名」來進行安裝。

1.3.1 Numpy 函數庫

Numpy 是一個 Python 中非常基礎的用於進行科學計算的函數庫，它的功能包括高維陣列（array）計算、線性代數計算、傅立葉轉換以及生產虛擬亂數等。Numpy 對 scikit-learn 來說是非常重要的，因為 scikit-learn 使用 Numpy 陣列形式的資料來進行處理，所以我們需要把資料都轉化成 Numpy 陣列的形式，而多維陣列（n-dimensional array）也是 Numpy 的核心功能之一。為了讓讀者直觀了解 Numpy 陣列，下面直接透過在 Genay 中新建一個檔案，然後輸入幾行程式來進行展示：

```python
import numpy;

print(' 使用串列生成一維陣列 ')
data = [1,2,3,4,5,6]
x = numpy.array(data)
print( x)                    # 列印陣列
print(x.dtype)               # 列印陣列元素的類型

print(' 使用串列生成二維陣列 ')
data = [[1,2],[3,4],[5,6]]
x = numpy.array(data)
print(x)                     # 列印陣列
print(x.ndim)                # 列印陣列的維度
print(x.shape)               # 列印陣列各個維度的長度。shape 是一個元組
```

將這些程式保存成一個 .py 檔案，然後在編輯器視窗按 F5 執行，得到如圖 1-13 所示的結果。

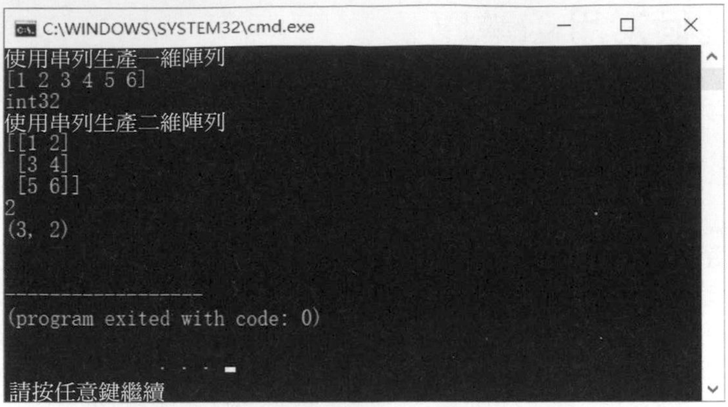

圖 1-13 numpy 的陣列

1.3.2 Scipy 函數庫

Scipy 是一個 Python 中用於進行科學計算的工具集，它有很多功能，如計算統計學分佈、訊號處理、計算線性代數方程等。scikit-learn 需要使用 Scipy 來對演算法進行執行，其中用得最多的就是 Scipy 中的 sparse 函數了。sparse 函數用來生成稀疏矩陣，而稀疏矩陣用來儲存那些大部分數值為 0 的陣列，這種類型的陣列在 scikit-learn 的實際應用中也非常常見。

下面用實例來演示 sparse 函數的用法。

```python
import numpy as np
from scipy.sparse import csr_matrix

indptr = np.array([0, 2, 3, 6])
indices = np.array([0, 2, 2, 0, 1, 2])
data = np.array([1, 2, 3, 4, 5, 6])
a=csr_matrix((data, indices, indptr), shape=(3, 3)).toarray()
print( ' 稀疏矩陣 a 為：\n',a)

b=csr_matrix(a)
print(' 稀疏矩陣 b 為：\n',b)
```

或是：

```
import numpy as np
from scipy import sparse

indptr = np.array([0, 2, 3, 6])
indices = np.array([0, 2, 2, 0, 1, 2])
data = np.array([1, 2, 3, 4, 5, 6])
a=sparse.csr_matrix((data, indices, indptr), shape=(3, 3)).toarray()
print( ' 稀疏矩陣 a 為：\n',a)

b=sparse.csr_matrix(a)
print(' 稀疏矩陣 b 為：\n',b)
```

上面這兩行程式輸出的結果是一樣的，輸出如下：

稀疏矩陣 a 為：

```
[[10 2]
[00 3]
[45 6]]
```

稀疏矩陣 b 為：

```
(0, 0)    1
(0, 2)    2
(1, 2)    3
(2, 0)    4
(2, 1)    5
(2, 2)    6
```

從上面程式和運行結果中，可以大致了解 sparse 函數的工作原理，在後面的內容中，我們還會接觸到 Scipy 更多的功能。

1.3.3 pandas 函數庫

pandas 是一個 Python 中用於進行資料分析的函數庫，它可以生成類似 Excel 表格式的資料表，而且可以對資料表進行修改操作。pandas 還有個強大的功能，它可以從很多不同種類的資料庫中提取資料，如 SQL 資料庫、Excel 表格甚至 CSV 檔案。pandas 還支援在不同的列表中使用不同類型的資料，如整類型資料、浮點數，或是字串。下面用一個例子來說明 pandas 的功能。

```python
import pandas as pd
from pandas import Series,DataFrame

print (' 用一維陣列生成 Series')
x = Series([1,2,3,4])
print(x)

print (x.values) # [12 34]
# 預設標籤為 0 到 3 的序號
print(x.index) # RangeIndex(start=0, stop=4, step=1)

print(' 指定 Series 的 index') # 可將 index 了解為行索引
x = Series([1, 2, 3, 4], index = ['a', 'b', 'd', 'c'])
print(x)
print(x.index) # Index([u'a', u'b', u'd', u'c'], dtype='object')
print (x['a']) # 透過行索引來取得元素值：1
x['d'] = 6 # 透過行索引來設定值
print (x[['c', 'a', 'd']]) # 類似於 numpy 的花式索引
```

運行程式，輸出如下：

```
用一維陣列生成 Series
0    1
1    2
2    3
3    4
dtype: int64
```

```
[12 34]
RangeIndex(start=0, stop=4, step=1)
指定 Series 的 index
a    1
b    2
d    3
c    4
dtype: int64
Index(['a', 'b', 'd', 'c'], dtype='object')
1
c    4
a    1
d    6
dtype: int64
```

1.3.4 scikit-learn 函數庫

scikit-learn 是如此重要,以至於我們需要單獨對它進行一些介紹。scikit-learn 是一個建立在 Scipy 基礎上的用於機器學習的 Python 模組。而在不同的應用領域中,已經發展出為數眾多的以 Scipy 為基礎的工具套件,它們被統一稱為 Scikits。而在所有的分支版本中,scikit-learn 是最有名的。它是開放原始碼的,任何人都可以免費地使用它或進行二次發行。

scikit-learn 包含許多頂級機器學習演算法,它主要有六大類的基本功能,分別是分類、回歸、聚類、資料降維、模型選擇和資料前置處理。scikit-learn 擁有非常活躍的使用者社區,基本上其所有的功能都有非常詳盡的文件供使用者查閱。

1.4 Python 影像處理類別庫

PIL(Python Imaging Library,影像處理函數庫)提供了通用的影像處理功能,以及大量有用的基本圖型操作。PIL 函數庫已經整合在 Anaconda 函數庫中,推薦使用 Anaconda,簡單方便、快捷。

PIL 的主要功能定義在 Image 類別當中,而 Image 類別定義在名稱相同的 Image 模組當中。使用 PIL 的功能,一般都是從新建一個 Image 類別的實例開始。新建 Image 類別的實例有多種方法。你可以用 Image 模組的 open() 函數打開已有的圖片檔案,也可以處理其他的實例,或從零開始建構一個實例。

下面實例嘗試讀取一幅圖型。

```
from PIL import Image
from pylab import *
plt.rcParams['font.sans-serif'] =['SimHei']  # 顯示中文標籤
figure()
pil_im = Image.open('house.jpg')
gray()
subplot(121)
title(u' 原圖 ')
axis('off')
imshow(pil_im)
pil_im = Image.open('house.jpg').convert('L')
subplot(122)
title(u' 灰階圖 ')
axis('off')
imshow(pil_im)
show()
```

運行程式,效果如圖 1-14 所示。

原圖　　　　　　　　　　　　　　　　　灰階圖

圖 1-14 圖型的讀取

1.4.1 轉換圖型格式

對於彩色圖型，不管其圖型格式是 PNG，還是 BMP，或 JPG，在 PIL 中，使用 Image 模組的 open() 函數打開後，返回的圖型物件的模式都是「RGB」。而對於灰階圖型，不管其圖型格式是 PNG，還是 BMP，或 JPG，打開後，其模式為「L」。

對於 PNG、BMP 和 JPG 彩色圖型格式之間的互相轉換都可以透過 Image 模組的 open() 和 save() 函數來完成。具體說就是，在打開這些圖型時，PIL 會將它們解碼為三通道的「RGB」圖型。使用者可以以這個「RGB」圖型為基礎，處理。處理完畢，使用函數 save()，可以將處理結果保存成 PNG、BMP 和 JPG 中任何格式。這樣也就完成了幾種格式之間的轉換。同理，其他格式的彩色圖型也可以透過這種方式完成轉換。當然，對於不同格式的灰階圖型，也可透過類似途徑完成，只是 PIL 解碼後是模式為「L」的圖型。

此處詳細介紹一下 Image 模組的 convert() 函數，用於不同模式圖型之間的轉換。圖型的模式轉換類型有：

- 模式「L」為灰色圖型
- 模式「P」為 8 位元彩色圖型
- 模式「RGBA」為 32 位元彩色圖型
- 模式「CMYK」為 32 位元彩色圖型
- 模式「YCbCr」為 24 位元彩色圖型
- 模式「I」為 32 位元整數灰色圖型
- 模式「F」為 32 位元浮點灰色圖型
- 模式「F」與模式「L」的轉換公式是一樣的，都是 RGB 轉為灰色值的公式

使用不同的參數，將當前的圖型轉為新的模式，並產生新的圖型作為返回值。

【例 1-1】實例實現將 lena.png 圖型轉為 lena.jpg。

```python
from PIL import Image
def IsValidImage(img_path):
    """
    判斷檔案是否為有效（完整）的圖片
    :param img_path: 圖片路徑
    :return:True：有效 False：無效
    """
    bValid = True
    try:
        Image.open(img_path).verify()
    except:
        bValid = False
    return bValid


def transimg(img_path):
    """
    轉換圖片格式
    :param img_path: 圖片路徑
    :return: True：成功 False：失敗
    """
    if IsValidImage(img_path):
        try:
            str = img_path.rsplit(".", 1)
            output_img_path = str[0] + ".jpg"
            print(output_img_path)
            im = Image.open(img_path)
            im.save(output_img_path)
            return True
        except:
            return False
    else:
        return False


if __name__ == '__main__':
    img_path = 'lena.png'
    print(transimg(img_path))
```

1.4.2 創建縮圖

利用 PIL 可以很容易的創建縮圖,設定縮圖的大小,並用元組保存起來,呼叫 thumnail() 方法即可生成縮圖。創建縮圖的程式見下面。

例如創建最長邊為 128 像素的縮圖,可以使用:

```
pil_im.thumbnail((128,128))
```

1.4.3 複製並貼上圖型區域

呼叫 crop() 方法即可從一幅圖型中進行區域拷貝,拷貝出區域後,可以對區域進行旋轉等變換。方法為:

```
ox=(100,100,400,400)
region=pil_im.crop(box)
```

目的地區域由四元組來指定,座標依次為(左,上,右,下),PIL 中指定座標系的左上角座標為(0,0),可以旋轉後利用 paste() 放回去,具體實現如下:

```
region=region.transpose(Image.ROTATE_180)
pil_im.paste(region,box)
```

1.4.4 調整尺寸和旋轉

在 PIL 中調整尺寸可利用 resize() 方法,參數是一個元組,用來指定新圖型的大小:

```
out=pil_im.resize((128,128))
```

而旋轉圖型可利用 rotate() 方法,逆時鐘方式表示角度:

```
out=pil_im.rotate(45)
```

【例 1-2】下面透過一個例子來綜合演示上面的方法。

```python
from PIL import Image
from pylab import *
plt.rcParams['font.sans-serif'] =['SimHei']   # 顯示中文標籤
figure()
# 顯示原圖
pil_im = Image.open('house.jpg')
print(pil_im.mode, pil_im.size, pil_im.format)
subplot(231)
title(u' 原圖 ')
axis('off')
imshow(pil_im)
# 顯示灰階圖
pil_im = Image.open('house.jpg').convert('L')
gray()
subplot(232)
title(u' 灰階圖 ')
axis('off')
imshow(pil_im)
# 複製並貼上區域
pil_im = Image.open('house.jpg')
box = (100, 100, 400, 400)
region = pil_im.crop(box)
region = region.transpose(Image.ROTATE_180)
pil_im.paste(region, box)
subplot(233)
title(u' 複製貼上區域 ')
axis('off')
imshow(pil_im)

# 縮圖
pil_im = Image.open('house.jpg')
size = 128, 128
pil_im.thumbnail(size)
print(pil_im.size)
subplot(234)
title(u' 縮圖 ')
axis('off')
```

```
imshow(pil_im)
pil_im.save('house.jpg') # 保存縮圖

# 調整圖型尺寸
pil_im=Image.open('house.jpg')
pil_im=pil_im.resize(size)
print(pil_im.size)
subplot(235)
title(u' 調整尺寸後的圖型 ')
axis('off')
imshow(pil_im)

# 旋轉圖型 45°
pil_im=Image.open('house.jpg')
pil_im=pil_im.rotate(45)
subplot(236)
title(u' 旋轉 45° 後的圖型 ›)
axis('off')
imshow(pil_im)
show()
```

運行程式，效果如圖 1-15 所示。

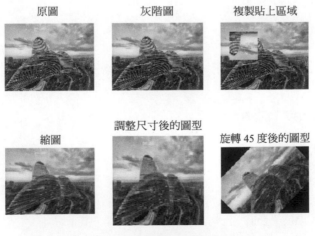

圖 1-15　圖型的各種操作

1.5 Matplotlib 函數庫

當在處理數學及繪圖或在圖型上描點、畫直線、曲線時，Matplotlib 是一個很好的繪圖函數庫，它比 PIL 函數庫提供了更有力的特性。Matplotlib 以各種硬拷貝格式和跨平台的互動式環境生成出版品質等級的圖形，它能夠輸出的圖形包括聚合線圖、散點圖、長條圖等。在資料視覺化方面，Matplotlib 擁有數量許多的忠實使用者，其強悍的繪圖能力能夠幫我們對資料形成非常清晰直觀的認知。

1. 畫圖、描點和線

在 Python 中，利用 Matplotlib 畫圖、描點和線非常方便，例如：

```python
from PIL import Image
from pylab import *
import matplotlib.pyplot as plt
plt.rcParams['font.sans-serif'] =['SimHei']   # 顯示中文標籤
# 讀取圖型到陣列中
im = array(Image.open('house2.jpg'))
figure()
# 繪製有座標軸的
subplot(121)
imshow(im)
x = [100, 100, 200, 200]
y = [200, 400, 200, 400]
# 使用紅色星狀標記繪製點
plot(x, y, 'r*')
# 繪製連接兩個點的線（預設為藍色）
plot(x[:2], y[:2])
title(u' 繪製 house2.jpg')
# 不顯示座標軸的
subplot(122)
imshow(im)
x = [100, 100, 200, 200]
y = [200, 400, 200, 400]
plot(x, y, 'r*')
```

```
plot(x[:2], y[:2])
axis('off')
title(u' 繪製 house2.jpg')
```

"""show() 命令首先打開圖形化使用者介面（GUI），然後新建一個視窗，該圖形化使用者介面會循環阻斷指令稿，然後暫停，直到最後一個圖型視窗關閉。每個指令稿裡，只能呼叫一次 show() 命令，通常相似指令稿的結尾呼叫 """

```
show()
```

運行程式，效果如圖 1-16 所示。

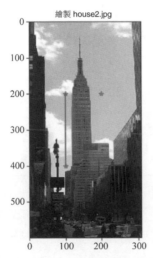

圖 1-16　為圖型描點和線

繪圖時還有很多可選的顏色和樣式，如表 1-1，1-2，1-3 所示，應用常式如下：

```
plot(x,y)              # 預設為藍色實線
plot(x,y,'go-')        # 帶有圓圈標記的綠線
plot(x,y,'ks:')        # 帶有正方形標記的黑色虛線
```

表 1-1 用 PyLab 函數庫繪圖的基本顏色格式命令

符號	顏色	符號	顏色
'b'	藍色	'k'	黑色
'g'	綠色	'w'	白色
'r'	紅色	'm'	品紅
'c'	青色	'y'	黃色

表 1-2 用 PyLab 函數庫繪圖的基本線型格式命令

符號	線型	符號	線型
'-'	實線	':'	點線
'--'	虛線	'-.'	點虛線

表 1-3 用 PyLab 函數庫繪圖的基本繪製標記格式命令

符號	線型	符號	線型
'.'	點	'o'	圓圈
's'	正方形	'*'	星號
'+'	加號	'×'	叉號
'^'、'v'、'<'、'>'	三角形（上下左右）	'1'、'2'、'3'、'4'	三叉號（上下左右）

2. 輪廓圖與長條圖

在 Python 中，利用 Matplotlib 繪製圖型的輪廓圖和長條圖也非常方便，利用 hist() 函數可實現長條圖的繪圖；利用 contour() 函數可實現輪廓圖的輪廓。

【例 1-3】利用 Matplotlib 繪製輪廓和長條圖。

```
from PIL import Image
from pylab import *
plt.rcParams['font.sans-serif'] =['SimHei']   # 顯示中文標籤
```

```
import matplotlib.pyplot as plt
# 打開圖型，並轉成灰階圖型
im = array(Image.open('house2.jpg').convert('L'))
# 新建一個圖型
figure()
subplot(121)
# 不使用顏色資訊
gray()
# 在原點的左上角顯示輪廓圖型
contour(im, origin='image')
axis('equal')
axis('off')
title(u' 圖型輪廓圖 ')

subplot(122)
```

""" 利用 hist 來繪製長條圖，第一個參數為一個一維陣列。因為 hist 只接受一維陣列作為輸入，所以要用 flatten() 方法將任意陣列按照行優先準則轉化成一個一維陣列。第二個參數指定 bin 的個數 """

```
hist(im.flatten(), 128)
title(u' 圖型長條圖 ')
# 刻度
plt.xlim([0,250])
plt.ylim([0,12000])
show()
```

運行程式，效果如圖 1-17 所示。

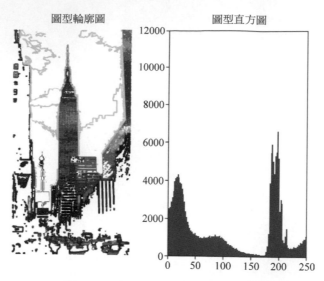

圖 1-17 繪圖圖型的輪廓圖與長條圖

3. 互動式標注

有時候使用者需要和應用進行互動，比如在圖型中用點做標識，或在一些訓練資料中進行註釋，PyLab 提供了一個很簡潔好用的函數 gitput() 來實現互動式標注。

【例 1-4】在圖形中實現互動式標注。

```
from PIL import Image
from pylab import *
im = array(Image.open('house2.jpg'))
imshow(im)
print(' 請點擊 3 個點 ')
x = ginput(3)
print(' 你已點擊 :', x)
show()   # 在顯示的圖型中點擊 3 個點
```

以上程式中先讀取 empire.jpg 圖型，顯示讀取的圖型，然後用 ginput() 互動註釋，這裡設定的互動註釋資料點設定為 3 個，使用者在註釋後，會將註釋點的座標列印出來。運行程式，輸出如下：

```
請點擊 3 個點
你已點擊：[(153.5, 249.73160173160164),
(215.0854978354978, 335.6271645021644),
(104.87987012987008, 353.4545454545454)]
```

1.6 Numpy 影像處理

在 1.3 介紹中，只簡單利用 Numpy 創建陣列，在 1.5 節的圖型的範例中，
我們將圖型用 array() 函數轉為 NumPy 陣列物件，但都沒有提到它表示的
含義。陣列就像串列一樣，只不過它規定了陣列中的所有元素必須是相同
的類型，除非指定類型以外，否則資料類型自動按照資料類型確定。

舉例如下：

```
from PIL import Image
from pylab import *

im = array(Image.open('house2.jpg'))
print (im.shape, im.dtype)
im = array(Image.open('house2.jpg').convert('L'),'f')
print (im.shape, im.dtype)
```

運行程式，輸出如下：

```
(599, 308, 3) uint8
(599, 308) float32
```

結果中的第一個元組表示圖型陣列大小（行、列、顏色通道）；第二個字
串表示陣列元素的資料類型，因為圖型通常被編碼為 8 位元無號整數。結
果中的第一個結果為 uint8，其是預設類型；第二個結果為 float32，是因
為對圖型進行灰階化，並增加了 'f' 參數，所以變為浮點數。

在 Python 中使用索引存取陣列元素的格式為：

```
value=im[i,j,k]
```

使用陣列切片方式存取，返回的是以指定間隔索引存取該陣列的元素值：

```
im[i,:] = im[j,:]        # 將第 j 行的數值設定值給第 i 行
im[:,j] = 100            # 將第 i 列所有數值設為 100
im[:100,:50].sum()       # 計算前 100 行、前 50 列所有數值的和
im[50:100,50:100]        #50~100 行，50~100 列，不包含第 100 行和 100 列
im[i].mean()             # 第 i 行所有數值的平均值
im[:,-1]                 # 最後一列
im[-2,:]/im[-2]          # 倒數第二行
```

1.6.1 灰階變換

將圖型讀取 NumPy 陣列物件後，可以對它們執行任意數學操作，一個簡單的例子就是圖型的灰階變換，考慮任意函數 f，它將 0~255 映射到自身，也就是輸出區間和輸入區間相同。

【例 1-5】對載入的圖型實現灰階變換。

```
from PIL import Image
from numpy import *
from pylab import *

im=array(Image.open('house2.jpg').convert('L'))
print(' 對圖型進行反向處理 :\n',int(im2.min()),int(im2.max()))  # 查看最大 / 最小
元素
im3=(100.0/255)*im+100      # 將圖型像素值變換到 100...200 區間
print(' 將圖型像素值變換到 100...200 區間 :\n',int(im3.min()),int(im3.max()))
im4=255.0*(im/255.0)**2    # 對像素值求平方後得到的圖型
print(' 對像素值求平方後得到的圖型 :\n',int(im4.min()),int(im4.max()))
figure()
gray()
subplot(131)
```

```
imshow(im2)
axis('off')
title(r'$f(x)=255-x$')
subplot(132)
imshow(im3)
axis('off')
title(r'$f(x)=\frac{100}{255}x+100$')
subplot(133)
```

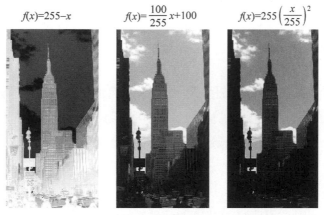

圖 1-18 圖型灰階變換效果

```
imshow(im4)
axis('off')
title(r'$f(x)=255(\frac{x}{255})^2$')
show()
```

運行程式，輸出如下，效果如圖 1-18 所示。

```
0255
對圖型進行反向處理：
 0255
將圖型像素值變換到100...200區間：
 100200
對像素值求平方後得到的圖型：
 0255
```

此外，array 變換的相反操作可以利用 PIL 的 fromarray() 函數來完成，格式為：

```
pil_im=Image.fromarray(im)
```

如果之前的操作將「uint8」資料類型轉化為其他類型，則在創建 PIL 圖型前，需要將資料類型轉換回來，方法：

```
pil_im=imag.fromarray(uint8(im))
```

1.6.2 圖型縮放

Numpy 陣列將成為我們對圖型及資料進行處理的最主要工具，但是調整矩陣大小並沒有一種簡單的方法。我們可以用 PIL 圖型物件轉換寫一個簡單的圖型尺寸調整函數，函數程式為：

```
def imresize(im,sz):
    """ 使用 PIL 調整圖型陣列的大小 """
    pil_im = Image.fromarray(uint8(im))
    return array(pil_im.resize(sz))
```

1.6.3 長條圖均衡化

長條圖均衡化指將一幅圖型的灰階長條圖變平，使得變換後的圖型中每個灰階值的分佈機率都相同，該方法是對灰階值歸一化的很好的方法，並且可以增強圖型的對比度。

編寫長條圖均衡的函數程式為：

```
def histeq(im,nbr_bins=256):
    """ 對一幅灰階圖型進行長條圖均衡化 """
    # 計算圖型的長條圖
    imhist,bins = histogram(im.flatten(),nbr_bins,normed=True)
    cdf = imhist.cumsum()        # 累積分佈函數
```

```
cdf = 255 * cdf / cdf[-1]   # 歸一化
# 此處使用到累積分佈函數 cdf 的最後一個元素（索引為 -1），其目的是將其歸一化到 0~1 範圍，
使用累積分佈函數的線性內插，計算新的像素值
im2 = interp(im.flatten(),bins[:-1],cdf)
return im2.reshape(im.shape), cdf
```

其中，函數中的兩個參數分別為：im 為灰階圖型；nbr_bins 為長條圖中使用的 bin 的數目。函數的返回值為均衡化後的圖型和做像素值映射的累積分佈函數。

【例 1-6】對圖型實現長條圖均衡化。

```
from PIL import Image
from pylab import *
from PCV.tools import imtools
# 增加中文字型支援
from matplotlib.font_manager import FontProperties
plt.rcParams['font.sans-serif'] =['SimHei']   # 顯示中文標籤

im = array(Image.open('house2.jpg').convert('L'))
# 打開圖型，並轉成灰階圖型
im2, cdf = imtools.histeq(im)
figure()
subplot(2, 2, 1)
axis('off')
gray()
title(u' 原始圖型 ')
imshow(im)
subplot(2, 2, 2)
axis('off')
title(u' 長條圖均衡化後的圖型 ')
imshow(im2)
subplot(2, 2, 3)
axis('off')
title(u' 原始長條圖 ')
hist(im.flatten(), 128, normed=True)
subplot(2, 2, 4)
axis('off')
```

```
title(u' 均衡化後的長條圖 ')
hist(im2.flatten(), 128, normed=True)
show()
```

運行程式，效果如圖 1-19 所示。

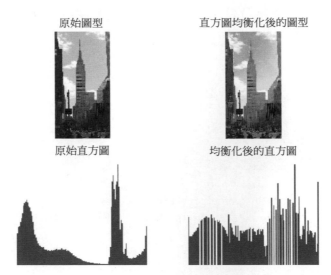

原始圖型　　　　　　　直方圖均衡化後的圖型

原始直方圖　　　　　　　均衡化後的直方圖

圖 1-19 長條圖均衡化效果

1.6.4 圖型平均

對圖型取平均是一種圖型降低雜訊的簡單方法，經常用於產生藝術效果。假設所有的圖型具有相同的尺寸，可以對圖型相同位置的像素相加取平均。

【例 1-7】演示對圖型取平均實例。

```
from PIL import Image
from PIL import ImageStat
import numpy as np
def darkchannel(input_img,h,w):
    dark_img=Image.new("L",(h,w),0)
```

```
    for x in range(0,h-1):
        for y in range(0,w-1):
            dark_img.putpixel((x,y),min(input_img.getpixel((x,y))))
    return dark_img

def airlight(input_img,h,w):
    nMinDistance=65536
    w=int(round(w/2))
    h=int(round(h/2))
    if h*w>200:
        lu_box = (0, 0, w, h)
        ru_box = (w, 0, 2*w, h)
        lb_box = (0, h, w, 2*h)
        rb_box = (w, h, 2*h,2*w)
        lu = input_img.crop(lu_box);
        ru = input_img.crop(ru_box);
        lb = input_img.crop(lb_box);
        rb = input_img.crop(rb_box);
        lu_m=ImageStat.Stat(lu)
        ru_m=ImageStat.Stat(ru)
        lb_m=ImageStat.Stat(lb)
        rb_m=ImageStat.Stat(rb)
        lu_mean = lu_m.mean
        ru_mean = ru_m.mean
        lb_mean = lb_m.mean
        rb_mean = rb_m.mean
        lu_stddev = lu_m.stddev
        ru_stddev = ru_m.stddev
        lb_stddev = lb_m.stddev
        rb_stddev = rb_m.stddev
        score0 = lu_mean[0]+lu_mean[1]+lu_mean[2] - lu_stddev[0]-lu_
stddev[1]-lu_stddev[2]
        score1 = ru_mean[0]+ru_mean[1]+lu_mean[2] - ru_stddev[0]-ru_
stddev[1]-ru_stddev[2]
        score2 = lb_mean[0]+lb_mean[1]+lb_mean[2] - lb_stddev[0]-lb_
stddev[1]-lb_stddev[2]
        score3 = rb_mean[0]+rb_mean[1]+rb_mean[2] - rb_stddev[0]-rb_
stddev[1]-rb_stddev[2]
        x =max(score0,score1,score2,score3)
```

```python
            if x == score0:
                air =airlight(lu,h,w)
            if x == score1:
                air =airlight(ru,h,w)
            if x == score2:
                air =airlight(lb,h,w)
            if x == score3:
                air =airlight(rb,h,w)
    else:
        for i in range(0,h-1):
            for j in range(0,w-1):
                temp=input_img.getpixel((i,j))
                distance = ((255 - temp[0])**2 +  (255 - temp[1])**2 +
(255 - temp[2])**2)**0.5
                if nMinDistance > distance:
                    nMinDistance = distance;
                    air = temp
    return air
def transmssion(air,dark_img,h,w,OMIGA):
    trans_map=np.zeros((h,w))
    A=max(air)
    for i in range(0,h-1):
        for j in range(0,w-1):
            temp=1-OMIGA*dark_img.getpixel((i,j))/A
            trans_map[i,j]=max(0.1,temp)
    for i in range(1,h-1):
        for j in range(1,w-1):
                tempup=(trans_map[i-1][j-1]+2*trans_map[i][j-1]+trans_
map[i+1][j-1])
                tempmid=2*(trans_map[i-1][j]+2*trans_map[i][j]+trans_
map[i+1][j])
                tempdown=(trans_map[i-1][j+1]+2*trans_map[i][j+1]+trans_
map[i+1][j+1])
                trans_map[i,j]=(tempup+tempmid+tempdown)/16
    return trans_map


def defog(img,t_map,air,h,w):
    dehaze_img=Image.new("RGB",(h,w),0)
```

```
    for i in range(0,h-1):
        for j in range(0,w-1):
            R,G,B=img.getpixel((i,j))
            R=int((R-air[0])/t_map[i,j]+air[0])
            G=int((G-air[1])/t_map[i,j]+air[1])
            B=int((B-air[2])/t_map[i,j]+air[2])
            dehaze_img.putpixel((i,j),(R,G,B))
    return dehaze_img

if __name__ == '__main__':
    img=Image.open("castle1.jpg")
    [h,w]=img.size
    OMIGA =0.8
    dark_image=darkchannel(img,h,w)
    air=airlight(img,h,w)
    T_map=transmssion(air,dark_image,h,w,OMIGA)
    fogfree_img=defog(img,T_map,air,h,w)
    fogfree_img.show()
```

運行程式，效果如圖 1-20 所示。

圖 1-20 圖型的平均值效果

1.6.5 圖型主成分分析

PCA（Principal Component Analysis，主成分分析）是一個非常有用的降維方法。它可以在使用盡可能少維數的前提下，儘量多地保持訓練資料的資訊，在此意義上是一個最佳方法。即使是一幅 100×100 像素的小灰階圖型，也有 10000 維，可以看成 10000 維空間中的點。一 MB 像素的圖型具有百萬維。由於圖型具有很高的維數，在許多電腦視覺應用中，我們經常使用降維操作。PCA 產生的投影矩陣可以被視為將原始座標變換到現有的座標系，座標系中的各個座標按照重要性遞減排列。

為了對圖像資料進行 PCA 變換，圖型需要轉換成一維向量表示。可以使用 NumPy 類別庫中的 flatten() 方法進行變換。

將變平的圖型堆積起來，我們可以得到一個矩陣，矩陣的一行表示一幅圖型。在計算主方向之前，所有的行圖型按照平均圖型進行了中心化。我們通常使用 SVD（Singular Value Decomposition，奇異值分解）方法來計算主成分；但當矩陣的維數很大時，SVD 的計算非常慢，所以此時通常不使用 SVD 分解。

下面程式為 PCA 操作函數：

```
from PIL import Image
from numpy import *
def pca(X):
  """ 主成分分析
     輸入：矩陣 X  ，其中該矩陣中儲存訓練資料，每一行為一筆訓練資料
     返回：投影矩陣（按照維度的重要性排序）、方差和平均值 """
  # 獲取維數
  num_data,dim = X.shape
  # 資料中心化
  mean_X = X.mean(axis=0)
  X = X - mean_X
 if dim>num_data:
  # PCA- 使用緊致技巧
  M = dot(X,X.T)                # 協方差矩陣
```

```
  e,EV = linalg.eigh(M)      # 特徵值和特徵向量
  tmp = dot(X.T,EV).T        # 這就是緊致技巧
  V = tmp[::-1]              # 由於最後的特徵向量是我們所需要的，所以需要將其逆轉
  S = sqrt(e)[::-1]          # 由於特徵值是按照遞增順序排列的，所以需要將其逆轉
  for i in range(V.shape[1]):
    V[:,i] /= S
else:
  #PCA- 使用 SVD 方法
  U,S,V = linalg.svd(X)
  V = V[:num_data]          # 僅返回前 nun_data 維的資料才合理
# 返回投影矩陣、方差和平均值
return V,S,mean_X
```

該函數首先透過減去每一維的平均值將資料中心化，然後計算協方差矩陣
對應最大特徵值的特徵向量，此處使用了 range() 函數，該函數的輸入參
數為一個整數 n，函數返回整數 0⋯(n-1) 的列表。也可以使用 arange() 函
數來返回一個陣列。

如果資料個數小於向量的維數，不用 SVD 分解，而是計算維數更小的協
方差矩陣的特徵向量。透過僅計算對應前 k（k 是降維後的維數）最大特
徵值的特徵向量，可以使上面的 PCA 操作更快。

1.7 Scipy 影像處理

透過 1.3 節介紹知道 Scipy 處理陣列相關操作非常便捷，它還可以實現數
值積分、最佳化、統計、訊號處理，以及對我們來說最重要的影像處理功
能。本節主要討論利用 Scipy 實現影像處理。

1.7.1 圖型模糊

圖型的高斯模糊是非常經典的圖型卷積例子。本質上，圖型模糊就是將
（灰階）圖型和一個高斯核心進行卷積操作。在 Scipy 中可利用 filters 實
現濾波操作模組，它可以利用快速一維分離的方式來計算卷積。

【例 1-8】利用 filters 實現圖型模糊處理。

```
from PIL import Image
from numpy import *
from pylab import *
from scipy.ndimage import filters
from matplotlib.font_manager import FontProperties
plt.rcParams['font.sans-serif'] =['SimHei']   # 顯示中文標籤

im=array(Image.open('house2.jpg').convert('L'))
figure()
gray()
axis('off')
subplot(141)
axis('off')
title(u' 原圖 ')
imshow(im)
for bi,blur in enumerate([2,4,8]):
    im2=zeros(im.shape)
    im2=filters.gaussian_filter(im,blur)
    im2=np.uint8(im2)
    imNum=str(blur)
    subplot(1,4,2+bi)
    axis('off')
    title(u' 標準差為 '+imNum)
    imshow(im2)

# 如果是彩色圖型，則分別對三個通道進行模糊
#for bi, blur in enumerate([2,4,8]):
#   im2 = zeros(im.shape)
#   for i in range(3):
#     im2[:,:,i] = filters.gaussian_filter(im[:,:,i], blur)
#   im2 = np.uint8(im2)
#   subplot(1, 4,  2 + bi)
#   axis('off')
#   imshow(im2)
show()
```

運行程式，效果如圖 1-21 所示。

原圖　　　標準差為 2　　　標準差為 4　　　標準差為 8

圖 1-21　圖型的模糊處理效果

圖 1-21 的第一幅圖為待模糊圖型，第二幅用高斯標準差為 2 進行模糊，第三幅用高斯標準差為 4 進行模糊，最後一幅用高斯標準差為 8 進行模糊。

1.7.2　圖型導數

在整個影像處理的學習過程中可以看到，在很多應用中圖型強度的變化情況是非常重要的資訊。強度的變化可以用灰階圖型 I（對於彩色圖型，通常對每個顏色通道分別計算導數）的 x 和 y 的方向導數 I_x 和 I_y 進行描述。

圖型的梯度向量為 $\nabla I = [I_x, I_y]^T$。梯度有兩個重要的屬性，一是梯度的大小：

$$|I\nabla| = \sqrt{I_x^2 + I_y^2}$$

它描述了圖型強度變化的強弱，一是梯度的角度：

$$a = \arctan(I_y, I_x)$$

描述了圖型中在每個點（像素）上強度變化最大的方向。Numpy 中的 arctan2() 函數返回弧度表示的有號角度，角度的變化區間為 $(-\pi, \pi)$。

我們可以用離散近似的方式來計算圖型的導數。圖型導數大多數可以透過卷積簡單地實現：

$$I_x = I \times D_x$$
$$I_y = I \times D_y$$

對於 D_x 和 D_y，通常選擇 Prewitt 濾波器：

$$D_x = \begin{vmatrix} -1 & 0 & 1 \\ -1 & 0 & 1 \\ -1 & 0 & 1 \end{vmatrix} \text{ 和 } D_y = \begin{vmatrix} -1 & -1 & -1 \\ 0 & 0 & 0 \\ 1 & 1 & 1 \end{vmatrix}$$

或 Sobel 濾波器：

$$D_x = \begin{vmatrix} -1 & 0 & 1 \\ -2 & 0 & 2 \\ -1 & 0 & 1 \end{vmatrix} \text{ 和 } D_y = \begin{vmatrix} -1 & -2 & -1 \\ 0 & 0 & 0 \\ 1 & 2 & 1 \end{vmatrix}$$

【例 1-9】對圖型實現導數操作。

```
from PIL import Image
from pylab import *
from scipy.ndimage import  filters
import numpy
plt.rcParams['font.sans-serif'] =['SimHei']   # 顯示中文標籤
im=array(Image.open('house2.jpg').convert('L'))
gray()
subplot(141)
axis('off')
title(u'(a) 原圖 ')
imshow(im)
# sobel 運算元
imx=zeros(im.shape)
filters.sobel(im,1,imx)
```

```
subplot(142)
axis('off')
title(u'(b)x方向差分')
imshow(imx)
imy=zeros(im.shape)
filters.sobel(im,0,imy)
subplot(143)
axis('off')
title(u'(c)y方向差分')
imshow(imy)
mag=255-numpy.sqrt(imx**2+imy**2)
subplot(144)
title(u'(d) 梯度強度')
axis('off')
imshow(mag)
show()
```

運行程式，效果如圖 1-22 所示。

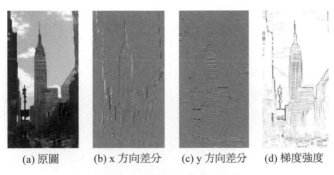

(a) 原圖　　　(b) x 方向差分　　(c) y 方向差分　　(d) 梯度強度

圖 1-22　圖型的導數效果

此外，還可以對圖型進行高斯差分操作。

【例 1-10】圖型高斯差分操作。

```
from PIL import Image
from pylab import *
from scipy.ndimage import filters
import numpy
```

```
def imx(im, sigma):
    imgx = zeros(im.shape)
    filters.gaussian_filter(im, sigma, (0, 1), imgx)
    return imgx
def imy(im, sigma):
    imgy = zeros(im.shape)
    filters.gaussian_filter(im, sigma, (1, 0), imgy)
    return imgy
def mag(im, sigma):
    # 還有 gaussian_gradient_magnitude()
    imgmag = 255 - numpy.sqrt(imgx ** 2 + imgy ** 2)
    return imgmag

im = array(Image.open('castle3.jpg').convert('L'))
figure()
gray()
sigma = [2, 5, 10]
for i in  sigma:
    subplot(3, 4, 4*(sigma.index(i))+1)
    axis('off')
    imshow(im)
    imgx=imx(im, i)
    subplot(3, 4, 4*(sigma.index(i))+2)
    axis('off')
    imshow(imgx)
    imgy=imy(im, i)
    subplot(3, 4, 4*(sigma.index(i))+3)
    axis('off')
    imshow(imgy)
    imgmag=mag(im, i)
    subplot(3, 4, 4*(sigma.index(i))+4)
    axis('off')
    imshow(imgmag)
show()
```

運行程式，效果如圖 1-23 所示。

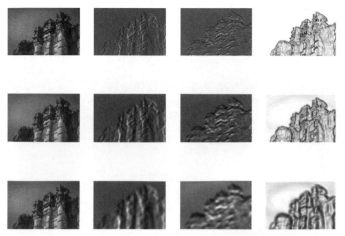

圖 1-23 圖型的高斯差分效果

1.7.3 形態學

形態學（或數學形態學）是度量和分析基本形狀的影像處理方法的基本框架與集合。常用於二值圖型，不過它也可以用於灰階圖型。二值圖型像素只有兩種設定值，通常是 0 和 1。二值圖型通常是由一幅圖型進行二值化處理後產生的，它可以用於對物體進行計數，或計算它們的大小。

【例 1-11】圖型的形態學。

```
from PIL import Image
from numpy import *
#measurements 模組實現二值圖型的計數和度量功能，morphology 模組實現形態學操作
from scipy.ndimage import measurements, morphology
from pylab import *

plt.rcParams['font.sans-serif'] =['SimHei']   # 顯示中文標籤
# 載入圖型和閾值，以確保它是二進位的
figure()
gray()
im = array(Image.open('castle3.jpg').convert('L'))
subplot(221)
```

```
imshow(im)
axis('off')
title(u' 原圖 ')
im = (im < 128)
labels, nbr_objects = measurements.label(im)  # 圖型的灰階值表示物件的標籤
print ("Number of objects:", nbr_objects)
subplot(222)
imshow(labels)
axis('off')
title(u' 標記後的圖 ')
# 形態學——使物體分離更好
im_open = morphology.binary_opening(im, ones((9, 5)), iterations=4)  # 開操
作，第二個參數為結構元素，iterations 決定執行該操作的次數
subplot(223)
imshow(im_open)
axis('off')
title(u' 開運算後的圖型 ')
labels_open, nbr_objects_open = measurements.label(im_open)
print ("Number of objects:", nbr_objects_open)
subplot(224)
imshow(labels_open)
axis('off')
title(u' 開運算後進行標記後的圖型 ')
show()
```

運行程式，輸出如下，效果如圖 1-24 所示。

```
Number of objects: 573
Number of objects: 9
```

原圖 　標記後的圖

開運算後的圖型　開運算後進行標記後的圖型

圖 1-24 形態學

1.7.4 io 和 misc 模組

Scipy 有一些用於輸入和輸出資料的模組，其中兩個常用分別是 io 和 misc 模組。

1. 讀寫 .mat 檔案

io 模組用於讀寫 .mat 檔案，其格式為：

```
data=scipy.io.loadmat('test.mat')
```

如果要保存到 .mat 檔案中的話，同樣也很容易，僅只需要創建一個字典，字典中即可保存你想保存的所有變數，然後用 savemat() 方法即可：

```
# 創建字典
data = {}
# 將變數 x 保存在字典中
data['x'] = x
scipy.io.savemat('test.mat',data)
```

2. 以圖型形式保存陣列

在 scipy.misc 模組中，包含了 imsave() 函數，要保存陣列為一幅圖型，可透過下面方式完成：

```
from scipy.misc import imsave
imsave('test.jpg',im)
```

1.8　圖型降低雜訊

圖型降低雜訊是一個在盡可能保持圖型細節和結構資訊時去除雜訊的過程。在 Python 中可採用 Rudin-Osher-Fatemide-noising（ROF）模型。該模型使處理後的圖型更平滑，同時保持圖型邊緣和結構資訊。一幅灰階圖型 I 的全變差（Total Variation,TV）定義為梯度範數之和，離散情況可表示為：

$$J(I) = \sum_x |\nabla I|$$

ROF 模型，目標函數為尋找降低雜訊後的圖型 U，使下式最小：$\min_U \|I-U\|^2 + 2\lambda J(U)$，範數 $\|I-U\|$ 是去除雜訊後圖型 U 和原始圖型 I 差異的度量。

【例 1-12】模擬實現降低雜訊處理。

```
from pylab import *
from numpy import *
from numpy import random
from scipy.ndimage import filters
from scipy.misc import imsave
from PCV.tools import rof

plt.rcParams['font.sans-serif'] =['SimHei']   # 顯示中文標籤
# 創建合成圖型與雜訊
im = zeros((500,500))
im[100:400,100:400] = 128
```

```
im[200:300,200:300] = 255
im = im + 30*random.standard_normal((500,500))
#roll()函數：循環捲動陣列中的元素，計算領域元素的差異。linalg.norm()函數可以衡量
兩個陣列見得差異

U,T = rof.denoise(im,im)
G = filters.gaussian_filter(im,10)
figure()
gray()
subplot(1,3,1)
imshow(im)
#axis('equal')
axis('off')
title(u'原雜訊圖型')

subplot(1,3,2)
imshow(G)
#axis('equal')
axis('off')
title(u'高斯模糊後的圖型')

subplot(1,3,3)
imshow(U)
#axis('equal')
axis('off')
title(u'ROF降低雜訊後的圖型')
show()
```

運行程式，效果如圖 1-25 所示。

原雜訊圖型　　　高斯模糊後的圖型　　ROF 降低雜訊後的圖型

圖 1-25　圖型降低雜訊效果

圖 1-25 的第一幅圖示原雜訊圖型，中間一幅圖示用標準差為 10 進行高斯模糊後的結果，最右邊一幅圖是用 ROF 降低雜訊後的圖型。上面原雜訊圖型是模擬出來的圖型，現在我們在真實的圖型上進行測試。

【例 1-13】真實圖型實現降低雜訊處理。

```
from PIL import Image
from pylab import *
from numpy import *
from numpy import random
from scipy.ndimage import filters
from scipy.misc import imsave
from PCV.tools import rof
plt.rcParams['font.sans-serif'] =['SimHei']  # 顯示中文標籤
im = array(Image.open('gril.jpg').convert('L'))
U,T = rof.denoise(im,im)
G = filters.gaussian_filter(im,10)
figure()
gray()
subplot(1,3,1)
imshow(im)
#axis('equal')
axis('off')
title(u' 原雜訊圖型 ')
subplot(1,3,2)
imshow(G)
#axis('equal')
axis('off')
title(u' 高斯模糊後的圖型 ')
subplot(1,3,3)
imshow(U)
#axis('equal')
axis('off')
title(u'ROF 降低雜訊後的圖型 ')
show()
```

運行程式，效果如圖 1-26 所示。

原雜訊圖型

高斯模糊後的圖型

ROF 降低雜訊後的圖型

圖 1-26 真實圖型降低雜訊處理

下面透過一個例子演示對圖型增加雜訊,並進行降低雜訊處理,在舉例前先了解常用的兩種雜訊。

1. 椒鹽雜訊

椒鹽雜訊(salt & pepper noise)是數位圖型的常見雜訊,所謂椒鹽,椒就是黑,鹽就是白,椒鹽雜訊就是在圖型上隨機出現黑色白色的像素。椒鹽雜訊是一種因為訊號脈衝強度引起的雜訊,產生該雜訊的演算法也比較簡單。

2. 高斯雜訊

加性高斯白色雜訊(Additive white Gaussian noise,AWGN)在通訊領域中指的是一種功率譜函數是常數(即白色雜訊),且幅度服從高斯分佈的雜訊訊號。這類雜訊通常來自感光元件,且無法避免。

【例 1-14】對增加雜訊的雜訊實現降低雜訊處理。

```
import numpy as np
from PIL import Image
import matplotlib.pyplot as plt
import math
import random
import cv2
import scipy.misc
import scipy.signal
import scipy.ndimage
```

```python
plt.rcParams['font.sans-serif'] =['SimHei']   # 顯示中文標籤

""" 中值濾波函數 """
def medium_filter(im, x, y, step):
    sum_s=[]
    for k in range(-int(step/2),int(step/2)+1):
        for m in range(-int(step/2),int(step/2)+1):
            sum_s.append(im[x+k][y+m])
    sum_s.sort()
    return sum_s[(int(step*step/2)+1)]
""" 均值濾波函數 """
def mean_filter(im, x, y, step):
    sum_s = 0
    for k in range(-int(step/2),int(step/2)+1):
        for m in range(-int(step/2),int(step/2)+1):
            sum_s += im[x+k][y+m] / (step*step)
    return sum_s


def convert_2d(r):
    n = 3
    # 3*3 濾波器，每個係數都是 1/9
    window = np.ones((n, n)) / n**2
    # 使用濾波器卷積圖型
    # mode = same 表示輸出尺寸等於輸入尺寸
    # boundary 表示採用對稱邊界條件處理圖型邊緣
    s = scipy.signal.convolve2d(r, window, mode='same', boundary='symm')
    return s.astype(np.uint8)
""" 增加雜訊 """
def add_salt_noise(img):
    rows, cols, dims = img.shape
    R = np.mat(img[:,:,0])
    G = np.mat(img[:,:,1])
    B = np.mat(img[:,:,2])
    Grey_sp = R * 0.299 + G * 0.587 + B * 0.114
    Grey_gs = R * 0.299 + G * 0.587 + B * 0.114
    snr = 0.9
    mu = 0
    sigma = 0.12
    noise_num = int((1 - snr)* rows * cols)
```

```
for i in range(noise_num):
    rand_x = random.randint(0, rows - 1)
    rand_y = random.randint(0, cols - 1)
    if random.randint(0, 1) == 0:
        Grey_sp[rand_x, rand_y] = 0
    else:
        Grey_sp[rand_x, rand_y] = 255
Grey_gs = Grey_gs + np.random.normal(0, 48, Grey_gs.shape)
Grey_gs = Grey_gs - np.full(Grey_gs.shape, np.min(Grey_gs))
Grey_gs = Grey_gs * 255 / np.max(Grey_gs)
Grey_gs = Grey_gs.astype(np.uint8)
# 中值濾波
Grey_sp_mf = scipy.ndimage.median_filter(Grey_sp, (8, 8))
Grey_gs_mf = scipy.ndimage.median_filter(Grey_gs, (8, 8))
# 均值濾波
n = 3
window = np.ones((n, n)) / n ** 2
Grey_sp_me = convert_2d(Grey_sp)
Grey_gs_me = convert_2d(Grey_gs)
plt.subplot(231)
plt.title(' 椒鹽雜訊 ')
plt.imshow(Grey_sp, cmap='gray')
plt.subplot(232)
plt.title(' 高斯雜訊 ')
plt.imshow(Grey_gs, cmap='gray')
plt.subplot(233)
plt.title(' 椒鹽雜訊的中值濾波 ')
plt.imshow(Grey_sp_mf, cmap='gray')
plt.subplot(234)
plt.title(' 高斯雜訊的中值濾波 ')
plt.imshow(Grey_gs_mf, cmap='gray')
plt.subplot(235)
plt.title(' 椒鹽雜訊的均值濾波 ')
plt.imshow(Grey_sp_me, cmap='gray')
plt.subplot(236)
plt.title(' 高斯雜訊的均值濾波 ')
plt.imshow(Grey_gs_me, cmap='gray')
plt.show()
```

```
def main():
    img = np.array(Image.open('LenaRGB.bmp'))    # 匯入圖片
    add_salt_noise(img)

if __name__ == '__main__':
    main()
```

運行程式，效果如圖 1-27 所示。

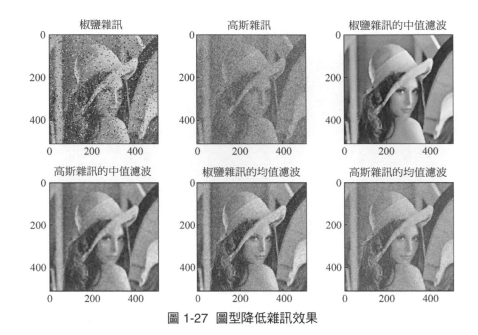

圖 1-27 圖型降低雜訊效果

圖型去霧技術

霧霾天氣往往會替人類的生產和生活帶來極大不便，也大大增加了交通事故的發生機率。一般而言，在惡劣天氣（如霧天、雨天等）條件下，戶外景物圖型的對比度和顏色會被改變或退化，圖型中蘊含的許多特徵也會被覆蓋或模糊。這會導致某些視覺系統（如電子關卡、門禁監控等）無法正常執行。因此，從在霧霾天氣下擷取的退化圖型中復原和增強景物的細節資訊具有重要的現實意義。數位影像處理技術已被廣泛應用於科學和工程領域，如地形分類系統、戶外監控系統、自動導航系統等。為了保證視覺系統全天候正常執行，就必須使用視覺系統適應各種天氣狀況。

2.1　空域圖型增強

圖型增強技術的主要目標是，透過對圖型的處理，使圖型比處理前更適合一個特定的應用，比如去除噪音等，來改善一幅圖型的視覺效果。

圖型增強的方法分為兩大類：空間域圖型增強和頻域圖型增強，而我們這裡所要介紹的均值濾波，中值濾波，拉普拉斯變換等就是空間域圖型增強的重要內容。

2.1.1　空域低通濾波

使用空域範本進行的影像處理，被稱為空域濾波。空域濾波的機制就是在待處理的圖型中逐點地移動範本，濾波器在該點的回應透過事先定義的濾波器係數與濾波範本掃過區域的對應像素值的關係來計算。中值濾波是空域低通濾波的典型代表。

1. 中值濾波器

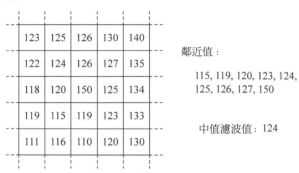

圖 2-1　中值濾波範本

中值濾波器屬於非線性濾波器，中值濾波是對整幅圖型求解中位數的過程。具體實現時用一個範本掃描圖型中的每一個像素，然後用範本範圍內所有像素的中位數像素代替原來範本中心的像素。例如圖 2-1 中 150 灰階的像素在中值濾波後灰階將設定值為 124。

【**例 2-1**】中值濾波器實例演示。

```python
import cv2 as cv
import matplotlib.pyplot as plt
import math
import numpy as np
plt.rcParams['font.sans-serif'] =['SimHei']   # 顯示中文標籤

def get_median(data):
    data.sort()
    half = len(data) // 2
    return data[half]

# 計算灰階圖型的中值濾波
def my_median_blur_gray(image, size):
    data = []
    sizepart = int(size/2)
    for i in range(image.shape[0]):
        for j in range(image.shape[1]):
            for ii in range(size):
```

```python
            for jj in range(size):
                # 首先判斷所以是否超出範圍，也可以事先對圖型進行零填充
                if (i+ii-sizepart)<0 or (i+ii-sizepart)>=image.shape[0]:
                    pass
                elif (j+jj-sizepart)<0 or (j+jj-sizepart)>=image.shape[1]:
                    pass
                else:
                    data.append(image[i+ii-sizepart][j+jj-sizepart])
        # 取每個區域內的中位數
        image[i][j] = int(get_median(data))
        data=[]
    return image


# 計算彩色圖型的中值濾波
def my_median_blur_RGB(image, size):
    (b ,r, g) = cv.split(image)
    blur_b = my_median_blur_gray(b, size)
    blur_r = my_median_blur_gray(r, size)
    blur_g = my_median_blur_gray(g, size)
    result = cv.merge((blur_b, blur_r, blur_g))
    return result


if __name__ == '__main__':
    image_test1 = cv.imread('worm.jpg')
    # 呼叫自訂函數
    my_image_blur_median = my_median_blur_RGB(image_test1, 5)
    # 呼叫函數庫函數
    computer_image_blur_median = cv.medianBlur(image_test1, 5)
    fig = plt.figure()
    fig.add_subplot(131)
    plt.title(' 原圖 ')
    plt.imshow(image_test1)
    fig.add_subplot(132)
    plt.title(' 自訂函數濾波 ')
    plt.imshow(my_image_blur_median)
    fig.add_subplot(133)
    plt.title(' 函數庫函數濾波 ')
    plt.imshow(computer_image_blur_median)
    plt.show()
```

運行程式，效果如圖 2-2 所示。

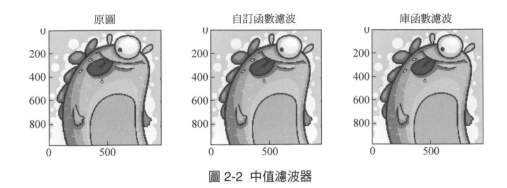

圖 2-2 中值濾波器

2. 高斯濾波器

高斯濾波是一種線性平滑濾波，和均值濾波計算方法相似，但是其範本中心像素的權重要大於鄰接像素的權重。具體的數值比例關係按照下面的二元高斯函數進行計算。

$$f(x, y) = \frac{1}{2\pi\sigma^2} e^{-\frac{x^2+y^2}{2\sigma^2}}$$

比如要產生一個如圖 2-3 的 3×3 範本，可以將範本中像素座標帶入高斯函數中得到關於 σ 的範本矩陣。

(-1, 1)	(0, 1)	(1, 1)
(-1, 0)	(0, 0)	(1, 0)
(-1, 1)	(0, -1)	(1, -1)

$$\frac{1}{2\pi\sigma^2} \begin{bmatrix} \exp\left(-\frac{2}{2\sigma^2}\right) & \exp\left(-\frac{1}{2\sigma^2}\right) & \exp\left(-\frac{2}{2\sigma^2}\right) \\ \exp\left(-\frac{2}{2\sigma^2}\right) & 1 & \exp\left(-\frac{2}{2\sigma^2}\right) \\ \exp\left(-\frac{2}{2\sigma^2}\right) & \exp\left(-\frac{1}{2\sigma^2}\right) & \exp\left(-\frac{2}{2\sigma^2}\right) \end{bmatrix}$$

圖 2-3 3×3 範本

如果設 σ 值為 0.85，計算矩陣個元素數值，再將左上角的數值歸一化的矩陣為：

$$\begin{bmatrix} 1 & 2.1842 & 1 \\ 2.1842 & 4.7707 & 2.1842 \\ 1 & 2.1842 & 1 \end{bmatrix}$$

將此矩陣取整數即可得到影像處理的範本：

$$\frac{1}{16}\begin{bmatrix} 1 & 2 & 1 \\ 2 & 4 & 2 \\ 1 & 2 & 1 \end{bmatrix}$$

當然，設 σ 為不同的數值可以得到不同的範本。高斯濾波可以有效地去除高斯雜訊，由於很多圖片都具有高斯雜訊，所以高斯濾波在圖型圖例上用得很廣。

【例 2-2】對圖型進行 5×5 高斯濾波器濾波處理。

```python
import cv2 as cv
import matplotlib.pyplot as plt
import math
import numpy as np

plt.rcParams['font.sans-serif'] =['SimHei']   # 顯示中文標籤
# 高斯濾波函數
def my_function_gaussion(x, y, sigma):
    return math.exp(-(x**2 + y**2)/ (2*sigma**2))/ (2*math.pi*sigma**2)
# 產生高斯濾波矩陣
def my_get_gaussion_blur_retric(size, sigma):
    n = size // 2
    blur_retric = np.zeros([size, size])
    # 根據尺寸和 sigma 值計算高斯矩陣
    for i in range(size):
        for j in range(size):
            blur_retric[i][j] = my_function_gaussion(i-n, j-n, sigma)
    # 將高斯矩陣歸一化
    blur_retric = blur_retric / blur_retric[0][0]
    # 將高斯矩陣轉為整數
    blur_retric = blur_retric.astype(np.uint32)
```

```
    # 返回高斯矩陣
    return blur_retric
# 計算灰階圖型的高斯濾波
def my_gaussion_blur_gray(image, size, sigma):
    blur_retric = my_get_gaussion_blur_retric(size, sigma)
    n = blur_retric.sum()
    sizepart = size // 2
    data = 0
    # 計算每個像素點在經過高斯範本變換後的值
    for i in range(image.shape[0]):
        for j in range(image.shape[1]):
            for ii in range(size):
                for jj in range(size):
                    # 條件陳述式為判斷範本對應的值是否超出邊界
                    if (i+ii-sizepart)<0 or (i+ii-sizepart)>=image.shape[0]:
                        pass
                    elif (j+jj-sizepart)<0 or (j+jj-sizepart)>=image.shape[1]:
                        pass
                    else:
                        data += image[i+ii-sizepart][j+jj-sizepart] * blur_
retric[ii][jj]
            image[i][j] = data / n
            data = 0
    # 返回變換後的圖型矩陣
    return image


# 計算彩色圖型的高斯濾波
def my_gaussion_blur_RGB(image, size, sigma):
    (b ,r, g) = cv.split(image)
    blur_b = my_gaussion_blur_gray(b, size, sigma)
    blur_r = my_gaussion_blur_gray(r, size, sigma)
    blur_g = my_gaussion_blur_gray(g, size, sigma)
    result = cv.merge((blur_b, blur_r, blur_g))
    return result

if __name__ == '__main__':
    image_test1 = cv.imread('lena.png')
    # 進行高斯濾波器比較
    my_image_blur_gaussion = my_gaussion_blur_RGB(image_test1, 5, 0.75)
```

```
computer_image_blur_gaussion = cv.GaussianBlur(image_test1, (5, 5), 0.75)
fig = plt.figure()
fig.add_subplot(131)
plt.title(' 原始圖型 ')
plt.imshow(image_test1)
fig.add_subplot(132)
plt.title(' 自訂高斯濾波器 ')
plt.imshow(my_image_blur_gaussion)
fig.add_subplot(133)
plt.title(' 函數庫高斯濾波器 ')
plt.imshow(computer_image_blur_gaussion)
plt.show()
```

運行程式，效果如圖 2-4 所示。

圖 2-4 5×5 高斯濾波器濾波效果

2.1.2 空域高通濾波器

銳化處理的主要目的是突出灰階的過度部分，所以提取圖型的邊緣資訊對圖型的銳化來説非常重要。我們可以借助空間微分的定義來實現這一目的。定義圖型的一階微分的差分形式為：

$$\frac{\partial f}{\partial x} = f(x+1) - f(x)$$

從定義中可看出圖型一階微分的結果在圖型灰階變化緩慢的區域數值較

小，而在圖型灰階變化劇烈的區域數值較大，所以這一運算在一定程度上
可反映圖型灰階的變化情況。

對圖型的一階微分結果再次微分可得到圖型的二階微分形式：

$$\frac{\partial^2 f}{\partial x^2} = f(x+1) + f(x-1) - 2f(x)$$

二階微分可以反映圖型像素變化率的變化，所以對灰階均勻變化的區域沒
有影響，而對灰階驟然變化的區域反應效果明顯。

由於數位圖型的邊緣常常存在類似的斜坡過度，所以一階微分時產生較粗
的邊緣，而二階微分則會產生以零分開的雙邊緣，所以在增強細節方面二
階微分要比一階微分效果好得多。

1. 拉普拉斯運算元

實現最簡單的二階微分的方法就是拉普拉斯運算元，依照一維二階微分，
二維圖型的拉普拉斯運算元定義為：

$$\nabla^2 f = \frac{\partial^2 f}{\partial x^2} + \frac{\partial^2 f}{\partial y^2}$$

將前面的微分形式代入可以得到離散化的運算元：

$$\nabla^2 f(x,y) = f(x+1,y) + f(x-1,y) + f(x,y+1) + f(x,y-1) - 4f(x,y)$$

對應的拉普拉斯範本為：

0	1	0
1	-4	1
0	1	0

對角線方向也可以加入拉普拉斯運算元，加入後運算元範本變為：

1	1	1
1	-8	1
1	1	1

進行圖型銳化時需要將拉普拉斯範本計算得到的圖型加到原圖型當中，所以最終銳化公式為：

$$g(x, y) = f(x, y) + c[\nabla^2 f(x, y)]$$

如果濾波器範本中心係數為負數，則 c 值取負數，反之亦然。這是因為當範本中心係數為負數時，如果計算結果為正數，則說明中間像素的灰階小於旁邊像素的灰階，要想使中間像素更為突出，則需要減小中間的像素值，即在原始圖型中符號為正數的計算結果。當計算結果為負數時道理相同。

由上述原理可自訂拉普拉斯濾波器的計算函數，該函數的輸出為拉普拉斯運算元對原圖型的濾波，也就是提取的邊緣資訊。

【例 2-3】對圖型實現拉普拉斯運算元處理。

```python
import cv2 as cv
import matplotlib.pyplot as plt
import math
import numpy as np
plt.rcParams['font.sans-serif'] =['SimHei']   # 顯示中文標籤

original_image_test1 = cv.imread('lena.png',0)
# 用原始圖型減去拉普拉斯範本直接計算得到的邊緣資訊
def my_laplace_result_add(image, model):
    result = image - model
    for i in range(result.shape[0]):
        for j in range(result.shape[1]):
            if result[i][j] > 255:
```

```
                    result[i][j] = 255
                if result[i][j] < 0:
                    result[i][j] = 0
    return result

def my_laplace_sharpen(image, my_type = 'small'):
    result = np.zeros(image.shape,dtype=np.int64)
    # 確定拉普拉斯範本的形式
    if my_type == 'small':
        my_model = np.array([[0, 1, 0], [1, -4, 1], [0, 1, 0]])
    else:
        my_model = np.array([[1, 1, 1], [1, -8, 1], [1, 1, 1]])
    # 計算每個像素點在經過高斯範本變換後的值
    for i in range(image.shape[0]):
        for j in range(image.shape[1]):
            for ii in range(3):
                for jj in range(3):
                    # 條件陳述式為判斷範本對應的值是否超出邊界
                    if (i+ii-1)<0 or (i+ii-1)>=image.shape[0]:
                        pass
                    elif (j+jj-1)<0 or (j+jj-1)>=image.shape[1]:
                        pass
                    else:
                        result[i][j] += image[i+ii-1][j+jj-1] * my_model[ii][jj]
    return result

# 將計算結果限制為正值
def my_show_edge(model):
    # 這裡一定要用 copy 函數，不然會改變原來陣列的值
    mid_model = model.copy()
    for i in range(mid_model.shape[0]):
        for j in range(mid_model.shape[1]):
            if mid_model[i][j] < 0:
                mid_model[i][j] = 0
            if mid_model[i][j] > 255:
                mid_model[i][j] = 255
    return mid_model
```

```
# 呼叫自訂函數
result = my_laplace_sharpen(original_image_test1, my_type='big')
# 繪製結果
fig = plt.figure()
fig.add_subplot(131)
plt.title(' 原始圖型 ')
plt.imshow(original_image_test1)
fig.add_subplot(132)
plt.title(' 邊緣檢測 ')
plt.imshow(my_show_edge(result))
fig.add_subplot(133)
plt.title(' 銳化處理 ')
plt.imshow(my_laplace_result_add(original_image_test1,result))
plt.show()
```

運行程式，效果如圖 2-5 所示。

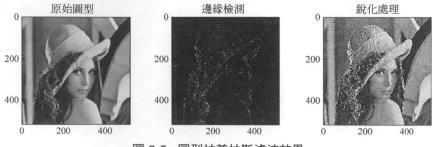

圖 2-5　圖型拉普拉斯濾波效果

此外，在 OpenCV 中，也可以呼叫 cv2 中的函數庫函數進行拉普拉斯濾波，得到的效果也非常理想。

【例 2-4】利用 cv2 實現圖型拉普拉斯濾波。

```
import cv2 as cv
from matplotlib import pyplot as plt

# 用原始圖型減去拉普拉斯範本直接計算得到的邊緣資訊
def my_laplace_result_add(image, model):
```

```
        result = image-model
        for i in range(result.shape[0]):
            for j in range(result.shape[1]):
                if result[i][j] > 255:
                    result[i][j] = 255
                if result[i][j] < 0:
                    result[i][j] = 0
        return result

original_image_test1 = cv.imread('lena.png',0)
# 函數中的參數 ddepth 為輸出圖型的深度，也就是每個像素點是多少位元的。
# CV_16S 表示 16 位元有號數
computer_result = cv.Laplacian(original_image_test1,ksize=3,ddepth=cv.CV_16S)
plt.imshow(my_laplace_result_add(original_image_test1, computer_result))
plt.show()
```

運行程式，效果如圖 2-6 所示。

圖 2-6 cv2 實現拉普拉斯濾波

由圖 2-5 及圖 2-6 可以看出，函數庫函數的運行結果與自訂函數基本一致。
還可以利用另外一種對拉普拉斯範本計算結果的處理方法，就是將計算結
果取絕對值，再用原圖型減去取絕對值的結果。

【例 2-5】 利用絕對值方法實現拉普拉斯濾波。

```python
import cv2 as cv
import matplotlib.pyplot as plt
import numpy as np
plt.rcParams['font.sans-serif'] =['SimHei']   # 顯示中文標籤
original_image_test1 = cv.imread('lena.png',0)
def my_laplace_result_add_abs(image, model):
    for i in range(model.shape[0]):
        for j in range(model.shape[1]):
            if model[i][j] < 0:
                model[i][j] = 0
            if model[i][j] > 255:
                model[i][j] = 255
    result = image - model
    for i in range(result.shape[0]):
        for j in range(result.shape[1]):
            if result[i][j] > 255:
                result[i][j] = 255
            if result[i][j] < 0:
                result[i][j] = 0
    return result
# 呼叫自訂函數 my_laplace_sharpen，該函數在 laplace.py 檔案中定義
result = my_laplace_sharpen(original_image_test1, my_type='big')
# 繪製結果
fig = plt.figure()
fig.add_subplot(121)
plt.title(' 原始圖型 ')
plt.imshow(original_image_test1)
fig.add_subplot(122)
plt.title(' 銳化濾波 ')
plt.imshow(my_laplace_result_add_abs(original_image_test1,result))
plt.show()
```

運行程式，效果如圖 2-7 所示。

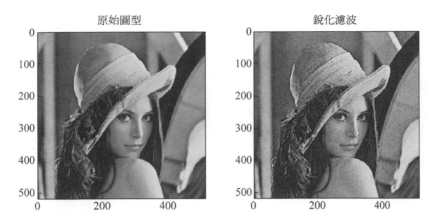

圖 2-7 絕對值實現拉普拉斯變換

這種演算法機制雖然不能確定正確,但效果還是不錯的。

2. 非銳化掩蔽

除了透過二階微分的形式提取到圖型邊緣資訊,也可以透過原圖型減去一個圖型的非銳化版本來提取邊緣資訊,這就是非銳化掩蔽的原理,其處理過程為:

- 將原圖型進行模糊處理。
- 用原圖型減去模糊圖型得到非銳化版本。
- 將非銳化版本按照一定比例係數加到原圖型中,得到銳化圖型。
- 進行模糊處理時可以使用高斯濾波器等低通濾波器。

【例 2-6】用自訂函數進行圖型邊界提取和圖型增強。

```
import cv2 as cv
import matplotlib.pyplot as plt
import numpy as np
plt.rcParams['font.sans-serif'] =['SimHei']   # 顯示中文標籤
# 圖型銳化函數
def my_not_sharpen(image, k, blur_size=(5, 5), blured_sigma=3):
    blured_image = cv.GaussianBlur(image, blur_size, blured_sigma)
    # 注意不能直接用減法,對於圖型格式結果為負時會自動加上 256
```

```
        model = np.zeros(image.shape, dtype=np.int64)
        for i in range(image.shape[0]):
            for j in range(image.shape[1]):
                model[i][j] = int(image[i][j])- int(blured_image[i][j])
        # 兩個矩陣中有一個不是圖型格式，則結果就不會轉為圖型格式
        sharpen_image = image + k * model
        sharpen_image = cv.convertScaleAbs(sharpen_image)
        return sharpen_image


# 提取圖型邊界資訊函數
def my_get_model(image, blur_size=(5, 5), blured_sigma=3):
        blured_image = cv.GaussianBlur(image, blur_size, blured_sigma)
        model = np.zeros(image.shape, dtype=np.int64)
        for i in range(image.shape[0]):
            for j in range(image.shape[1]):
                model[i][j] = int(image[i][j])- int(blured_image[i][j])
        model = cv.convertScaleAbs(model)
        return model


if __name__ == '__main__':
        ''' 讀取原始圖片 '''
        original_image_ lena = cv.imread('lena.png', 0)
        # 獲得圖型邊界資訊
        edge_image_ lena = my_get_model(original_image_ lena)
        # 獲得銳化圖型
        sharpen_image_ lena = my_not_sharpen(original_image_ lena, 3)
        # 顯示結果
        plt.subplot(131)
        plt.title(' 原始圖型 ')
        plt.imshow(original_image_test4)
        plt.subplot(132)
        plt.title(' 邊緣檢測 ')
        plt.imshow(edge_image_test4)
        plt.subplot(133)
        plt.title(' 非銳化 ')
        plt.imshow(sharpen_image_lena)
        plt.show()
```

運行程式，效果如圖 2-8 所示。

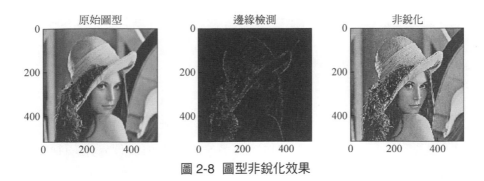

圖 2-8　圖型非銳化效果

3. 梯度

影像處理的一階微分使用梯度強度來實現的，二元函數的梯度定義為：

$$\nabla f = \text{grad}(f) = \begin{bmatrix} g_x \\ g_y \end{bmatrix} \begin{bmatrix} \dfrac{\partial f}{\partial x} \\ \dfrac{\partial f}{\partial y} \end{bmatrix}$$

由於梯度是多維的，梯度本身並不能作為圖型邊緣的提設定值，所以常用梯度的絕對值和或平方和作為幅度值來反映邊緣情況。

$$M(x, y) = \text{mag}(\nabla f) = \sqrt{g_x^2 + g_y^2} \approx |g_x| + |g_y|$$

可以像前面拉普拉斯運算元一樣定義一個 3×3 範本的離散梯度形式：

$$g_x = \frac{\partial f}{\partial x} = (z_7 + 2z_8 + z_9) - (z_1 + 2z_2 + z_3)$$

$$g_y = \frac{\partial f}{\partial y} = (z_3 + 2z_6 + z_9) - (z_1 + 2z_4 + z_7)$$

其對應的圖型範本分別如圖 2-9 所示。

g_x

−1	−2	−1
0	0	0
1	2	1

g_y

−1	0	1
−2	0	2
1	0	1

圖 2-9 3×3 範本

透過範本計算得到梯度值後，再將 x、y 方向的梯度絕對值相加或平方和相加，就獲得了圖型邊緣的幅度值，再將提取到的幅度值圖型加到原圖型上，就獲得了銳化後的圖型。

【例 2-7】利用梯度方法的自訂方法實現圖型增強。

```
import cv2 as cv
import matplotlib.pyplot as plt
import numpy as np
plt.rcParams['font.sans-serif'] =['SimHei']  #顯示中文標籤

#輸入圖型，輸出提取的邊緣資訊
def my_sobel_sharpen(image):
    result_x = np.zeros(image.shape,dtype=np.int64)
    result_y = np.zeros(image.shape, dtype=np.int64)
    result = np.zeros(image.shape, dtype=np.int64)
    #確定拉普拉斯範本的形式
    my_model_x = np.array([[-1, -2, -1], [0, 0, 0], [1, 2, 1]])
    my_model_y = np.array([[-1, 0, 1], [-2, 0, 2], [-1, 0, 1]])
    #計算每個像素點在經過高斯範本變換後的值
    for i in range(image.shape[0]):
        for j in range(image.shape[1]):
            for ii in range(3):
                for jj in range(3):
                    #條件陳述式為判斷範本對應的值是否超出邊界
                    if (i+ii-1)<0 or (i+ii-1)>=image.shape[0]:
                        pass
                    elif (j+jj-1)<0 or (j+jj-1)>=image.shape[1]:
                        pass
                    else:
```

```
                            result_x[i][j] += image[i+ii-1][j+jj-1] * my_
model_x[ii][jj]
                            result_y[i][j] += image[i+ii-1][j+jj-1] * my_
model_y[ii][jj]
            result[i][j] = abs(result_x[i][j]) + abs(result_y[i][j])
            if result[i][j] > 255:
                result[i][j] = 255
    return result

# 將邊緣資訊按一定比例加到原始圖型上
def my_result_add(image, model, k):
    result = image + k * model
    for i in range(result.shape[0]):
        for j in range(result.shape[1]):
            if result[i][j] > 255:
                result[i][j] = 255
            if result[i][j] < 0:
                result[i][j] = 0
    return result

if __name__ == '__main__':
    ''' 讀取原始圖片 '''
    original_image_lena= cv.imread('lena.png', 0)
    # 獲得圖型邊界資訊
    edge_image_lena = my_sobel_sharpen(original_image_lena)
    # 獲得銳化圖型
    sharpen_image_lena = my_result_add(original_image_lena, edge_image_
lena, -0.5)
    # 顯示結果
    plt.subplot(131)
    plt.title(' 原始圖型 ')
    plt.imshow(original_image_lena)
    plt.subplot(132)
    plt.title(' 邊緣檢測 ')
    plt.imshow(edge_image_lena)
    plt.subplot(133)
    plt.title(' 梯度處理 ')
    plt.imshow(sharpen_image_lena)
    plt.show()
```

運行程式,效果如圖 2-10 所示。

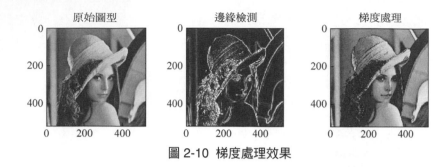

原始圖型　　　　　邊緣檢測　　　　　梯度處理

圖 2-10 梯度處理效果

4. Canny 邊緣檢測

Canny 演算法是一個綜合類的演算法,它包含多個階段,每個階段基本上都可以用前面提到的方法實現。具體流程為:

(1)降低雜訊

邊緣檢測很容易受雜訊的影響,所以在檢測之前先做降低雜訊處理是很有必要的。一般可以用 5×5 的高斯濾波器進行降低雜訊處理。

(2)尋找圖型的強度梯度

然後對平滑後的圖型進行水平方向和垂直方向的 Sobel 核心濾波,得到水平方向(G_x)和垂直方向(G_y)的一階導數。可以發現每個像素的邊緣梯度方向如下:

$$edge\_gradient(G) = \sqrt{G_x^2 + G_y^2}$$

$$angle(\theta) = \tan^{-1}\left(\frac{G_y}{G_x}\right)$$

梯度方向總是垂直於邊緣,它是四角之一,代表垂直、水平和兩個對角線方向。

（3）非極大抑制

得到梯度大小和方向後，對圖型進行全面掃描，去除非邊界點。在每個像素處，看這個點的梯度是不是周圍具有相同梯度方向的點中最大的，最後得到的會是一個細邊的邊界。

（4）落後閾值

現在要確定哪些邊界才是真正的邊界，為此，需要兩個閾值，minVal 和 maxVal。任何強度梯度大於 maxVal 的邊都肯定是邊，小於 minVal 的邊肯定是非邊，所以捨棄。位於這兩個閾值之間的，根據它們的連線性對邊緣或非邊緣進行分類。可呼叫 cv 中 canny 函數庫函數實現，呼叫格式為：

```
cv2.Canny(image, threshold1, threshold2, [, edges[, apertureSize[,L2gradient ]]])
```

其中，image 為輸入原圖（必須為單通道圖）；threshold1, threshold2 為較大的閾值 2 用於檢測圖型中明顯的邊緣；apertureSize 為 Sobel 運算元的大小；L2gradient 為參數（布林值），設定值為：

- true：使用更精確的 L2 範數進行計算（即兩個方向的倒數的平方和再開放）。

- false：使用 L1 範數（直接將兩個方向導數的絕對值相加）。

【例 2-8】利用 OpenCV 中的 Canny() 函數對圖型進行處理。

```
import cv2
import numpy as np
plt.rcParams['font.sans-serif'] =['SimHei']   # 顯示中文標籤
original_img = cv2.imread("lena.png", 0)
#canny(): 邊緣檢測
img1 = cv2.GaussianBlur(original_img,(3,3),0)
canny = cv2.Canny(img1, 50, 150)

# 形態學：邊緣檢測
_,Thr_img = cv2.threshold(original_img,210,255,cv2.THRESH_BINARY)# 設定紅色
通道閾值 210（閾值影響梯度運算效果）
```

```
kernel = cv2.getStructuringElement(cv2.MORPH_RECT,(5,5))        # 定義矩形
結構元素
gradient = cv2.morphologyEx(Thr_img, cv2.MORPH_GRADIENT, kernel) # 梯度
cv2.imshow(" 原始圖型 ", original_img)
cv2.imshow(" 梯度 ", gradient)
cv2.imshow('Canny 函數 ', canny)
cv2.waitKey(0)
cv2.destroyAllWindows()
```

運行程式，效果如圖 2-11 所示。

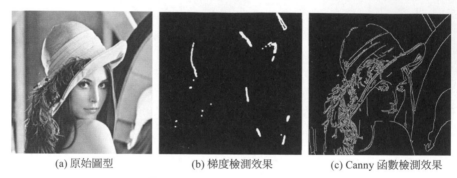

(a) 原始圖型　　　　　(b) 梯度檢測效果　　　　(c) Canny 函數檢測效果

圖 2-11　Canny 函數檢測效果

還可以調整閾值大小，閾值不同，得到效果也不一樣的。

【例 2-9】調整閾值的大小改圖型。

```
import cv2
import numpy as np

def CannyThreshold(lowThreshold):
    detected_edges = cv2.GaussianBlur(gray,(3,3),0)
    detected_edges = cv2.Canny(detected_edges,
                               lowThreshold,
                               lowThreshold*ratio,
                               apertureSize = kernel_size)
    dst = cv2.bitwise_and(img,img,mask = detected_edges)    # 只需在原始圖型的
邊緣增加一些顏色
```

```
        cv2.imshow('canny demo',dst)

lowThreshold = 0
max_lowThreshold = 100
ratio = 3
kernel_size = 3
img = cv2.imread('lena.png')
gray = cv2.cvtColor(img,cv2.COLOR_BGR2GRAY)
cv2.namedWindow('canny demo')
cv2.createTrackbar('Min threshold','canny demo',lowThreshold, max_lowThreshold,
CannyThreshold)

CannyThreshold(0)   # 初始化
if cv2.waitKey(0) == 27:
    cv2.destroyAllWindows()
```

運行程式，當閾值為果 0 時，效果如圖 2-12 所示。

圖 2-12　調整閾值效果

在圖 2-12 的上方有個調整閾值大小滑桿，當滑動滑桿改變閾值時，圖型得到的效果也跟著改變，如圖 2-13 所示。

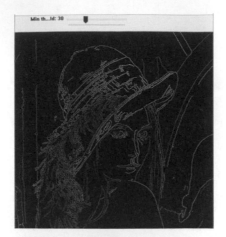

圖 2-13 閾值為 30 時的效果

2.2 時域圖型增強

時域增強圖型的代表是傅立葉轉換和霍夫變換。傅立葉轉換是將時間域上的訊號轉變為頻域上的訊號,進而進行圖型去除雜訊、圖型增強等處理。

2.2.1 傅立葉轉換

傅立葉轉換(Fourier Transform,FT)後,對同一事物的觀看角度隨之改變,可以從頻域裡發現一些從時域裡不易察覺的特徵。某些在時域內不好處理的地方,在頻域內可以容易地處理。

傅立葉定理:任何連續週期訊號都可以表示成(或無限逼近)一系列正弦訊號的疊加。

1. 一維傅立葉轉換

一維傅立葉轉換的公式為:

$$F(\omega) = F[f(t)] = \int_{-\infty}^{\infty} f(t)e^{-i\omega t}\mathrm{d}t$$

其中，ω 表示頻率，t 表示時間，它將頻率域的函數表示為時間域函數 $f(t)$ 的積分。

灰階圖型是由二維的離散的點組成的。二維離散傅立葉轉換（Two-Dimensional Discrete Fourier Transform）常用於影像處理中，它對圖型進行傅立葉轉換後得到其頻譜圖。頻譜圖中頻率高低表徵圖型中灰階變化的劇烈程度。圖型中邊緣和雜訊往往是高頻訊號，而圖型背景往往是低頻訊號。在頻率域內可以很方便地對圖型的高頻或低頻資訊操作，完成圖型去除雜訊，圖型增強，圖型邊緣提取等操作。

2. 二維傅立葉轉換

對二維圖型進行傅立葉轉換公式為：

$$F(u,v) = \sum_{x=0}^{M-1}\sum_{y=0}^{N-1} f(x,y)e^{-j\pi(ux/M+vy/N)}$$

其中，圖型長為 M，高為 N。$F(u, v)$ 表示頻域圖型，$f(x, y)$ 表示時域圖型。u 的範圍為 $[0, M\text{-}1]$，v 的範圍為 $[0, N\text{-}1]$。

實現二維圖型進行傅立葉逆變換的公式為：

$$f(x,y) = \sum_{u=0}^{M-1}\sum_{v=0}^{N-2} F(u,v)e^{j\pi(ux/M+vy/N)}$$

其中，圖型長為 M，高為 N，$f(x, y)$ 表示時域圖型，$F(u, v)$ 表示頻域圖型。x 的範圍為 $[0, M\text{-}1]$，y 的範圍為 $[0, N\text{-}1]$。

【例 2-10】對圖型進行二維傅立葉轉換。

```
import numpy as np
import matplotlib.pyplot as plt
plt.rcParams['font.sans-serif'] =['SimHei']   # 顯示中文標籤
```

```
img = plt.imread('castle3.jpg')
# 根據公式轉成灰階圖
img = 0.2126 * img[:,:,0] + 0.7152 * img[:,:,1] + 0.0722 * img[:,:,2]
# 顯示原圖
plt.subplot(231)
plt.imshow(img,'gray')
plt.title(' 原始圖型 ')
# 進行傅立葉轉換，並顯示結果
fft2 = np.fft.fft2(img)
plt.subplot(232)
plt.imshow(np.abs(fft2),'gray')
plt.title(' 二維傅立葉轉換 ')
# 將圖型變換的原點移動到頻域矩形的中心，並顯示效果
shift2center = np.fft.fftshift(fft2)
plt.subplot(233)
plt.imshow(np.abs(shift2center),'gray')
plt.title(' 頻域矩形的中心 ')
# 對傅立葉轉換的結果進行對數變換，並顯示效果
log_fft2 = np.log(1 + np.abs(fft2))
plt.subplot(235)
plt.imshow(log_fft2,'gray')
plt.title(' 傅立葉轉換對數變換 ')
# 對中心化後的結果進行對數變換，並顯示結果
log_shift2center = np.log(1 + np.abs(shift2center))
plt.subplot(236)
plt.imshow(log_shift2center,'gray')
plt.title(' 中心化的對數變化 ')
plt.show()
```

運行程式，效果如圖 2-14 所示。

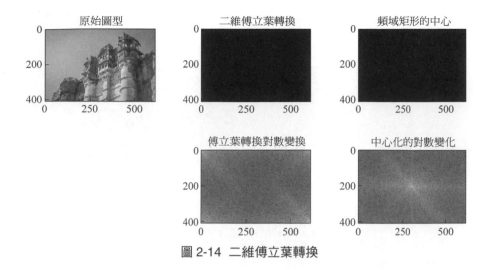

圖 2-14 二維傅立葉轉換

還可以利用 OpenCV 實現傅立葉轉換

【例 2-11】OpenCV 實現傅立葉轉換。

```
import numpy as np
import matplotlib.pyplot as plt
import cv2

plt.rcParams['font.sans-serif'] =['SimHei']  # 顯示中文標籤
img = cv2.imread('baboon.png',0)
dft = cv2.dft(np.float32(img),flags = cv2.DFT_COMPLEX_OUTPUT)
dft_shift = np.fft.fftshift(dft)
magnitude_spectrum = 20*np.log(cv2.magnitude(dft_shift[:,:,0],dft_shift[:,:,1]))
plt.subplot(121),plt.imshow(img, cmap = 'gray')
plt.title(' 原始圖型 ')
plt.xticks([])
plt.yticks([])
plt.subplot(122)
plt.imshow(magnitude_spectrum, cmap = 'gray')
plt.title(' 級頻譜 ')
plt.xticks([]), plt.yticks([])
plt.show()
```

運行程式，效果如圖 2-15 所示。

原始圖型   級頻譜

圖 2-15 OpenCV 實現傅立葉轉換

3. 快速傅立葉轉換

快速傅立葉轉換（Fast Fourier Transform，FFT）是離散傅立葉轉換的快速演算法，可以將一個訊號變換到頻域。有些訊號在時域上是很難看出什麼特徵的，但是如果變換到頻域之後，就很容易看出特徵了。這就是很多訊號分析採用 FFT 變換的原因。另外，FFT 可以將一個訊號的頻譜提取出來，這在頻譜分析方面也是經常用的。

假設取樣頻率為 F_s，訊號頻率 f_s，取樣點數為 N。那麼 FFT 之後結果就是一個為 N 點的複數。每一個點就對應著一個頻率點，這個點的模值，就是該頻率值下的幅度特性。

假設 FFT 之後某點 n 用複數 $a + bi$ 表示，那麼這個複數的模就是 $A_n = \sqrt{a^2 + b^2}$（某點處的幅度值 $A_n = A \times \left(\dfrac{N}{2} \right)$）。下面以一個實際的訊號來做説明。

【例 2-12】假設我們有一個訊號，頻率為 600Hz、相位為 0 度、幅度為 5V 的交流訊號，用數學運算式就是如下：

```
y=5 * \sin (2 * p i * 600 * x)
y=5 sin(2 pi 600 x)
```

取樣頻率為 F_s=1200HZ，因為設定的訊號頻率分量為 600 赫茲，根據取樣定理知取樣頻率要大於訊號頻率 2 倍，所以這裡設定取樣頻率為 1200 赫茲（即一秒內有 1200 個取樣點）。

```python
import matplotlib.pyplot as plt
import numpy as np
from matplotlib.pylab import mpl

mpl.rcParams['font.sans-serif'] = ['SimHei'] # 顯示中文
mpl.rcParams['axes.unicode_minus']=False      # 顯示負號

Fs=1200;                                       # 取樣頻率
Ts=1/Fs;                                        # 取樣區間
x=np.arange(0,1,Ts)                            # 時間向量，1200 個
y=5*np.sin(2*np.pi*600*x)
N=1200
frq=np.arange(N)                               # 頻率數 1200 個數
half_x=frq[range(int(N/2))]# 取一半區間
fft_y=np.fft.fft(y)
abs_y=np.abs(fft_y)                            # 取複數的絕對值，即複數的模（雙
                                               #   邊頻譜）
angle_y=180*np.angle(fft_y)/np.pi             # 取複數的弧度，並換算成角度
gui_y=abs_y/N                                   # 歸一化處理（雙邊頻譜）
gui_half_y = gui_y[range(int(N/2))]# 由於對稱性，只取一半區間（單邊頻譜）
# 畫出原始波形的前 50 個點
plt.subplot(231)
plt.plot(frq[0:50],y[0:50])
plt.title(' 原始波形 ')
# 畫出雙邊未求絕對值的振幅譜
plt.subplot(232)
plt.plot(frq,fft_y,'black')
plt.title(' 雙邊振幅譜（未求振幅絕對值）')
# 畫出雙邊求絕對值的振幅譜
plt.subplot(233)
plt.plot(frq,abs_y,'r')
plt.title(' 雙邊振幅譜（未歸一化）')
# 畫出雙邊相位譜
plt.subplot(234)
```

```
plt.plot(frq[0:50],angle_y[0:50],'violet')
plt.title(' 雙邊相位譜 ( 未歸一化 )')
# 畫出雙邊振幅譜 ( 歸一化 )
plt.subplot(235)
plt.plot(frq,gui_y,'g')
plt.title(' 雙邊振幅譜 ( 歸一化 )')

# 畫出單邊振幅譜 ( 歸一化 )
plt.subplot(236)
plt.plot(half_x,gui_half_y,'blue')
plt.title(' 單邊振幅譜 ( 歸一化 )')
plt.show()
```

運行程式，效果如圖 2-16 所示。

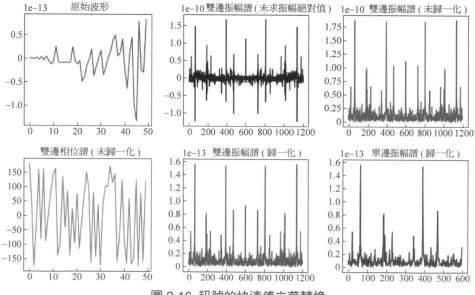

圖 2-16 訊號的快速傅立葉轉換

2.3 色階調整去霧技術

2.3.1 概述

暗通道先驗（dark channel prior）去霧演算法是 CV 界去霧領域很有名的演算法，它統計了大量的無霧圖型，發現一筆規律：每一幅圖型的 RGB 三個顏色通道中，總有一個通道的灰階值很低，幾乎趨向於 0。以這個幾乎可以視作是定理為基礎的先驗知識，因此可以利用暗通道進行圖型去霧處理，暗通道數學表達為：

$$J^{dark}(x) = \min_{y \in \Omega(x)} \left[\min_{y \in \Omega(x)} J^c(y) \right]$$

式中，J^c 圖型每個通道，$\Omega(x)$ 表示以像素 x 為中心的視窗。

其原理是：先取圖型中每一個像素的三通道中的灰階值的最小值，得到一幅灰階圖型，再在這幅灰階圖型中，以每一個像素為中心取一定大小的矩形視窗，取矩形視窗中灰階值最小值代替中心像素灰階值，從而得到輸入圖型的暗通道圖型。

濾波視窗大小為：WindowSize=2*Radius+1。

暗通道先驗理論為：$J^{dark} \to 0$。

2.3.2 暗通道去霧原理

去霧的模型為：

$$I(x) = J(x)t(x) + A[1 - t(x)]$$

其中，$I(x)$ 為原圖，待去霧圖型。$J(x)$ 為要恢復的無霧圖型。A 為大氣光成分，$t(x)$ 為透光率。對於成像模型，將其歸一化，即兩邊同時除以每個通道的大氣光值：

$$\frac{I^c(x)}{A^c} = t(x)\frac{I^c(x)}{A^c} + 1 - t(x)$$

假設大氣光 A 為已知量，$t(x)$ 透光率為常數，將其定義為 $t(x)$ 對上式兩邊兩次最小化運算：

$$\min_{y \in \Omega(x)}\left[\min_c \frac{I^c(y)}{A^c}\right] = t(x)\min_{y \in \Omega(x)}\left[\min_c \frac{I^c(y)}{A^c}\right] + 1 - t(x)$$

根據暗通道先驗理論：$J^{dark} \to 0$ 有：

$$J^{dark} = \min_{y \in \Omega(x)}\left[\min_c J^c(y)\right] = 0$$

推導出：

$$\min_{y \in \Omega(x)}\left[\min_c \frac{I^c(y)}{A^c}\right] = 0$$

代回原式，得到：

$$\widetilde{t}(x) = 1 - \min_{y \in \Omega(x)}\left[\min_c \frac{I^c(y)}{A^c}\right]$$

為了防止去霧太過徹底，恢復出的景物不自然，應引入參數 $\omega = 0.95$，重新定義傳輸函數為：

$$\widetilde{t}(x) = 1 - \omega \min_{y \in \Omega(x)}\left[\min_c \frac{I^c(y)}{A^c}\right]$$

上述推論假設大氣 A 為已知量。實際中，可借助於暗通道圖從霧圖中獲取該值。具體步驟大致為：從暗通道圖中按照亮度大小提取最亮的 0.1% 像素。然後在原始圖型 I 中尋找對應位置最高兩點的值，作為 A 值。至此，可以進行無霧圖型恢復了。

考慮到當透射圖 t 值很小時，會導致 J 值偏大，使整張圖向白場過度，故設定一個閾值 t_0，當 $t < t_0$ 時，令 $t = t_0$，最終公式為：

$$J(x) = \frac{I(x) - A}{\max\left[t(x), t_0\right]} + A$$

2.3.3 暗通道去霧實例

下面先透過一個例子來演示暗通道去霧技術。

【例 2-13】利用暗通道技術對帶霧圖型實現去霧處理。

```python
import cv2
import numpy as np

def zmMinFilterGray(src, r=7):
    ''' 最小值濾波，r是濾波器半徑 '''
    return cv2.erode(src, np.ones((2 * r + 1, 2 * r + 1)))
def guidedfilter(I, p, r, eps):
    height, width = I.shape
    m_I = cv2.boxFilter(I,  1, (r, r))
    m_p = cv2.boxFilter(p, -1, (r, r))
    m_Ip = cv2.boxFilter(I * p, -1, (r, r))
    cov_Ip = m_Ip - m_I * m_p
    m_II= cv2.boxFilter(I * I, -1, (r, r))
    var_I = m_II- m_I * m_I
    a = cov_Ip / (var_I + eps)
    b = m_p - a * m_I
    m_a = cv2.boxFilter(a, -1, (r, r))
    m_b = cv2.boxFilter(b, -1, (r, r))
    return m_a * I + m_b
def Defog(m, r, eps, w, maxV1):                 # 輸入 rgb 圖型，值範圍 [0,1]
    ''' 計算大氣隱藏圖型 V1 和光源值 A，V1 = 1-t/A'''
    V1 = np.min(m, 2)                           # 得到暗通道圖型
    Dark_Channel = zmMinFilterGray(V1, 7)
    cv2.imshow('wu_Dark',Dark_Channel)          # 查看暗通道
    cv2.waitKey(0)
```

```
    cv2.destroyAllWindows()
    V1 = guidedfilter(V1, Dark_Channel, r, eps)          # 使用啟動濾波最佳化
    bins = 2000
    ht = np.histogram(V1, bins)                          # 計算大氣光源 A
    d = np.cumsum(ht[0])/ float(V1.size)
    for lmax in range(bins - 1, 0, -1):
        if d[lmax] <= 0.999:
            break
    A = np.mean(m, 2)[V1 >= ht[1][lmax]].max()
    V1 = np.minimum(V1 * w, maxV1)                        # 對值範圍進行限制
    return V1, A
def deHaze(m, r=81, eps=0.001, w=0.95, maxV1=0.80, bGamma=False):
    Y = np.zeros(m.shape)
    Mask_img, A = Defog(m, r, eps, w, maxV1)             # 得到隱藏圖型和大氣光源
    for k in range(3):
        Y[:,:,k] = (m[:,:,k] - Mask_img)/(1-Mask_img/A)   # 顏色校正
    Y = np.clip(Y, 0, 1)
    if bGamma:
        Y = Y ** (np.log(0.5)/ np.log(Y.mean()))#gamma 校正，預設不進行該操作
    return Y
if __name__ == '__main__':
    m = deHaze(cv2.imread('wu.jpg')/ 255.0) * 255
    cv2.imwrite('wu_2.png', m)
```

運行程式，效果如圖 2-17 所示。

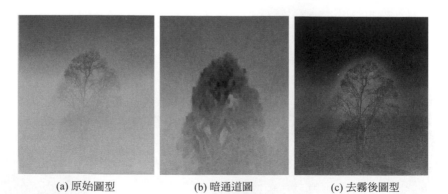

(a) 原始圖型　　　　　　(b) 暗通道圖　　　　　　(c) 去霧後圖型

圖 2-17　圖型去霧處理效果

其中,上面實例可複習以下幾點:

- 以上程式最佳化,可以使用快速導向濾波減少時間複雜度,從而減少執行時間。

- 暗通道最小值濾波半徑 r。
  這個半徑對於去霧效果是有影響的。一定情況下,半徑越大去霧的效果越不明顯,建議的範圍是 5~25 之間,一般選擇 5,7,9 等就會取得不錯的效果。

- ω 的影響自然也是很大的。
  這個值是我們設定的保留霧的程度(C++ 程式中 w 是去除霧的程度,一般設定為 0.95 就可以了)。這個基本不用修改。

- 導向濾波中均值濾波半徑。
  這個半徑建議設定值不小於求暗通道時最小值濾波半徑的 4 倍。因為前面最小值後暗通道是一塊一塊的,為了使得透射率圖更加精細,這個 r 不能過小(如果這個 r 和最小值濾波的一樣,那麼在進行濾波的時候包含的區塊資訊就很少,還是容易出現一塊一塊的形狀)。

2.4 長條圖均衡化去霧技術

長條圖均衡化實現圖型去霧處理也稱為色階調整(Levels Adjustment)處理,下面從原理及演算法兩方法介紹。

2.4.1 色階調整原理

色階即是用長條圖描述出的整張圖片的明暗資訊,主要分佈結構為:

從左到右是從暗到亮的像素分佈,黑色三角代表最暗地方(純黑——黑點值為 0);白色三角代表最亮地方(純白——白點為 255);灰色三角代表中間調(灰階點為 1.00)。

對於一個 RGB 圖型，可以對 R,G,B 通道進行獨立的色調調整，即對三個通道分別使用三個色階定義值。還可以再對三個通道進行整體色階調整。因此，對一個圖型，就可以用四次色階調整。最終的結果，是四次調整後合併產生的結果。

在 OpenCV 中可以利用 cv2.equalizeHist(img) 函數實現色階調整。

【例 2-14】利用 cv2.equalizeHist(img) 函數對圖型實現色階調整。

```
import cv2
import numpy as np

img = cv2.imread('wu_2.png',0)
equ = cv2.equalizeHist(img) # 只能傳入灰階圖
res = np.hstack((img,equ))   # 圖型列拼接（用於顯示）
cv2.imshow('res',res)
cv2.waitKey(0)
cv2.destroyAllWindows()
```

運行程式，效果如圖 2-18 所示。

圖 2-18 色階調整效果

2.4.2 自動色階影像處理演算法

相對於 cv2.equalizeHist(img) 函數實現色階的調整，cv2.createCLAHE() 函數用於對比度有限自我調整長條圖均衡。

長條圖均衡後背景對比度有所改善。但導致亮度過高，我們遺失了大部分資訊，這是因為它的長條圖並不侷限於特定區域。因此，為了解決這個問題，使用自我調整長條圖均衡。在此，圖型被分成稱為「團磚」的小區塊（在 OpenCV 中，tileSize 預設為 8×8）。然後像往常一樣對這些區塊中的每一個進行長條圖均衡。所以在一個小區域內，長條圖會限制在一個小區域（除非有噪音）。如果有噪音，它會被放大。為避免這種情況，應用對比度限制。如果任何長條圖區間高於指定的對比度限制（在 OpenCV 中預設為 40），則在應用長條圖均衡之前，將這些像素剪貼並均勻分佈到其他區間。均衡後，為了去除團磚邊框中的瑕疵，應用雙線性內插。

【例 2-15】利用 cv2.createCLAHE() 函數實現有限自我調整長條圖均衡。

```
import numpy as np
import cv2

img = cv2.imread('building.png',0)
clahe = cv2.createCLAHE(clipLimit=2.0, tileGridSize=(8,8))
cl1 = clahe.apply(img)
cv2.imshow('img',img)
cv2.imshow('cl1',cl1)
cv2.waitKey(0)
cv2.destroyAllWindows()
```

運行程式，效果如圖 2-19 所示。

(a) 原始圖型   (b) 長條圖均衡化

圖 2-19 自動色階處理效果

自我調整色階去霧氣主要使用 numpy 最佳化了計算耗時。下面程式進行
演示。

【例 2-16】利用 numpy 最佳化去霧技術的演算法。

```python
import numpy as np
import cv2
import matplotlib.pyplot as plt
plt.rcParams['font.sans-serif'] =['SimHei']   # 顯示中文標籤

def ComputeMinLevel(hist, pnum):
    index = np.add.accumulate(hist)
    return np.argwhere(index>pnum * 8.3 * 0.01)[0][0]

def ComputeMaxLevel(hist, pnum):
    hist_0 = hist[::-1]
    Iter_sum = np.add.accumulate(hist_0)
    index = np.argwhere(Iter_sum > (pnum * 2.2 * 0.01))[0][0]
    return 255-index

def LinearMap(minlevel, maxlevel):
    if (minlevel >= maxlevel):
        return []
```

```python
        else:
            index = np.array(list(range(256)))
            screenNum = np.where(index<minlevel,0,index)
            screenNum = np.where(screenNum> maxlevel,255,screenNum)
            for i in range(len(screenNum)):
                if screenNum[i]> 0 and screenNum[i] < 255:
                    screenNum[i] = (i - minlevel) / (maxlevel - minlevel) * 255
            return screenNum

def CreateNewImg(img):
    h, w, d = img.shape
    newimg = np.zeros([h, w, d])
    for i in range(d):
        imghist = np.bincount(img[:,:,i].reshape(1, -1)[0])
        minlevel = ComputeMinLevel(imghist,  h * w)
        maxlevel = ComputeMaxLevel(imghist, h * w)
        screenNum = LinearMap(minlevel, maxlevel)
        if (screenNum.size == 0):
            continue
        for j in range(h):
            newimg[j, :,i] = screenNum[img[j, :,i]]
    return newimg

if __name__ == '__main__':
    img = cv2.imread('building.png')
    newimg = CreateNewImg(img)
    cv2.imshow('原始圖型', img)
    cv2.imshow('去霧後圖型', newimg / 255)
    cv2.waitKey(0)
    cv2.destroyAllWindows()
```

運行程式，效果如圖 2-20 所示。

(a) 原始圖型   (b) 去霧後效果

圖 2-20 numpy 最佳化演算法去霧技術

形態學的去除雜訊

數位圖型的雜訊主要產生於獲取、傳輸圖型的過程中。在獲取圖型的過程中，攝影機元件的運行情況受各種客觀因素的影響，包括圖型拍攝的環境條件和攝影機的傳感元件品質在內都有可能對圖型產生雜訊影響。在傳輸圖型的過程中，傳輸媒體所遇到的干擾也會引起圖型雜訊，如透過無線電網格傳輸的圖型就可能因為光或其他大氣因素被加入雜訊訊號。圖型去除雜訊是指減少數位圖型中雜訊的過程，被廣泛應用於影像處理領域的前置處理過程。去除雜訊效果的好壞會直接影響後續的影像處理效果，如圖型分割、圖型模式辨識等。

數學形態學以圖型的形態特徵為研究物件，透過設計一套獨特的數位影像處理方法和理論來描述圖型的基本特徵和結構，透過引入集合的概念來描述圖型中元素與元素、部分與部分的關係運算。因此，數學形態學的運算由基礎的集合運算（並、交、補等）來定義，並且所有的圖型矩陣都能被方便地轉為集合。隨著集合理論研究的不斷深入和實際應用的擴充，圖型形態學處理也在圖型分析、模式辨識等領域具有重要的應用。

3.1　圖型去除雜訊的方法

數位圖型在獲取、傳輸的過程中都可能受到雜訊的污染，常見的雜訊主要有高斯雜訊和椒鹽雜訊。其中，高斯雜訊主要是由攝影機感測器元件內部產生的；椒鹽雜訊主要是由圖型切割所產生的黑白相間的亮暗點雜訊。「椒」表示黑色雜訊，「鹽」表示白色雜訊。

數位圖型去除雜訊也可以分為空域圖型去除雜訊和頻域圖型去除雜訊。空域圖型去除雜訊常用的有均值濾波演算法和中值濾波演算法（第 1 章有介紹），主要是對圖型像素做鄰域的運算來達到去除雜訊效果。頻域圖型去除雜訊首先是對數位圖型進行反變換，將其從頻域轉換到空域來達到去除雜訊效果。其中，對圖型進行空域和頻域相互轉換的方法有很多，常用的有傅立葉轉換、小波變換等。

數位形態學影像處理透過採用具有一定形態的結構元素去度量和提取圖型中的對應形狀，借助於集合理論來達到對圖型進行分析和辨識的物件，該演算法具有以下特徵。

1. 圖型資訊的保持

在圖型形態學處理中，可以透過已有物件的幾何特徵資訊來選擇以形態學為基礎的形態濾波器，這樣在進行處理時既可以有效地進行濾波，又可以保持圖型中的原有資訊。

2. 圖型邊緣的提取

以形態學為基礎的理論進行處理，可以在一定程度上避免雜訊的干擾，相對於微分運算元的技術而言具有較高的穩定性。形態學技術提取的邊緣也比較光滑，更能表現細節資訊。

3. 圖型骨架的提取

以數學形態學進行骨架提取為基礎，可以充分利用集合運算的優點，避免出現大量的中斷點，骨架也較為連續。

4. 影像處理的效率

以數學形態學進行影像處理為基礎，可以方便地應用平行處理技術進行集合運算，具有效率高、易於用硬體實現的特點。

在 Python 中，可以使用其附帶的 getStructuringElement 函數，也可以直接使用 NumPy 的 ndarray 來定義一個結構元素。形象圖 3-1 所示。

圖 3-1　十字形結構

以下程式可以實現圖 3-1 的十字形結構。

```
import numpy as np
NpKernel = np.uint8(np.zeros((5,5)))
for i in range(5):
        NpKernel[2, i] = 1
        NpKernel[i, 2] = 1
print("NpKernel ",NpKernel )
運行程式，輸出如下：
NpKernel  [[0 0 1 0 0]
 [0 0 1 0 0]
 [1 1 1 1 1]
 [0 0 1 0 0]
 [0 0 1 0 0]]
```

當然還可以定義橢圓 / 矩形等：

橢圓：cv2.getStructuringElement(cv2.MORPH_ELLIPSE,(5,5))

矩形：cv2.getStructuringElement(cv2.MORPH_RECT,(5,5))

3.2 數學形態學的原理

形態變換按應用場景可以分為二值變換和灰階變換兩種形式。其中，二值變換一般用於處理集合，灰階變換一般用於處理函數。基本的形態變換包括腐蝕、膨脹、開運算和閉運算。

3.2.1 腐蝕與膨脹

假設 $f(x)$ 和 $g(x)$ 為被定義在二維離散空間 F 和兩個離散函數上，其中 $f(x)$ 為輸入圖型，$g(x)$ 為結構元素，則 $f(x)$ 關於 $g(x)$ 的腐蝕和膨脹分別被定義為：

$$(f\ominus g)(x) = \min_{y \in G}[f(x+y) - g(y)] \qquad （3-1）$$

$$(f \oplus g)(x) = \min_{y \in G}[f(x-y) + g(y)] \qquad （3-2）$$

【例 3-1】實現圖型的膨脹與腐蝕操作。

```
import cv2
import numpy as np
original_img = cv2.imread('flower.png')
res = cv2.resize(original_img,None,fx=0.6, fy=0.6,
                 interpolation = cv2.INTER_CUBIC)# 圖形太大了縮小一點
B, G, R = cv2.split(res)                        # 獲取紅色通道
img = R
_,RedThresh = cv2.threshold(img,160,255,cv2.THRESH_BINARY)
#OpenCV 定義的結構矩形元素
kernel = cv2.getStructuringElement(cv2.MORPH_RECT,(3, 3))
eroded = cv2.erode(RedThresh,kernel)            # 腐蝕圖型
dilated = cv2.dilate(RedThresh,kernel)          # 膨脹圖型

cv2.imshow("original_img", res)                 # 原圖型
cv2.imshow("R_channel_img", img)                # 紅色通道圖
cv2.imshow("RedThresh", RedThresh)              # 紅色閾值圖型
cv2.imshow("Eroded Image",eroded)               # 顯示腐蝕後的圖型
cv2.imshow("Dilated Image",dilated)             # 顯示膨脹後的圖型

#NumPy 定義的結構元素
NpKernel = np.uint8(np.ones((3,3)))
Nperoded = cv2.erode(RedThresh,NpKernel)        # 腐蝕圖型
cv2.imshow("Eroded by NumPy kernel",Nperoded)   # 顯示腐蝕後的圖型
cv2.waitKey(0)
cv2.destroyAllWindows()
```

運行程式，效果如圖 3-2 所示。

(a) 原始圖型　　　　　　(b) 紅色通道圖型　　　　　　(c) 紅色閾值圖型

(d) 腐蝕後圖型　　　　　　(e) 膨脹後圖型　　　　　　(f) 結構元素腐蝕後圖型

圖 3-2　圖型的腐蝕與膨脹操作

3.2.2 開閉運算

$f(x)$ 關於 $g(x)$ 的開運算和閉運算分別被定義為：

$$(f \circ g)(x) = [(f \Theta g) \oplus g](x) \qquad （3-3）$$

$$(f \bullet g)(x) = [(f \oplus g) \Theta g](x) \qquad （3-4）$$

脈衝雜訊是一種常見的圖型雜訊，根據雜訊的位變灰階值與其鄰域的灰階值的比較可以分為正、負脈衝。其中，正脈衝雜訊的位變灰階值要大於其鄰域的灰階值，負脈衝則相反。從公式（3-3）、（3-4）可以看出，開運算先腐蝕後膨脹，可用於過濾圖型中的正脈衝雜訊；閉運算先膨脹後腐蝕，可用於過濾圖型中的負脈衝雜訊。因此,為了同時消除圖型中的正負脈衝雜訊,可採用形態開 - 閉的串聯形式,組成形態開閉串聯濾波器。形態開 - 閉(OC)和形態閉 - 開(CO)串聯濾波器分別被定義為:

$$OC(f(x)) = (f \circ g \bullet g)(x) \qquad (3\text{-}5)$$

$$CO(f(x)) = (f \bullet g \circ g)(x) \qquad (3\text{-}6)$$

根據集合運算與形態運算的特點,形態開 - 閉和形態閉 - 開串聯濾波具有平移不變性、遞增性、對偶性和冪等性。

【例 3-2】實現圖型的開閉運算。

```
import cv2
import numpy as np
original_img = cv2.imread('flower.png',0)
gray_res = cv2.resize(original_img,None,fx=0.8,fy=0.8,
                interpolation = cv2.INTER_CUBIC)# 圖形太大了縮小一點
# B, G, img = cv2.split(res)
# _,RedThresh = cv2.threshold(img,160,255,cv2.THRESH_BINARY) # 設定紅色通道
閾值 160(閾值影響開閉運算效果)
kernel = cv2.getStructuringElement(cv2.MORPH_RECT,(3,3))    # 定義矩形結構元素
# 閉運算 1
closed1 = cv2.morphologyEx(gray_res, cv2.MORPH_CLOSE, kernel,iterations=1)
# 閉運算 2
closed2 = cv2.morphologyEx(gray_res, cv2.MORPH_CLOSE, kernel,iterations=3)
# 開運算 1
opened1 = cv2.morphologyEx(gray_res, cv2.MORPH_OPEN, kernel,iterations=1)
# 開運算 2
opened2 = cv2.morphologyEx(gray_res, cv2.MORPH_OPEN, kernel,iterations=3)
# 梯度
gradient = cv2.morphologyEx(gray_res, cv2.MORPH_GRADIENT, kernel)
# 顯示以下腐蝕後的圖型
cv2.imshow("gray_res", gray_res)
cv2.imshow("Close1",closed1)
```

```
cv2.imshow("Close2",closed2)
cv2.imshow("Open1", opened1)
cv2.imshow("Open2", opened2)
cv2.imshow("gradient", gradient)
cv2.waitKey(0)
cv2.destroyAllWindows()
```

運行程式，效果如圖 3-3 所示。

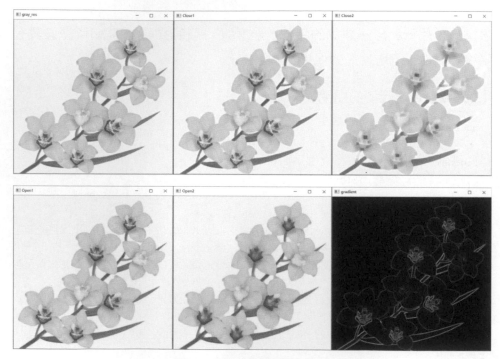

圖 3-3 圖型的開閉運算效果

3.2.3 禮帽 / 黑帽操作

禮帽操作就是用原圖減去開運算的圖型，以得到前景圖外面的突波雜訊，因為開運算可以消除小物體，所以透過做開運算就可以將消除掉的小物體提取出來，使用時修改形態學運算函數參數為 cv2.MORPH_TOPHAT 即可。

黑帽就是用原圖減去閉運算的圖型，以得到前景圖型內部的小孔等雜訊。使用時修改形態學運算函數參數為 cv2.MORPH_BLACKHAT 即可。

【例 3-3】圖型的禮帽與黑帽操作。

```
import cv2

original_img0 = cv2.imread('flower.png')
original_img = cv2.imread('flower.png',0)   # 灰階圖型
# 定義矩形結構元素
kernel = cv2.getStructuringElement(cv2.MORPH_RECT,(3,3))
# 頂帽運算
TOPHAT_img = cv2.morphologyEx(original_img, cv2.MORPH_TOPHAT, kernel)
# 黑帽運算
BLACKHAT_img = cv2.morphologyEx(original_img, cv2.MORPH_BLACKHAT, kernel)
# 顯示圖型
cv2.imshow("original_img0", original_img0)
cv2.imshow("original_img", original_img)
cv2.imshow("TOPHAT_img", TOPHAT_img)
cv2.imshow("BLACKHAT_img", BLACKHAT_img)
cv2.waitKey(0)
cv2.destroyAllWindows()
```

運行程式，效果如圖 3-4 所示。

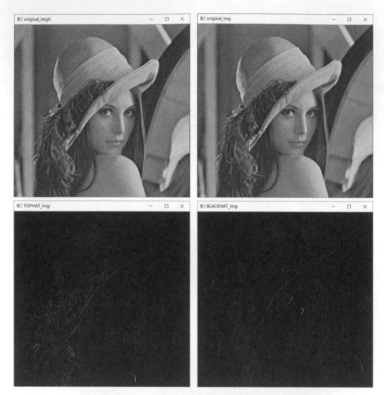

圖 3-4　圖型禮帽與黑帽運算

顯然該演算法可以圖型辨識的前置處理,用於圖型二值化後去除孤立點,
如圖 3-5 所示。

```
import cv2
original_img = cv2.imread('lena.png',0)
gray_img = cv2.resize(original_img,None,fx=0.8, fy=0.8,
                interpolation = cv2.INTER_CUBIC)# 圖形太大了縮小一點
# 定義矩形結構元素 ( 核心大小為 3 效果好 )
kernel = cv2.getStructuringElement(cv2.MORPH_RECT,(3,3))
# 頂帽運算
TOPHAT_img = cv2.morphologyEx(gray_img, cv2.MORPH_TOPHAT, kernel)
# 黑帽運算
BLACKHAT_img = cv2.morphologyEx(gray_img, cv2.MORPH_BLACKHAT, kernel)
```

```
# 二值化
bitwiseXor_gray = cv2.bitwise_xor(gray_img,TOPHAT_img)
# 顯示以下腐蝕後的圖型
cv2.imshow("gray_img", gray_img)
cv2.imshow("TOPHAT_img", TOPHAT_img)
cv2.imshow("BLACKHAT_img", BLACKHAT_img)
cv2.imshow("bitwiseXor_gray",bitwiseXor_gray)

cv2.waitKey(0)
cv2.destroyAllWindows()
```

運行程式,效果如圖 3-5 所示。

圖 3-5 圖型二值化處理效果

3.3 形態學運算

形態學運算元檢測圖型中的邊緣和邊角（實際應用 Canny 或 Harris 等演算法）。

3.3.1 邊緣檢測定義

邊緣類型簡單分為 4 種類型，分別為步階型、屋脊型、斜坡型、脈衝型，其中步階型和斜坡型是類似的，只是變化的快慢不同。

形態學檢測邊緣的原理很簡單：在膨脹時，圖型中的物體會想周圍「擴張」；腐蝕時，圖型中的物體會「收縮」。由於這兩幅圖型其變化的區域只發生在邊緣。所以這時將兩幅圖型相減，得到的就是圖型中物體的邊緣。

【**例 3-4**】利用形態學對圖型進行邊緣檢測。

```python
import cv2
import numpy

image = cv2.imread("jianzhu.png",cv2.IMREAD_GRAYSCALE)
kernel = cv2.getStructuringElement(cv2.MORPH_RECT,(3, 3))
dilate_img = cv2.dilate(image, kernel)
erode_img = cv2.erode(image, kernel)
"""
將兩幅圖型相減獲得邊；cv2.absdiff 參數：( 膨脹後的圖型，腐蝕後的圖型 )
上面得到的結果是灰階圖，將其二值化以便觀察結果
反色，對二值圖每個像素反轉
"""
absdiff_img = cv2.absdiff(dilate_img,erode_img);
retval, threshold_img = cv2.threshold(absdiff_img, 40, 255, cv2.THRESH_
BINARY);
result = cv2.bitwise_not(threshold_img);
cv2.imshow("jianzhu",image)
cv2.imshow("dilate_img",dilate_img)
```

```
cv2.imshow("erode_img",erode_img)
cv2.imshow("absdiff_img",absdiff_img)
cv2.imshow("threshold_img",threshold_img)
cv2.imshow("result",result)

cv2.waitKey(0)
cv2.destroyAllWindows()
```

運行程式,效果如圖 3-6 所示。

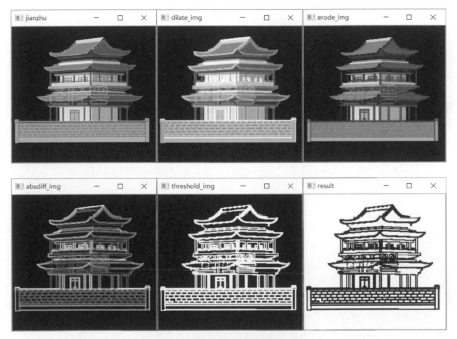

圖 3-6　形態學實現邊緣檢測

3.3.2　檢測邊角

邊角的檢測的過程稍稍有些複雜。其原理為:先用十字形的結構元素膨脹像素,這種情況下只會在邊緣處「擴張」,角點不發生變化。

接著用菱形的結構元素腐蝕原圖型，導致只有在邊角處才會「收縮」，而直線邊緣都未發生變化。

第二步是用 X 形膨脹原圖型，角點膨脹的比邊要多。這樣第二次用方塊腐蝕時，角點恢復原狀，而邊要腐蝕的更多。所以當兩幅圖型相減時，只保留了邊角處。

【例 3-5】形態學實現圖型的邊角檢測。

```
import cv2

image = cv2.imread("jianzhu.png",0)
original_image = image.copy()
# 構造 5×5 的結構元素，分別為十字形、菱形、方形和 x 型
cross = cv2.getStructuringElement(cv2.MORPH_CROSS,(5, 5))
diamond = cv2.getStructuringElement(cv2.MORPH_RECT,(5, 5))
diamond[0, 0] = 0
diamond[0, 1] = 0
diamond[1, 0] = 0
diamond[4, 4] = 0
diamond[4, 3] = 0
diamond[3, 4] = 0
diamond[4, 0] = 0
diamond[4, 1] = 0
diamond[3, 0] = 0
diamond[0, 3] = 0
diamond[0, 4] = 0
diamond[1, 4] = 0
square = cv2.getStructuringElement(cv2.MORPH_RECT,(5, 5))  # 構造方形結構元素
x = cv2.getStructuringElement(cv2.MORPH_CROSS,(5, 5))

dilate_cross_img = cv2.dilate(image,cross)                  # 使用 cross 膨脹
圖型
erode_diamond_img = cv2.erode(dilate_cross_img, diamond)   # 使用菱形腐蝕圖型

dilate_x_img = cv2.dilate(image, x)                         # 使用 X 膨脹原圖型
erode_square_img = cv2.erode(dilate_x_img,square)          # 使用方形腐蝕圖型
# 將兩幅閉運算的圖型相減獲得角
```

```
result = cv2.absdiff(erode_square_img, erode_diamond_img)
# 使用閾值獲得二值圖
retval, result = cv2.threshold(result, 40, 255, cv2.THRESH_BINARY)
# 在原圖上用半徑為 5 的圓圈將點標出。
for j in range(result.size):
    y = int(j / result.shape[0])
    x = int(j % result.shape[0])
    if result[x, y] == 255:                        #result[] 只能傳入整數
        cv2.circle(image,(y,x),5,(255,0,0))

cv2.imshow("original_image", original_image)
cv2.imshow("Result", image)
cv2.waitKey(0)
cv2.destroyAllWindows()
```

運行程式，效果如圖 3-7 所示。

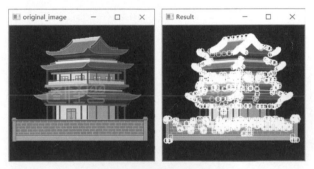

圖 3-7 圖型邊角檢測效果

3.4 權重自我調整的多結構形態學去除雜訊

在數學形態學圖型去除雜訊的過程中，透過適當地選取結構元素的形狀和維數可以提升濾波去除雜訊的效果。在多結構元素的串聯過程中，需要考試到結構元素的形狀和維數。假設結構元素集為 A_{nm}，n 代表形狀序列，m 代表維數序列則：

$$A_{nm} = \{A_{11}, A_{12}, \cdots, A_{1m}, A_{21}, \cdots, A_{nm}\}$$

式中，

$$A_{11} \subset A_{12} \subset \cdots \subset A_{1m}$$
$$A_{21} \subset A_{22} \subset \cdots \subset A_{2m}$$
$$\cdots$$
$$A_{n1} \subset A_{n2} \subset \cdots \subset A_{nm}$$

假設對圖型進行形態學腐蝕運算，則根據前面介紹的腐蝕運算公式，其過程相當於對圖型中可以符合的元素的位置進行探測並標記處理。如果利用相同維數、不同形狀的結構元素對圖型進行形態學腐蝕運算，則它們可以符合的次數往往是不同的。一般而言，如果透過選擇的結構元素可以探測到圖型的邊緣等資訊，則可符合的次數多，反之則少。因此，結合形態學腐蝕過程中結構元素的探測比對原理，可以根據結構元素在圖型中的可符合次數進行自我調整權值的計算。

假設 n 種形狀的結構元素權值分別為：$\alpha_1, \alpha_2 \cdots, \alpha_n$，在對圖型進行腐蝕的運算過程中 n 種形狀的結構元素可符合圖型的次數分別為：$\beta_1, \beta_2 \cdots, \beta_n$，則自我調整計算權值的公式為：

$$\alpha_1 = \frac{\beta_1}{\beta_1 + \beta_2 + \cdots + \beta_n}$$
$$\alpha_2 = \frac{\beta_2}{\beta_1 + \beta_2 + \cdots + \beta_n}$$
$$\cdots$$
$$\alpha_n = \frac{\beta_n}{\beta_1 + \beta_2 + \cdots + \beta_n}$$

下面程式用於實現自我調整的形態學去除雜訊效果。

```
# 自我調整中值濾波
# count 為最大視窗數，original 為原圖
```

```python
def adaptiveMedianDeNoise(count, original):
    # 初始視窗大小
    startWindow = 3
    # 卷積範圍
    c = int(count/2)
    rows, cols = original.shape
    newI = np.zeros(original.shape)
    for i in range(c, rows - c):
        for j in range(c, cols - c):
            k = int(startWindow / 2)
            median = np.median(original[i - k:i + k + 1, j - k:j + k + 1])
            mi = np.min(original[i - k:i + k + 1, j - k:j + k + 1])
            ma = np.max(original[i - k:i + k + 1, j - k:j + k + 1])
            if mi < median < ma:
                if mi < original[i, j] < ma:
                    newI[i, j] = original[i, j]
                else:
                    newI[i, j] = median
            else:
                while True:
                    startWindow = startWindow + 2
                    k = int(startWindow / 2)
                    median = np.median(original[i - k:i + k + 1, j - k:j +
k + 1])
                    mi = np.min(original[i - k:i + k + 1, j - k:j + k + 1])
                    ma = np.max(original[i - k:i + k + 1, j - k:j + k + 1])

                    if mi < median <ma or startWindow >count:
                        break
                if mi < median <ma or startWindow >count:
                    if mi < original[i, j] < ma:
                        newI[i, j] = original[i, j]
                    else:
                        newI[i, j] = median
    return newI
def medianDeNoise(original):
    rows, cols = original.shape
    ImageDenoise = np.zeros(original.shape)
    for i in range(3, rows - 3):
```

```
        for j in range(3, cols - 3):
            ImageDenoise[i, j] = np.median(original[i - 3:i + 4, j - 3:j + 4])
    return ImageDenoise

def main():
    original = plt.imread("lena.png", 0)
    rows, cols = original.shape
    original_noise = pepperNoise(100000, original)
    adapMedianDeNoise = adaptiveMedianDeNoise(7, original_noise)
    mediDeNoise = medianDeNoise(original_noise)
    plt.figure()
    show(original, "原始圖型", 2, 2, 1)
    show(original_noise, "帶雜訊圖型", 2, 2, 2)
    show(adapMedianDeNoise, "自我調整中值去除雜訊", 2, 2, 3)
    show(mediDeNoise, "平均值去除雜訊", 2, 2, 4)
    plt.show()
```

運行程式，效果如圖 3-8 所示。

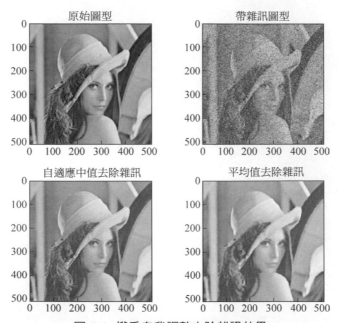

圖 3-8 權重自我調整去除雜訊效果

Hough 變換檢測

霍夫變換（Hough Transform）是影像處理中的一種特徵提取技術，它透過一種投票演算法檢測具有特定形狀的物體。該過程在一個參數空間中透過計算累計結果的局部最大值得到一個符合該特定形狀的集合作為霍夫變換結果。

霍夫變換於 1962 年由 Paul Hough 第一次提出，後於 1972 年由 Richard Duda 和 Peter Hart 推廣使用，經典霍夫變換用來檢測圖型中的直線，後來霍夫變換擴充到任意形狀物體的辨識，多為圓和橢圓。

霍夫變換運用兩個座標空間之間的變換將在一個空間中具有相同形狀的曲線或直線映射到另一個座標空間的點上形成峰值，從而把檢測任意形狀的問題轉化為統計峰值問題。

4.1 Hough 直線檢測

對於平面中的一條直線，在笛卡爾座標系中，常見的有點斜式，兩點式兩種表示方法。然而在 hough 變換中，考慮的是另外一種表示法：使用（r,theta）來表示一條直線。其中 r 為該直線到原點的距離，theta 為該直線的垂線與 x 軸的夾角。如圖 4-1 所示。

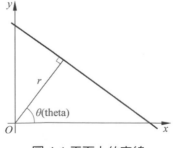

圖 4-1 平面上的直線

4.1.1 Hough 檢測直線的思想

使用 Hough 變換來檢測直線的思想就是：為每一個點假設 n 個方向的直線，通常 $n=180$，此時檢測的直線的角度精度為 1°，分別計算這 n 條直線的（r,theta）座標，得到 n 個座標點。如果要判斷的點共有 N 個，最終得到的（r,theta）座標有 $N*n$ 個。有關這 $N*n$ 個（r,theta）座標，其中 theta 是離散的角度，共有 180 個設定值。

最重要的是，如果多個點在一條直線上，那麼必有這多個點在 theta= 某個值的 theta_i 時，這多個點的 r 近似相等於 r_i。也就是說這多個點都在直線（r_i,theta_i）上。

例如：如果空間中有 3 個點，如何判斷這三個點是否在同一條直線上。如果在，這條直線的位置如圖 4-2 所示。

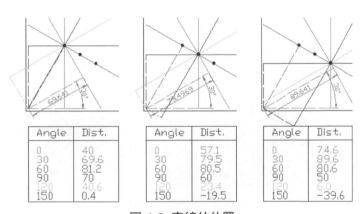

圖 4-2 直線的位置

這個例子中，對於每個點均求過該點的 6 條直線的（r,theta）座標，共求了 3*6 個（r,theta）座標。可以發現在 theta=60 時，三個點的 r 都近似為 80.7，由此可判定這三個點都在直線（80.7,60）上。

透過 r*theta 座標系可以更直觀表示這種關係，如圖 4-3 所示：圖中三個點的（r,theta）曲線匯集在一起，該交點就是同時經過這三個點的直線。

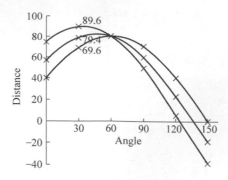

圖 4-3 三個點匯集的交點圖

4.1.2 實際應用

在實際的直線檢測情況中，如果超過一定數目的點擁有相同的（r,theta）座標，那麼就可以判定此處有一條直線。在 r*theta 座標系圖中，明顯的交匯點就表示一條檢測出的直線。舉例來說，如果對圖 4-4 所示的行車圖型進行顏色選擇和感興趣區域的提取，獲得了如圖 4-5 所示的車道線。

圖 4-4 行車圖型

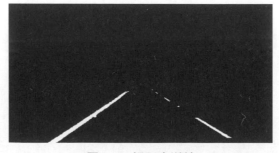

圖 4-5 提取車道線

對於圖 4-4 的原始圖型，我們先用 Canny 進行邊緣檢測（較少圖型空間中
需要檢測的點數量）：

圖 4-6 Canny 邊緣檢測

```
lane = cv2.imread("final_roi.png")
# 高斯模糊，Canny 邊緣檢測需要的
lane = cv2.GaussianBlur(lane, (5, 5), 0)
# 進行邊緣檢測，減少圖型空間中需要檢測的點數量
lane = cv2.Canny(lane, 50, 150)
cv2.imshow("lane", lane)
cv2.waitKey()
```

檢測效果如圖 4-6 所示。

在 Python 中，提供了兩個函數用於實現直線檢測，分別是 HoughLinesP()
函數和 HoughLines() 函數，下面分別對這兩個函數介紹。

1. HoughLinesP() 函數

函數 cv2.HoughLinesP() 是一種機率直線檢測，我們知道，原理上講
hough 變換是一個耗時耗力的演算法，尤其是每一個點計算，即使經過了
canny 轉換了，有的時候點的個數依然是龐大的，這個時候我們採取一種
機率挑選機制，不是所有的點都計算，而是隨機的選取一些個點來計算，
相當於降取樣了。這樣的話我們的閾值設定上也要降低一些。在參數輸入
輸出上，輸入就多了兩個參數：minLineLengh（線的最短長度，比這個短

的都被忽略）和 MaxLineCap（兩條直線之間的最大間隔，小於此值，認
為是一條直線）。輸出上也變了，不再是直線參數的，這個函數輸出的直
接就是直線點的座標位置，這樣可以省去一系列 for 迴圈中的由參數空間
到圖型的實際座標點的轉換。

【例 4-1】利用 HoughLinesP() 函數對圖 4-4 所示的原始圖型進行檢測。

```python
import numpy as np
import cv2


lane = cv2.imread("lane.jpg")
# 高斯模糊，Canny 邊緣檢測需要的
lane = cv2.GaussianBlur(lane, (5, 5), 0)
# 進行邊緣檢測，減少圖型空間中需要檢測的點數量
lane = cv2.Canny(lane, 50, 150)
cv2.imshow("lane", lane)
cv2.waitKey()


rho = 1   # 距離解析度
theta = np.pi / 180    # 角度解析度
threshold = 10         # 霍夫空間中多少個曲線相交才算作正式交點
min_line_len = 10      # 最少多少個像素點才組成一條直線
max_line_gap = 50      # 線段之間的最大間隔像素
lines = cv2.HoughLinesP(lane, rho, theta, threshold, maxLineGap=max_line_gap)
line_img = np.zeros_like(lane)
for line in lines:
    for x1, y1, x2, y2 in line:
        cv2.line(line_img, (x1, y1), (x2, y2), 255, 1)
cv2.imshow("line_img", line_img)
cv2.waitKey()
```

運行程式，效果如圖 4-7 所示。

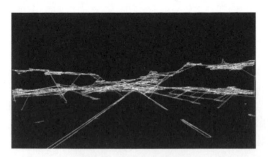

圖 4-7　車道直線檢測

2. HoughLines() 函數

OpenCV 中檢測直線的函數為 cv2.HoughLines()，它的返回值有 3 個
（opencv 3.0）。實際是個二維矩陣，表述的就是上述的 (ρ, θ)，其中 ρ 的
單位是像素長度（也就是直線到圖型原點 (0,0) 點的距離），而 θ 的單位
是弧度。這個函數有四個輸入，第一個是二值圖型，上述的 canny 變換後
的圖型，第二、三個參數分別是 ρ 和 θ 的精確度，可以視為步進值。第 4
個參數為閾值 T，認為當累加器中的值高於 T 是才認為是一條直線。

【例 4-2】利用 HoughLines() 函數繪製直線。

```
import cv2
import numpy as np
import matplotlib.pyplot as plt

img = cv2.imread('line.png')
gray = cv2.cvtColor(img,cv2.COLOR_BGR2GRAY) # 灰階圖型
edges = cv2.Canny(gray,50,200)
plt.subplot(121),plt.imshow(edges,'gray')
plt.xticks([]),plt.yticks([])
#hough 變換
lines = cv2.HoughLines(edges,1,np.pi/180,160)
lines1 = lines[:,0,:]# 提取為二維
for rho,theta in lines1[:]:
        a = np.cos(theta)
        b = np.sin(theta)
        x0 = a*rho
```

```
        y0 = b*rho
        x1 = int(x0 + 1000*(-b))
        y1 = int(y0 + 1000*(a))
        x2 = int(x0 - 1000*(-b))
        y2 = int(y0 - 1000*(a))
        cv2.line(img,(x1,y1),(x2,y2),(255,0,0),1)

plt.subplot(122),plt.imshow(img,)
plt.xticks([]),plt.yticks([])
plt.show()
```

運行程式,效果如圖 4-8 所示。

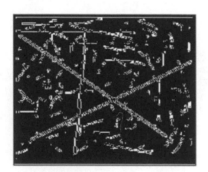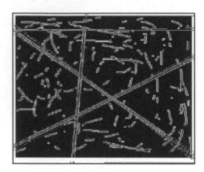

圖 4-8 直線檢測

測試一個新的圖,不停地改變 cv2.HoughLines 最後一個閾值參數到合理的時候如下:

```
......
img = cv2.imread('jianzhu.png')   # 一個新圖
gray = cv2.cvtColor(img,cv2.COLOR_BGR2GRAY)# 灰階圖型
edges = cv2.Canny(gray,50,200)
plt.subplot(121),plt.imshow(edges,'gray')
plt.xticks([]),plt.yticks([])
#hough 變換
lines = cv2.HoughLines(edges,1,np.pi/180,180)    # 修改第 3 個參數
......
```

運行程式,效果如圖 4-9 所示。

圖 4-9　改變 HoughLines 閾值效果圖

由圖 4-9 可以看到檢測的還可以。

4.2　Hough 檢測圓

圓形的運算式為 $(x-x_{center})^2+(y-y_{center})^2=r^2$,一個圓環的確定需要三個參數。那麼霍夫變換的累加器必須是三維的,但是這樣的計算效率很低。

因此,opencv 中使用霍夫梯度的方法,這裡利用了邊界的梯度資訊。首先對圖型進行 Canny 邊緣檢測,對邊緣中的每一個非 0,透過 Sobel 演算法計算局部梯度。那麼計算得到的梯度方向,實際上就是圓切線的法線。三條法線即可確定一個圓心,同理在累加器中對圓心透過的法線進行累加,就獲得了圓環的判定。

Hough 實現圓環檢測函數為:

```
cv2.HoughCircles(image, method, dp, minDist, circles, param1, param2,
minRadius, maxRadius)
```

其中，各參數含義為：

- image：為輸入圖型，格式為灰階圖；

- method：為檢測方法，常用 CV_HOUGH_GRADIENT。

- dp：為檢測內側圓心的累加器圖型的解析度與輸入圖型之比的倒數，如 dp=1，累加器和輸入圖型具有相同的解析度，如果 dp=2，累計器便有輸入圖型一半那麼大的寬度和高度。

- minDist：表示兩個圓之間圓心的最小距離。

- param1：預設值為 100，它是 method 設定的檢測方法的對應的參數，對當前唯一的方法霍夫梯度法 cv2.HOUGH_GRADIENT，它表示傳遞給 Canny 邊緣檢測運算元的高閾值，而低閾值為高閾值的一半。

- param2：預設值為 100，它是 method 設定的檢測方法的對應參數，對當前唯一的方法霍夫梯度法 cv2.HOUGH_GRADIENT，它表示在檢測階段圓心的累加器閾值，它越小，就越可以檢測到更多根本不存在的圓，而它越大，能透過檢測的圓就更加接近完美的圓形。

- minRadius：預設值為 0，圓半徑的最小值。

- maxRadius：預設值為 0，圓半徑的最大值。

【例 4-3】利用 HoughCircles 函數繪製內外圓。

```
import cv2
import numpy as np

img = cv2.imread('4.png',0)
img = cv2.medianBlur(img,5)
cimg = cv2.cvtColor(img,cv2.COLOR_GRAY2BGR)
circles = cv2.HoughCircles(img,cv2.HOUGH_GRADIENT,1,100,
                           param1=100,param2=30,minRadius=100,maxRadius=200)
circles = np.uint16(np.around(circles))
for i in circles[0,:]:
    # 畫外圓
    cv2.circle(cimg,(i[0],i[1]),i[2],(0,255,0),2)
```

```
    # 畫出圓心
    cv2.circle(cimg,(i[0],i[1]),2,(0,0,255),3)
cv2.imshow('detected circles',cimg)
cv2.waitKey(0)
cv2.destroyAllWindows()
```

運行程式，效果如圖 4-10 所示。

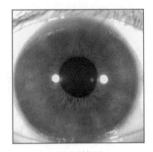 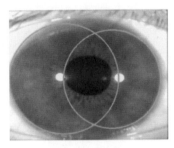

(a) 原始圖   (b) 繪製內外圓

圖 4-10 圓環繪製

Memo

分割車牌定位辨識

車牌自動辨識模組是現代社會智慧交通系統（ITS）的重要組成部分，是影像處理和模式辨識技術研究的熱點，具有非常廣泛的應用。車牌辨識主要包括以下 3 個步驟：

- 車牌區域定位
- 車牌字元分割
- 車牌字元辨識

本節透過對擷取的車牌圖型進行灰階變換、邊緣檢測、腐蝕及平滑等過程進行車牌圖型前置處理，並由此得到一種以車牌顏色紋理特徵為基礎的車牌定位方法，最終實現了車牌區域定位。車牌字元分割是為了方便後續對車牌字元進行比對，從而對車牌進行辨識。

5.1 基本概述

車牌定位與字元辨識技術以電腦影像處理、模式辨識等技術為基礎，透過對原圖型進行前置處理及邊緣檢測等過程來實現對車牌區域的定位，然後對車牌區域進行圖型裁剪、歸一化、字元分割及保存，最後將分割得到的字元圖型與範本庫的範本進行比對辨識，輸出比對結果，流程圖如圖 5-1所示。

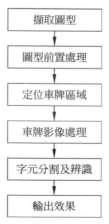

圖 5-1 車牌定位與字元辨識流程圖

在進行車牌辨識時首先要正確分割車牌區域，為此人們已經提出了很多方法：使用 Hough 變換檢測直線來定位車牌邊界裡面獲取車牌區域；使用灰階閾值分割、區域生長等方法進行區域分割；使用紋理特徵分析技術檢測車牌區域等。Hough 變換對圖型雜訊比較敏感，因此在檢測車牌邊界直線時容易受到車牌變形或雜訊等因素的影響，具有較大的誤檢測機率。灰階閾值分割、區域增長等方法則比 Hough 直線檢測方法穩定，但當圖型中包含某些與車牌灰階非常相似的區域時，便不再適用了。同理，紋理特徵分析方法在遇到與車牌紋理特徵相似的區域或其他干擾時，車牌定位的正確性也會受到影響。因此，僅採用單一的方法難以達到實際應用的要求。

車牌定位處理主要包括三個步驟，一是車牌影像處理；二是車牌定位處理；三是車牌字元處理。下面分別介紹。

5.2　車牌影像處理

原本的圖型每個像素點都是 RGB 定義的，或稱為有 R/G/B 三個通道。在這種情況下，很難區分誰是背景，誰是字元，所以需要對圖型進行一些處理，把每個 RGB 定義的像素點都轉化成一個 bit 位元（即 0-1 程式），具體方法如下。

5.2.1　圖型灰階化

RGB 圖型根據三原色原理，每種顏色都可以由紅、綠、藍三種基色按不同的比例組成，所以車牌圖型的每個像素都由 3 個數值來指定紅、綠、藍的顏色分量。灰階圖型實際上是一個資料矩陣 I，該矩陣中每個元素的數值都代表一定範圍內的亮度值，矩陣 I 可以是整數、雙精度，通常 0 代表黑色，255 代表白色。

在 RGB 模型中，如果 R=G=B，則表示一種灰階顏色。其中 R=G=B 的值叫作灰階值，由彩色轉為灰階的過程稱為圖型灰階化處理。因此，灰階圖型是指只有強度資訊而沒有顏色資訊的圖型。一般而言，可採用加權平均值法對原始 RGB 圖型進行灰階化處理，該方法主要思想是從原始圖型中取 R、G、B 各層的像素值經加權求和得到灰階圖的亮度值。在現實生活中，人眼對綠色（G）敏感度最高，對紅色（敏感次之），對藍色（B）敏感度最低，因此為了選擇合適的權值物件輸出合理的灰階圖型，權值係數應該滿足 G>R>B。實驗和理論證明，當 R、G、B 的權值係數分別選擇 0.299、0.587 和 0.114 時，能夠得到最適合人眼觀察的灰階圖型。

5.2.2 二值化

灰階圖型二值化在影像處理的過程中具有很重要的作用，圖型二值化處理不僅能使資料量大幅減少，還能突出圖型的物件輪廓，便於進行後續的影像處理和分析。對車牌灰階圖型而言，所謂的二值化處理就是將其像素點的灰階值設定為 0 或 255，從而讓整幅圖片呈現黑白效果。因此，對灰階圖型進行適當的閾值選取，可以在圖型二值化的過程中保留某些關鍵的圖型特徵。在車牌圖型二值化的過程中，灰階大於或等於閾值的像素點被判定為目的地區域，其灰階值用 255 表示；否則這些像素點被判定為背景或雜訊而排除在目的地區域以外，其灰階值用 0 表示。

圖型二值化是指在整幅圖型內僅保留黑、白二值的數值矩陣，每個像素都取兩個離散數值（0 或 1）之一，其中 0 代表黑色，1 代表白色。在車牌影像處理系統中，進行圖型二值化的關鍵是選擇合適的閾值，使得車牌字元與背景能夠得到有效分割。採用不同的閾值設定方法對車牌圖型進行處理也會產生不同的二值化處理結果：閾值設定得過小，則容易誤分割，產生雜訊，影響二值變換的準確度；閾值設定得過大，則容易過分割，降低解析度，使雜訊訊號被視為雜訊而被過濾，造成二值變換的目標損失。

5.2.3 邊緣檢測

邊緣是指圖型局部亮度變化最顯著的部分,主要存在於物件與物件、物件與背景、區域與區域、顏色與顏色之間,是圖型分割、紋理特徵提取和形狀特徵提取等圖型分析的重要步驟之一。在車牌辨識系統中,邊緣提取對於車牌位置的檢測有很重要的作用,常用的邊緣檢測運算元有很多,如 Roberts、Sobel、Prewitt、Laplacian、log 及 canny 等。據試驗分析,canny 運算元於邊緣的檢測相對精確,能更多地保留車牌區域的特徵資訊。

canny 運算元在邊緣檢測中有以下明顯的判別指標。

1. 信噪比

信噪比越大,提取的邊緣品質越高。信噪比(SNR)的定義為:

$$SRN = \frac{\left| \int_{-W}^{+W} G(-x)h\pi(x)\mathrm{d}x \right|}{\sigma \sqrt{\int_{-W}^{+W} h^2(x)\mathrm{d}x}}$$

式中,$G(x)$ 代表邊緣函數,$h(x)$ 代表寬度為 W 的濾波器的脈衝回應,σ 代表高斯雜訊的均方差。

2. 定位精度

邊緣的定位精度 L 的定義為:

$$L = \frac{\left| \int_{-W}^{+W} G'(-x)h'(x)\mathrm{d}x \right|}{\sigma \sqrt{\int_{-W}^{+W} h'^2(x)\mathrm{d}x}}$$

式中,$G'(x)$、$h'(x)$ 分別是 $G(x)$、$h(x)$ 的導數。L 越大,定位精度越高。

3. 單邊緣回應

為了保證單邊緣只有一個響應，檢測運算元的脈衝響應導數的零交換點的平均距離 $D(f')$ 應滿足：

$$D(f') = \pi \left\{ \frac{\int_{-\infty}^{+\infty} h'^2(x)\mathrm{d}x}{\int_{-\infty}^{+\infty} h''(x)\mathrm{d}x} \right\}^{\frac{1}{2}}$$

式中，$h''(x)$ 是 $h(x)$ 的二階導數。

以上述指標和準則為前提，採用 canny 運算元的邊緣檢測演算法步驟為：

（1）前置處理。採用高斯濾波器進行圖型平均。
（2）梯度計算。採用一階偏導的有限差分來計算梯度，獲取其強度和方向。
（3）梯度處理。採用非極大值抑制方法對梯度強度進行處理。
（4）邊緣提取。採用雙閾值演算法檢測和連接邊緣。

5.2.4 形態學運算

數學形態影像處理的基本運算有 4 個，膨脹（或擴張）、腐蝕（侵蝕）、開啟和閉合。二值形態學中的運算物件是集合，通常列出了一個圖型集合和一個結構元素集合，利用結構元素對圖型集合進行形態學操作。

膨脹運算子號為 ⊕，圖型集合 A 用結構元素 B 來膨脹，記作 $A \oplus B$，定義為：

$$A \oplus B = \{x \,|\, [(\hat{B})_x \cap A] \neq \phi\}$$

式中，$\hat{B}$ 表示 B 的映射，即與 B 關於原點對稱的集合。因此，用 B 對 A 進行膨脹的運算過程如下：首先做 B 關於原點的映射得到映射，再將其平移 x，當 A 與 B 映射的交集不為空時，B 的原點就是膨脹集合的像素。

腐蝕運算的符號是 Θ，圖型集合 A 用結構元素 B 來腐蝕，記作 $A\Theta B$，定義為：

$$A\Theta B \left\{ x \mid (B)_x \subseteq A \right\}$$

因此，A 用 B 腐蝕的結果是所有滿足將 B 平移後 B 仍舊被全部包含在 A 中 x 的集合中，也就是結構元素 B 經過平移後全部被包含集合 A 中原點所組成的集合中。

在一般情況下，由於受到雜訊的影響，車牌圖型在閾值化後得到的邊界往往是不平滑的，在目的地區域內部也有一些雜訊孔洞，在背景區域上會散佈一些小的雜訊干擾。透過連續的開運算和閉運算可以有效地改善這種情況，有時甚至需要經過多次腐蝕之後再加上相同次數的膨脹，才可以產生比較好的效果。

5.2.5 濾波處理

圖型濾波能夠在儘量保留圖型細節特徵的條件下對雜訊進行抑制，是圖型前置處理中常用的操作之一，其處理效果的好壞將直接影響後續的圖型分割和辨識的有效性和穩定性。

均值濾波也被稱為線性濾波，採用的主要方法為領域平均法。該方法對濾波像素的位置 (x, y) 選擇一個範本，該範本由其近鄰的許多像素組成，求出範本中所包含像素的平均值，再把該平均值指定當前像素點 (x, y)，將其作為處理後的圖型在該點上的灰階值 $g(x, y)$，即 $g(x, y) = \dfrac{1}{M} \sum f(x, y)$，$M$ 為該範本中包含當前像素在內的像素總個數。

在一般情況下，在研究目標車牌時所出現的圖型雜訊都是無用的資訊，而且會對目標車牌的檢測和辨識造成干擾，極大地降低圖型品質，影響圖型增強、圖型分割、特徵提取、圖型辨識等後繼工作的進行。因此，在程式實現中為了能有效地進行圖型去除雜訊,並且能有效地保存目標車牌的形狀、大小及特定的幾何和拓撲結構特徵,需要對車牌進行均值濾波去除雜訊處理。

5.3 定位原理

車牌區域具有明顯的特點,因此根據車牌底色、字色等有關知識,可採用彩色像素點統計的方法分割出合理的車牌區域。在以下案例以藍底白字的普通車牌為例說明彩色像素點統計的分割方法,假設經數位相機或 CCD 攝影機拍攝擷取到了包含車牌的 RGB 彩色圖型,將水平方向記為 y,將垂直方向記為 x,則:首先,確定車牌底色 RGB 各分量分別對應的顏色範圍;其次,在 y 方向統計此顏色範圍內的像素點數量,設定合理的閾值,確定車牌在 y 方向的合理區域;然後,在分割出的 y 方向區域內統計 x 方向上此顏色範圍內的像素點數量,設定合理的閾值進行定位;最後,根據 x、y 方向的範圍來確定車牌區域,實現定位。

5.4 字元處理

5.4.1 閾值分割原理

閾值分割演算法是圖型分割中應用場景最多的演算法之一。簡單地說,對灰階圖型進行閾值分割就是先確定一個處於圖型灰階設定值範圍內的閾值,然後將圖型中各個像素的灰階值與這個閾值進行比較,並根據比較的結果將對應的像素劃分為兩類:像素灰階大於閾值的一類和像素灰階小於閾值的另一類,灰階值等於閾值的像素可以被歸入這兩類之一。分割後的兩類像素一般分屬圖型的兩個不同區域,所以對像素根據閾值分類達到了區域分割的目標。由此可見,閾值分割演算法主要有以下兩個步驟。

(1)確定需要分割的閾值
(2)將閾值與像素點的灰階值進行比較,以分割圖型的像素。

在以上步驟中,如果能確定一個合適的閾值,就可以準確地將圖型進行分割。在閾值確定後,將閾值與像素點的灰階值進行比較和分割,就可對各像素點平行處理,透過分割的結果直接得到目標圖像區域。一般選用最常用的圖型雙峰灰階模型進行閾值分割:假設圖型物件和背景長條圖具有單峰分佈的特徵,且處於物件和背景內部相鄰像素間的灰階值是高度相關的,但處於物件和背景交界處兩邊的像素在灰階值上有很大的差別。如果一幅圖型滿足這些條件,則它的灰階長條圖基本上可看作由分別對應物件和背景的兩個單峰組成。如果這兩個單峰部分的大小接近且平均值相距足夠遠,兩部分的均方差也足夠小,則長條圖在整體上呈現較明顯的雙峰現象。同理,如果在圖型中有多個呈現單峰灰階分佈的物件,則長條圖在整體上可能呈現較明顯的多峰現象。因此,對這類別圖像可用取多級閾值的方法來得到較好的分割效果。

如果要將圖型中不同灰階的像素分成多個類別,則需要選擇一系列的閾值將像素分到合適的類別中。如果只用一個閾值分割,則稱之為單閾值分割法;如果用多個閾值分割,則稱之為多閾值分割法。因此,單閾值分割可看作多閾值分割的特例,許多單閾值分割演算法可被推廣到多閾值分割演算法中。同理,在某些場景下也可將多閾值分割問題轉化為一系列的單閾值分割問題來解決。以單閾值分割演算法為例,對一幅原始圖型 $f(x, y)$ 取單閾值 T 分割得到二值圖型可定義為:

$$g(x, y) = \begin{cases} 1, & f(x, y) > T \\ 0, & f(x, y) \leq T \end{cases}$$

這樣得到的 $g(x, y)$ 是一幅二值圖型。

在一般的多閾值分割情況下,閾值分割輸出的圖型可表示為:

$$g(x, y) = k \quad T_{k-1} \leq f(x, y) < T_k \quad k = 1, 2, \cdots, K$$

式中,T_0, $T_1 \cdots, T_k \cdots, T_K$ 是一系列分割閾值,k 表示指定分割後圖型的各個區域的不同標誌。

5.4.2 閾值化分割

車牌字元圖型的分割目的是將車牌的整體區域分割成單字元區域，以便後續辨識。其分割困難在於受字元與雜訊黏連，以及字元斷裂等因素的影響。均值濾波是典型的線性濾波演算法，指在圖型上對圖型進行範本移動掃描，該範本包括像素周圍的近鄰區域，透過範本與命中的近鄰區域像素的平均值來代替原來的像素值，實現去除雜訊的效果。為了從車牌圖型中直接提取目標字元，最常用的方法是設定一個閾值 T，用 T 將圖型的像素分成兩部分：大於 T 像素集合和小於 T 的像素集合，得到二值化圖型。

5.4.3 歸一化處理

字元圖型歸一化是簡化計算的方式之一，在車牌字元分割後往往會出現大小不一致的情況，因此可採用以圖型放縮為基礎的歸一化處理方式將字元圖型進行大小放縮，以得到統一大小的字元像素，便於後續的字元辨識。

5.4.4 字元分割經典應用

下面透過一個案例來分析利用字元分割實現車牌的分割處理。

```
import cv2
""" 讀取圖型，並把圖型轉為灰階圖型並顯示 """
img = cv2.imread("car.png") # 讀取圖片
img_gray = cv2.cvtColor(img, cv2.COLOR_BGR2GRAY)  # 轉換了灰階化
cv2.imshow('gray', img_gray) # 顯示圖片
cv2.waitKey(0)

""" 將灰階圖型二值化，設定閾值是 100 """
img_thre = img_gray
cv2.threshold(img_gray, 100, 255, cv2.THRESH_BINARY_INV, img_thre)
cv2.imshow('threshold', img_thre)
cv2.waitKey(0)
```

```python
""" 保存黑白圖片 """
cv2.imwrite('thre_res.png', img_thre)

""" 分割字元 """
white = [] # 記錄每一列的白色像素總和
black = [] # 黑色
height = img_thre.shape[0]
width = img_thre.shape[1]
white_max = 0
black_max = 0
# 計算每一列的黑白色像素總和
for i in range(width):
  s = 0 # 這一列白色總數
  t = 0 # 這一列黑色總數
  for j in range(height):
    if img_thre[j][i] == 255:
      s += 1
    if img_thre[j][i] == 0:
      t += 1
  white_max = max(white_max, s)
  black_max = max(black_max, t)
  white.append(s)
  black.append(t)
  print(s)
  print(t)

arg = False #False 表示白底黑字；True 表示黑底白字
if black_max > white_max:
  arg = True
# 分割圖型
def find_end(start_):
  end_ = start_ +1
  for m in range(start_ +1, width-1):
    if (black[m]if arg else white[m])> (0.95 * black_max if arg else 0.95
* white_
max): # 0.95 這個參數可多調整，對應下面的 0.05
      end_ = m
      break
  return end_
```

```
n = 1
start = 1
end = 2
while n < width-2:
  n += 1
  if (white[n]if arg else black[n])> (0.05 * white_max if arg else 0.05 *
black_max):
      # 上面這些判斷用來辨別是白底黑字還是黑底白字
      #0.05 這個參數可調整,對應上面的 0.95
      start = n
      end = find_end(start)
      n = end
      if end-start > 5:
        cj = img_thre[1:height, start:end]
        cv2.imshow('caijian', cj)
        cv2.waitKey(0)
```

運行程式,得到效果如圖 5-2 所示。

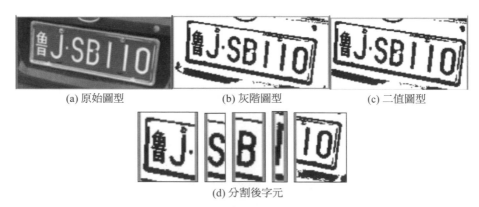

(a) 原始圖型　　　　(b) 灰階圖型　　　　(c) 二值圖型

(d) 分割後字元

圖 5-2 字元分割車牌

由圖 5-2 可看出,分割效果不是很好,當遇到干擾較多的圖片,比如左右邊框太大、噪點太多,這樣就不能分割出來,讀者們可以試一下不同的照片。

5.5 字元辨識

車牌字元辨識方法以模式辨識理論為基礎，常用有以下幾類。

1. 結構辨識

結構辨識主要由辨識及分析兩部分組成：辨識部分主要包括前置處理、基元取出（包括基元和子圖型之間的關係）和特徵分析；分析部分包括基元選擇及結構推理。

2. 統計辨識

統計辨識用於確定已知樣本所屬的類別，以數學上的決策論為理論基礎，並由此建立統計學辨識模型。其基本方式是對所研究的圖型實施大量的統計分析工具，尋找規律性認知，提取反映圖型本質的特徵並進行辨識。

3. BP 神經網路

BP 神經網路以 B 神經網路模型為基礎，屬於誤差後向傳播的神經網路，是神經網路中使用最廣泛的一類，採用了輸入層、隱藏層和輸出層三層網路的層間全互聯方式，具有較高的運行效率和辨識準確率。

4. 範本比對

範本比對是數位影像處理中最常用的辨識方法之一，透過建立已知的模式庫，再將其應用到輸入模式中尋找與之最佳比對模式的處理步驟，得到對應的辨識結果，具有很高的運行效率。以範本比對為基礎的字元辨識方法的過程為：

（1）建立範本庫。建立已標準化的字元範本庫。

（2）比較。將歸一化的字元圖型與範本庫中的字元進行比較，在實際實驗中充分考慮了中國大陸普通小汽車牌照的特點，即第 1 位字元是中文字，分別對應各個省的簡稱，第 2 位是 A~Z 的字母；後 5 則是數字和字母的混合搭配。因此為了提高比較的效率和準確性，分別對第 1 位、第 2 位和後 5 位字元進行辨識。

（3）輸出。在辨識完成後輸出所得到的車牌字元結果。

其流程如圖 5-3 所示。

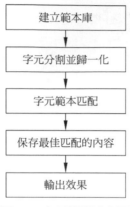

圖 5-3 字元辨識流程圖

5.5.1 範本比對的字元辨識

範本比對是圖型辨識方法中最具有代表性的基本方法之一，該方法首先根據已知條件建議範本庫 $T(i, j)$，然後從待辨識的圖型或圖型區域 $f(i, j)$ 中提取許多特徵量與 $T(i, j)$ 對應的特徵量進行比較，分別計算它們之間歸一化的互相關量。其中，互相關量最大的表示二者的相似程度最高，可將圖型劃到該類別。此外，也可以計算圖型與範本特徵量之間的距離，採用最小距離法判定所屬類別。但是，在實際情況下用於比對的圖型其擷取成像條件往往存在差異，可能會產生較大的雜訊干擾。此外，圖型經過前置處理和歸一化處理等步驟，其灰階或像素點的位置也可能會發生改變，進而影響辨識效果。因此，在實際設計範本時，需要保持各區域形狀的固有特點，突出不同區域的差別，並充分考慮處理過程可能會引起的雜訊和位移等因素，按照以圖型不變為基礎的特性所對應的特徵向量來建構範本，提高辨識系統的穩定性。

本實例採用的特徵向量距離計算的方法來求得字元與範本中字元的最佳符合，然後找到對應的結果進行輸出。首先，遍歷字元範本；其次，依次將待辨識的字元與範本進行比對，計算其與範本字元的特徵距離，得到的值越小就越符合；然後，將每幅字元圖型的比對結果都進行保存；最後，有7個字元符合辨識結果即可作為車牌字元進行輸出。

5.5.2 字元辨識車牌經典應用

車牌自動辨識系統以車牌的動態視訊或靜態圖型作為輸入，透過牌照顏色、牌照號碼等關鍵內容的自動辨識來提取車牌的詳細資訊。某些車牌辨識系統具有透過視訊圖型判斷車輛駛入監控區域的功能，一般被稱為視訊車輛檢測，被廣泛應用於道路車流量統計等方面。在現實生活中，一個完整的車牌辨識系統應包括車輛檢測、圖型擷取、車牌定位、車牌辨識等模組。

車牌資訊是一輛汽車獨一無二的標識，所以車牌辨識技術可以作為辨識一輛車最為有效的方法。車牌辨識系統包括汽車圖型的輸入、車牌圖型的前置處理、車輛區域的定位和字元檢測、車牌字元的分割和辨識等部分，如圖 5-4 所示。

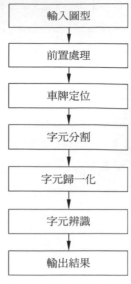

圖 5-4 車牌辨識流程圖

利用字元辨識車牌的實現程式為：

```
import cv2
import numpy as np
from PIL import Image
import os.path
from skimage import io,data
def stretch(img):
    '''
    圖型伸展函數
    '''
    maxi=float(img.max())
    mini=float(img.min())
    for i in range(img.shape[0]):
        for j in range(img.shape[1]):
            img[i,j]=(255/(maxi-mini)*img[i,j]-(255*mini)/(maxi-mini))
    return img

def dobinaryzation(img):
    '''
    二值化處理函數
```

```
    '''
    maxi=float(img.max())
    mini=float(img.min())
    x=maxi-((maxi-mini)/2)
    # 二值化, 返回閾值 ret 和二值化操作後的圖型 thresh
    ret,thresh=cv2.threshold(img,x,255,cv2.THRESH_BINARY)
    # 返回二值化後的黑白圖型
    return thresh

def find_rectangle(contour):
    '''
    尋找矩形輪廓
    '''
    y,x=[],[]

    for p in contour:
        y.append(p[0][0])
        x.append(p[0][1])
    return [min(y),min(x),max(y),max(x)]

def locate_license(img,afterimg):
    '''
    定位車牌號碼
    '''
    img,contours,hierarchy=cv2.findContours(img,cv2.RETR_EXTERNAL,cv2.
CHAIN_APPROX_SIMPLE)
    # 找出最大的三個區域
    block=[]
    for c in contours:
        # 找出輪廓的左上點和右下點, 由此計算它的面積和長度比
        r=find_rectangle(c)
        a=(r[2]-r[0])*(r[3]-r[1])# 面積
        s=(r[2]-r[0])*(r[3]-r[1])# 長度比
        block.append([r,a,s])
    # 選出面積最大的 3 個區域
    block=sorted(block,key=lambda b: b[1])[-3:]
    # 使用顏色辨識判斷找出最像車牌的區域
    maxweight,maxindex=0,-1
    for i in range(len(block)):
```

```
            b=afterimg[block[i][0][1]:block[i][0][3],block[i][0][0]:block[i][0][2]]
            #BGR 轉 HSV
            hsv=cv2.cvtColor(b,cv2.COLOR_BGR2HSV)
            # 藍色車牌的範圍
            lower=np.array([100,50,50])
            upper=np.array([140,255,255])
            # 根據閾值建構掩膜
            mask=cv2.inRange(hsv,lower,upper)
            # 統計權值
            w1=0
            for m in mask:
                w1+=m/255
            w2=0
            for n in w1:
                w2+=n
            # 選出最大權值的區域
            if w2>maxweight:
                maxindex=i
                maxweight=w2
        return block[maxindex][0]


def find_license(img):
    '''
    前置處理函數
    '''
    m=400*img.shape[0]/img.shape[1]
    # 壓縮圖型
    img=cv2.resize(img,(400,int(m)),interpolation=cv2.INTER_CUBIC)
    #BGR 轉為灰階圖型
    gray_img=cv2.cvtColor(img,cv2.COLOR_BGR2GRAY)
    # 灰階伸展
    stretchedimg=stretch(gray_img)
    ''' 進行開運算，用來去除雜訊 '''
    r=16
    h=w=r*2+1
    kernel=np.zeros((h,w),np.uint8)
    cv2.circle(kernel,(r,r),r,1,-1)
    # 開運算
    openingimg=cv2.morphologyEx(stretchedimg,cv2.MORPH_OPEN,kernel)
```

```
        # 獲取差分圖，兩幅圖型做差 cv2.absdiff('圖型 1','圖型 2')
        strtimg=cv2.absdiff(stretchedimg,openingimg)
        # 圖型二值化
        binaryimg=dobinaryzation(strtimg)
        #canny 邊緣檢測
        canny=cv2.Canny(binaryimg,binaryimg.shape[0],binaryimg.shape[1])
        ''' 消除小的區域，保留大區塊的區域，從而定位車牌 '''
        # 進行閉運算
        kernel=np.ones((5,19),np.uint8)
        closingimg=cv2.morphologyEx(canny,cv2.MORPH_CLOSE,kernel)
        # 進行開運算
        openingimg=cv2.morphologyEx(closingimg,cv2.MORPH_OPEN,kernel)
        # 再次進行開運算
        kernel=np.ones((11,5),np.uint8)
        openingimg=cv2.morphologyEx(openingimg,cv2.MORPH_OPEN,kernel)
        # 消除小區域，定位車牌位置
        rect=locate_license(openingimg,img)
        return rect,img


def cut_license(afterimg,rect):
        '''
        圖型分割函數
        '''
        # 轉為寬度和高度
        rect[2]=rect[2]-rect[0]
        rect[3]=rect[3]-rect[1]
        rect_copy=tuple(rect.copy())
        rect=[0,0,0,0]
        # 創建掩膜
        mask=np.zeros(afterimg.shape[:2],np.uint8)
        # 創建背景模型大小只能為 13*5，行數只能為 1，單通道浮點數
        bgdModel=np.zeros((1,65),np.float64)
        # 創建前景模型
        fgdModel=np.zeros((1,65),np.float64)
        # 分割圖型
        cv2.grabCut(afterimg,mask,rect_copy,bgdModel,fgdModel,5,cv2.GC_INIT_
WITH_RECT)
        mask2=np.where((mask==2)|(mask==0),0,1).astype('uint8')
        img_show=afterimg*mask2[:,:,np.newaxis]
```

```python
        return img_show

def deal_license(licenseimg):
    '''
    車牌圖片二值化
    '''
    # 車牌變為灰階圖型
    gray_img=cv2.cvtColor(licenseimg,cv2.COLOR_BGR2GRAY)
    # 均值濾波去除雜訊
    kernel=np.ones((3,3),np.float32)/9
    gray_img=cv2.filter2D(gray_img,-1,kernel)
    # 二值化處理
    ret,thresh=cv2.threshold(gray_img,120,255,cv2.THRESH_BINARY)
    return thresh

def find_end(start,arg,black,white,width,black_max,white_max):
    end=start+1
    for m in range(start+1,width-1):
        if (black[m]if arg else white[m])>(0.98*black_max if arg else
0.98*white_max):
            end=m
            break
    return end

if __name__=='__main__':
    img=cv2.imread('car1.jpg',cv2.IMREAD_COLOR)
    # 前置處理圖型
    rect,afterimg=find_license(img)
    # 框出車牌號碼
    cv2.rectangle(afterimg,(rect[0],rect[1]),(rect[2],rect[3]),(0,255,0),2)
    cv2.imshow('afterimg',afterimg)
    # 分割車牌與背景
    cutimg=cut_license(afterimg,rect)
    cv2.imshow('cutimg',cutimg)
    # 二值化生成黑白圖
    thresh=deal_license(cutimg)
    cv2.imshow('thresh',thresh)
    cv2.waitKey(0)
    # 分割字元
```

```python
'''
判斷底色和字色
'''
# 記錄黑白像素總和
white=[]
black=[]
height=thresh.shape[0]
width=thresh.shape[1]
white_max=0
black_max=0
# 計算每一列的黑白像素總和
for i in range(width):
    line_white=0
    line_black=0
    for j in range(height):
        if thresh[j][i]==255:
            line_white+=1
        if thresh[j][i]==0:
            line_black+=1
    white_max=max(white_max,line_white)
    black_max=max(black_max,line_black)
    white.append(line_white)
    black.append(line_black)
    print('white',white)
    print('black',black)
#arg 為 true 表示黑底白字，False 為白底黑字
arg=True
if black_max<white_max:
    arg=False
n=1
start=1
end=2
s_width=28
s_height=28
while n<width-2:
    n+=1
    # 判斷是白底黑字還是黑底白字 0.05 參數對應上面的 0.95 可做調整
    if(white[n]if arg else black[n])>(0.02*white_max if arg else
0.02*black_max):
```

```
        start=n
        end=find_end(start,arg,black,white,width,black_max,white_max)
        n=end
        if end-start>5:
            cj=thresh[1:height,start:end]
            print("result/%s.jpg" % (n))
            # 保存分割的圖片 by cayden
            infile="result/%s.jpg" % (n)
            io.imsave(infile,cj)
            cv2.imshow('cutlicense',cj)
            cv2.waitKey(0)
cv2.waitKey(0)
cv2.destroyAllWindows()
```

運行程式，效果如圖 5-5 所示。

(a) 原始圖型

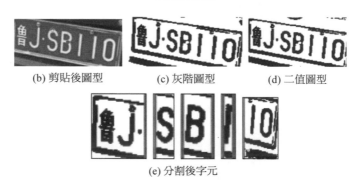

(b) 剪貼後圖型 (c) 灰階圖型 (d) 二值圖型

(e) 分割後字元

圖 5-5 車牌字元辨識效果

分水嶺實現醫學診斷

近年來，肺癌的發病率和病死率均迅速上升，目前已居所有癌症之首。隨著肺癌病人數量的增加，醫生對肺癌 CT 圖型進行研判的工作量也增加了不少，在這種情況下難免工作效率降低甚至會出現誤診。為了幫助醫生減少重複性工作，對肺部 CT 圖型進行電腦輔助檢測的技術就被廣泛應用於對肺癌的診斷和治療過程中。

醫學 CT 影像處理主要是研究醫學圖型中的器官和組織之間的關係，並進行病理性分析。因此，借助電腦及影像處理技術對 CT 圖型中醫生所關注的區域進行精確的分割和定位是醫學影像處理的關鍵步驟，在臨床診斷中對於協助醫生進行病理研判具有重要意義。

分水嶺分割是一種強有力的圖型分割方法，可以有效地提取圖型中我們所關注的區域。在灰階圖型中使用分水嶺方法可以將圖型分割成不同的區域，每個區域都可能對應一個我們所關注的物件，對於這些圖型的子區域可以進行進一步的處理。除此之外，使用分水嶺方法還可以提取物件的輪廓等特徵。

6.1 分水嶺演算法

分水嶺演算法是一種圖型區域分割法，在分割的過程中，它會把跟臨近像素間的相似性作為重要的參考依據，從而將在空間位置上相近並且灰階值相近的像素點互相連接起來組成一個封閉的輪廓，封閉性是分水嶺演算法的重要特徵。

其他圖型分割方法，如閾值，邊緣檢測等都不會考慮像素在空間關係上的相似性和封閉性這一概念，彼此像素間互相獨立，沒有統一性。分水嶺演算法較其他分割方法更具有思想性，更符合人眼對圖型的印象。

任意的灰階圖型可以被看作地質學表面，高亮度的地方是山峰，低亮度的地方是山谷。如圖 6-1 所示。

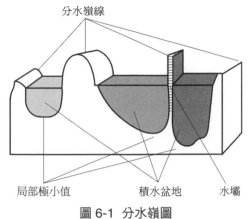

分水嶺線

局部極小值　　　積水盆地　　　水壩

圖 6-1 分水嶺圖

6.1.1 模擬浸水過程

給每個孤立的山谷（局部最小值）標注不同顏色的水（標籤），當水漲起來，根據周圍的山峰（梯度），不同的山谷也就是不同的顏色會開始合併，要避免這個，我們可以在水要合併的地方建立障礙，直到所有山峰都被淹沒，這就是模擬浸水過程。我們所創建的障礙就是分割結果，這個就是分水嶺的原理，但是這個方法會分割過度，因為有噪點，或其他圖型上的錯誤。

6.1.2 模擬降水過程

如果將圖型視作地形圖並建立地理模型，當上空落下一滴雨珠時，雨珠降落到山體表面並順山坡向下流，直到匯聚到相同的局部最低點。在地形圖上，雨珠在山坡上經過的路線就是一個連通分支，通往局部最低點的所有連通分支就形成了一個聚水盆地，山坡就被稱為分水嶺，這就是模擬降水的過程。

6.1.3　過度分割問題

分水嶺變換的目標是求出梯度圖型的「分水嶺線」，傳統的差分梯度演算法對近鄰像素做差分運算，容易受到雜訊和量化誤差等因素的影響，往往會在灰階的均勻區域內部產生過多的局部梯度「谷底」，這些在分水嶺變換中就對應「集水盆地」。因此，傳統的差分梯度演算法最終將導致出現過分割（Over Segmentation）現象，即一個灰階均勻的區域可能被過度分成多個子區域，以致產生大量的虛假邊緣，從而無法確認哪些是真正邊緣，對演算法的準確性造成了一定的不利影響，這就是過度分割問題。

6.1.4　標記分水嶺分割演算法

直接應用分水嶺分割演算法的主要缺點是會產生過分割現象，即分割出大量的細小區域，而這些區域對於圖型分析可以說是毫無意義的。圖型雜訊等因素往往會導致在圖型中出現很多雜亂的低窪區域，而透過平滑濾波能減少局部最小點的數量，所以在分割前先對圖型進行平滑是避免過分割的有效方法之一。此外，對分割後的圖型按照某種準則進行相鄰區域的合併也是一種過分割解決方法。

以標記（Marker）為基礎的分水嶺分割演算法能夠有效防止過分割現象的發生，該演算法的標記包括內部標記（Internal Marker）和外部標記（External Marker）。其基本思想是透過引入標記來修正梯度圖型，使得局部最小值僅出現在標記的位置，並設定閾值 h 來對像素值進行過濾，刪除最小值深度小於閾值 h 的局部區域。

標記分水嶺演算法中的標記對應圖型的連通成分，其內部標記與我們感興趣的某個物件相關，外部標記與背景相關。對標記的選取一般包括前置處理和定義選取準則兩部分，其中選取準則可以是灰階值、連通性、大小、形狀、紋理等特徵。在選取內部標記之後，就能以其為基礎對低窪進行分割,將分割區域對應的分水線作為外部標記,之後對每個分割出來的區域都利用其他分割技術(如二值化分割)將物件從背景中分離出來。

首先,假設將內部標記的選取準則定義為滿足以下條件。

(1)區域周圍由更高的「海拔」點組成。

(2)區域內的點可以組成一個連通分量。

(3)區域內連通分量的點具有相同或相近的灰階值。

然後,對平滑濾波後的圖型應用分水嶺演算法,並將滿足條件的內部標記為所允許的局部最小值,再將分水嶺變換得到的分水線結果作為外部標記。

最後,內部標記對應每個感興趣物件的內部,外部標記對應背景。根據這些標記結果將其分割成互不重疊的區域,每個區域都包含唯一的物件和背景。

因此,標記分水嶺演算法的顯著特點和關鍵步驟就是獲取標記的過程。

6.2 分水嶺醫學診斷案例分析

1. 距離變換的分水嶺分割

分水嶺演算法可以和距離變換結合,尋找「匯水盆地」和「分水嶺界限」,從而對圖型進行分割。二值圖型的距離變換就是每一個像素點到最近非零值像素點的距離,我們可以使用 scipy 套件來計算距離變換。

【例 6-1】以距離變換為基礎的分水嶺圖型分割。

```
import numpy as np
import matplotlib.pyplot as plt
from scipy import ndimage as ndi
from skimage import morphology,feature
plt.rcParams['font.sans-serif'] =['SimHei']   # 顯示中文標籤
```

```
# 創建兩個帶有重疊圓的圖型
x, y = np.indices((80, 80))
x1, y1, x2, y2 = 28, 28, 44, 52
r1, r2 = 16, 20
mask_circle1 = (x - x1)**2 + (y - y1)**2 < r1**2
mask_circle2 = (x - x2)**2 + (y - y2)**2 < r2**2
image = np.logical_or(mask_circle1, mask_circle2)
# 現在我們用分水嶺演算法分離兩個圓
distance = ndi.distance_transform_edt(image) # 距離變換
local_maxi =feature.peak_local_max(distance, indices=False, footprint=np.
ones((3, 3)),labels=image) # 尋找峰值
markers = ndi.label(local_maxi)[0] # 初始標記點
# 以距離變換為基礎的分水嶺演算法
labels =morphology.watershed(-distance, markers, mask=image)
fig, axes = plt.subplots(nrows=2, ncols=2, figsize=(8, 8))
axes = axes.ravel()
ax0, ax1, ax2, ax3 = axes
ax0.imshow(image, cmap=plt.cm.gray, interpolation='nearest')
ax0.set_title(" 原始圖型 ")
ax1.imshow(-distance, cmap=plt.cm.jet, interpolation='nearest')
ax1.set_title(" 距離變換 ")
ax2.imshow(markers, cmap=plt.cm.spectral, interpolation='nearest')
ax2.set_title(" 標記 ")
ax3.imshow(labels, cmap=plt.cm.spectral, interpolation='nearest')
ax3.set_title(" 分割 ")
for ax in axes:
 ax.axis('off')
fig.tight_layout()
plt.show()
```

運行程式，效果如圖 6-2 所示。

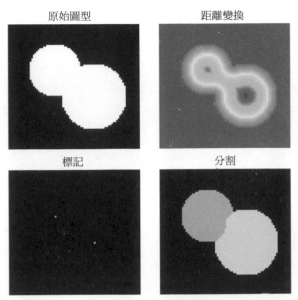

原始圖型　　　　　距離變換

標記　　　　　分割

圖 6-2　以距離變換為基礎的分水嶺分割效果

2. 梯度的分水嶺分割

分水嶺演算法也可以和梯度相結合來實現圖型分割。一般梯度圖型在邊緣處有較高的像素值，而在其他地方則有較低的像素值，理想情況下，分水嶺恰好在邊緣。因此，我們可以根據梯度來尋找分水嶺。

【例 6-2】以梯度為基礎的分水嶺圖型分割。

```
import matplotlib.pyplot as plt
from scipy import ndimage as ndi
from skimage import morphology,color,data,filter
image =color.rgb2gray(data.camera())

plt.rcParams['font.sans-serif'] =['SimHei']    # 顯示中文標籤
denoised = filter.rank.median(image, morphology.disk(2)) # 過濾雜訊
# 將梯度值低於 10 的作為開始標記點
markers = filter.rank.gradient(denoised, morphology.disk(5))<10
markers = ndi.label(markers)[0]
gradient = filter.rank.gradient(denoised, morphology.disk(2)) # 計算梯度
labels =morphology.watershed(gradient, markers, mask=image)   # 以梯度為基礎
```

```
的分水嶺演算法
fig, axes = plt.subplots(nrows=2, ncols=2, figsize=(6, 6))
axes = axes.ravel()
ax0, ax1, ax2, ax3 = axes
ax0.imshow(image, cmap=plt.cm.gray, interpolation='nearest')
ax0.set_title(" 原始圖型 ")
ax1.imshow(gradient, cmap=plt.cm.spectral, interpolation='nearest')
ax1.set_title(" 梯度 ")
ax2.imshow(markers, cmap=plt.cm.spectral, interpolation='nearest')
ax2.set_title(" 標記 ")
ax3.imshow(labels, cmap=plt.cm.spectral, interpolation='nearest')
ax3.set_title(" 分割 ")
for ax in axes:
 ax.axis('off')
fig.tight_layout()
plt.show()
```

運行程式，效果如圖 6-3 所示。

圖 6-3 以梯度為基礎的分水嶺分割效果

3. 分水嶺實現醫學診斷

分水嶺演算法的主要目標在於找到圖型的連通區域並進行分割。在實際處理過程中,如果直接以梯度圖型作為輸入,則容易受到雜訊的干擾,產生多個分割區域;如果對原始圖型進行平滑濾波處理後再進行梯度計算,則容易將某些原本獨立的相鄰區域合成一個區域。當然,這裡的區域主要還是指圖型內容變化不大或灰階值相近的連通區域。

【例 6-3】利用分水嶺對肺癌細胞進行分割診斷處理。

```python
import cv2 as cv
import numpy as np
from matplotlib import pyplot as plt


def watershed_demo(img):
    print(img.shape)
    # 去雜訊
    blurred = cv.pyrMeanShiftFiltering(img, 10, 100)
    # 灰階 / 二值圖型
    gray = cv.cvtColor(blurred, cv.COLOR_BGR2GRAY)
    ret, thresh = cv.threshold(gray, 0, 255, cv.THRESH_BINARY | cv.THRESH_OTSU)
    cv.imshow('thresh', thresh)
    # 有很多的黑點,所以我們去黑點雜訊
    kernel = cv.getStructuringElement(cv.MORPH_RECT, (3, 3))
    opening = cv.morphologyEx(thresh, cv.MORPH_OPEN, kernel, iterations=2)
    cv.imshow('opening ', opening)
    sure_bg = cv.dilate(opening, kernel, iterations=3)
    cv.imshow('mor-opt', sure_bg)
    # 距離變換
    dist = cv.distanceTransform(opening, cv.DIST_L2, 3)
    dist_output = cv.normalize(dist, 0, 1.0, cv.NORM_MINMAX)
    cv.imshow('distance-t', dist_output * 50)
    ret, surface = cv.threshold(dist, dist.max()*0.6, 255, cv.THRESH_BINARY)
    cv.imshow('surface', surface)
    # 發現未知的區域
    surface_fg = np.uint8(surface)
    cv.imshow('surface_bin', surface_fg)
```

```
    unknown = cv.subtract(sure_bg,surface_fg)
    # 標記標籤
    ret, markers = cv.connectedComponents(surface_fg)
    # 增加一個標籤到所有標籤，這樣確保背景不是 0，而是 1
    markers = markers + 1
    # 令未知區域為零
    markers[unknown==255] = 0
    markers = cv.watershed(img, markers)
    img[markers==-1] = [255, 0, 0]
    cv.imshow('result', img)

img = cv.imread('37.jpg')
cv.namedWindow('img',cv.WINDOW_AUTOSIZE)
cv.imshow('img',img)
watershed_demo(img)
cv.waitKey(0)
cv.destroyAllWindows()
```

運行程式，輸出如下，效果如圖 6-4 所示。

```
(799, 799, 3)
```

實驗表明，採用標記分水嶺分割演算法對肺部圖型進行分割具有良好的效果，能在一定程度上突出病變區域，造成輔助醫學診斷的目的，具有一定的使用價值。

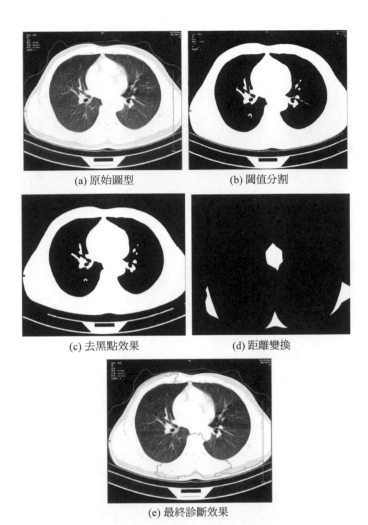

(a) 原始圖型　　　　　　　　(b) 閾值分割

(c) 去黑點效果　　　　　　　(d) 距離變換

(e) 最終診斷效果

圖 6-4 以分水嶺為基礎分割肺癌圖片效果

Memo

手寫數字辨識

手寫數字辨識是圖型辨識學科下的分支，是影像處理和模式辨識研究領域的重要應用之一，並且有很強的通用性。由於手寫數字的隨意性很大，如粗細、字型大小、傾斜角度等因素都有可能直接影響到字元的辨識準確性，所以手寫數字辨識是一個很有挑戰性的課題。在過去的數十年中，研究者們提出了許多辨識方法，並獲得了一定的成果。手寫數字辨識的實用性很強，在大規模資料統計如例行年檢、人口普查、財務、稅務、郵件分揀等應用領域都有廣泛的應用前景。

本單主要介紹利用卷積神經網路辨識手寫數字。

7.1　卷積神經網路的概述

卷積神經網路（Convolutional Neural Networks, CNN）是一類包含卷積計算且具有深度結構的前饋神經網路（Feedforward Neural Networks）。

7.1.1　卷積神經網路的結構

一個卷積神經網路由很多層組成，它們的輸入是三維的，輸出也是三維的，有的層有參數，有的層不需要參數。圖 7-1 為一個卷積神經網路與全連接網路的比較圖。

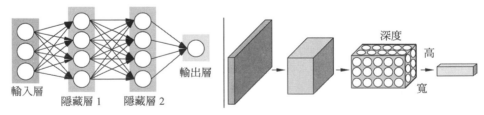

圖 7-1　卷積神經網路與全連接神經網路結構

圖 7-1 的左邊圖為全連接神經網路（平面），由輸入層、啟動函數、全連接層組成。右邊圖為卷積神經網路（立體），由輸入層、卷積層、啟動函

數、池化層、全連接層組成。在卷積神經網路中有一個重要的概念：深度。
下面對卷積神經網路的卷積層與池化層結構進行簡單介紹。

1. 卷積層

卷積是指在原始的輸入上進行特徵的提取。特徵提取簡言之就是在原始輸
入上一個小區域進行特徵的提取。如圖 7-2 所示，左邊方塊是輸入層，尺
寸為 32×32 的 3 通道圖型。右邊的小方法是 filter，尺寸為 5×5，深度為 3。

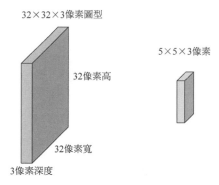

圖 7-2　卷積層

將輸入層劃分為多個區域，用 filter 這個固定尺寸幫手，在輸入層做運算，
最終得到一個深度為 1 的特徵圖。圖 7-3 展示出一般使用多個 filter 分別
進行卷積，最終得到的多個特徵圖。

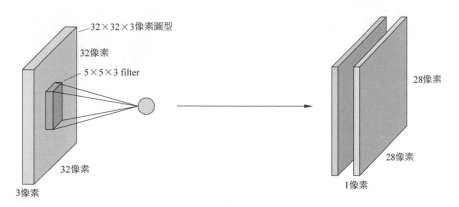

圖 7-3　特徵過程圖

圖 7-4 使用了 6 個 filter 分別卷積進行特徵提取,最終得到 6 個特徵圖。
將這 6 層疊在一起就獲得了卷積層的輸出結果。

通常來說,一個卷積層後面跟著一個池化層,後者基本上整理由池的可接
收欄位決定鄰域的輸出特徵圖的啟動情況。下面來介紹池化層。

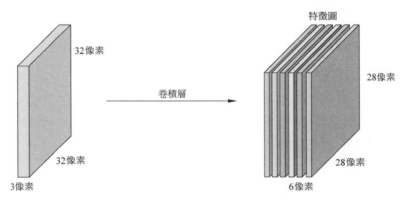

圖 7-4 特徵提取

2. 池化層

如圖 7-5 所示,池化就是對特徵圖進行特徵壓縮,池化也叫作下取樣。選
擇原來某個區域的 max 或 mean 代替那個區域,整體就濃縮了。

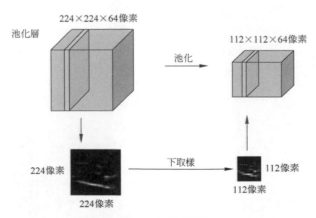

圖 7-5 池化過程

圖 7-6演示一下 pooling 操作，需要制定一個 filter 的尺寸、stride、pooling 方式（max 或 mean）。

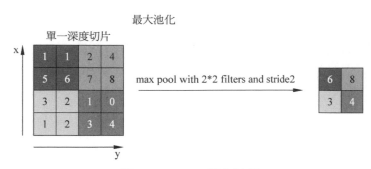

圖 7-6　pooling 操作過程

需要注意的是，卷積操作減少了每一層需要學習的權重數量。舉例來説，大小為 224×224 的輸入圖型輸出到下一層的維度應該是 224×224。那麼對於一個傳統的全連接神經網路，需要學習的權重個數為 224×224×224×224。對於一個擁有同樣輸入和輸出維度的卷積層，我們只需學習濾波核心的函數的權值。因此，如果我們使用一個 3×3 的濾波核心函數，則只需學習 9 個權重，而非 224×224×224×224 個權重。因為圖型和音訊的結構在局部空間中有高度相關性，這個簡化操作的效果很好。

輸入圖型會經過多層卷積和池化操作。隨著網路層層數的加深，特徵圖的個數不斷增加，同時圖型的空間解析度不斷減小。在卷積 - 池化層的最後，特徵圖被傳入全連接網路，最後是輸出層。

輸出單元依賴於具體的任務。如果是回歸問題，輸出單元的啟動函數是線性的。如果是二元分類問題，輸出單元是 sigmoid。對於多分類問題，輸出層是 softmax 單元。

7.1.2 卷積神經網路的訓練

卷積神經網路的訓練過程和全連接網路的訓練過程比較類似,都是先將參數隨機初始化,進行前向計算,得到最後的輸出結果,計算最後一層每個神經元的殘差,然後從最後一層開始逐層往前計算每一層的神經元的殘差,根據殘差計算損失對參數的導數,然後再迭代更新參數。這裡反向傳播中最重要的數學概念就是求導的鏈式法則。求導的鏈式法則公式為:

$$\frac{\partial y}{\partial x} = \frac{\partial y}{\partial z} \times \frac{\partial z}{\partial x}$$

我們用 $\delta_i^{(l)}$ 表示第 l 層的第 i 個神經元 $v_i^{(l)}$ 的殘差,即損失函數對第 l 層的第 i 個神經元 $v_i^{(l)}$ 的偏導數:

$$\delta_i^{(l)} = \frac{\partial L(w,b)}{\partial v_i^{(l)}}$$

用 $\frac{\partial L(w,b)}{\partial w_{ij}^{(l)}}$ 表示損失函數對第 l 層上的參數的偏導數:

$$\frac{\partial L(w,b)}{\partial w_{ij}^{(l)}} = \delta_i^{(l)} \times a_j^{(l-1)}$$

其中,$a_j^{(l-1)}$ 是前面一層的第 j 個神經元的啟動值。啟動值的前向計算的時候已經得到,所以只要計算出每個神經元的殘差,就能得到損失函數對每個參數的偏導數。

最後一層殘差的計算公式:

$$\delta_i^{(K)} = -(y_i - a_i^{(K)}) \times f'(v_i^{(K)})$$

其中,y_i 為正確的輸出值,$a_i^{(K)}$ 為最後一層第 i 個神經元的啟動值,f' 是啟動函數的導數。

其他層神經元的殘差計算公式：

$$\delta_i^{(l-1)} = \left(\sum_{j=1}^{n_l} w_j^{(l-1)} \times \delta_j^{(l)}\right) \times f'(v_i^{(l-1)})$$

求得了所有節點的殘差之後，就能得到損失函數對所有參數的偏導數，然後進行參數更新。

普通的卷積神經網路和全連接神經網路的結構差別主要在於卷積神經網路有卷積和池化操作，那麼我們只要搞清楚卷積層和池化層殘差是如何反向傳播的，如何利用殘差計算卷積核心內參數的偏導數，就基本實現了卷積網路的訓練過程。

7.1.3 卷積神經網路辨識手寫數字

本案例將開發一個四層卷積神經網路，提升預測 MNIST 數字的準確度。前兩個卷積層由 Convolution-ReLU-maxpool 操作組成，後兩層是全連接層。

為了存取 MNIST 資料集，TensorFlow 的 contrib 套件含資料載入功能。資料集載入之後，我們設定演算法模型變數，創建模型，批次訓練模型，並且視覺化損失函數、準確度和一些抽樣數字。

```
# 匯入必要的程式設計函數庫
import matplotlib.pyplot as plt
import numpy as np
import tensorflow as tf
from tensorflow.contrib.learn.python.learn.datasets.mnist import read_data_sets
from tensorflow.python.framework import ops
ops.reset_default_graph()
# 開始計算圖階段
sess = tf.Session()
# 載入資料，轉化圖型為 28×28 的陣列
```

```
data_dir = 'temp'
mnist = read_data_sets(data_dir)
train_xdata = np.array([np.reshape(x, (28,28)) for x in mnist.train.images])
test_xdata = np.array([np.reshape(x, (28,28)) for x in mnist.test.images])
train_labels = mnist.train.labels
test_labels = mnist.test.labels

# 設定模型參數。由於圖型是灰階圖,所以該圖型的深度為 1,即顏色通道數為 1
batch_size = 100
learning_rate = 0.005
evaluation_size = 500
image_width = train_xdata[0].shape[0]
image_height = train_xdata[0].shape[1]
target_size = max(train_labels) + 1
num_channels = 1    # 顏色通道 = 1
generations = 500
eval_every = 5
conv1_features = 25
conv2_features = 50
max_pool_size1 = 2
max_pool_size2 = 2
fully_connected_size1 = 100
# 為資料集宣告預留位置。同時,宣告訓練資料集變數和測試資料集變數。實例中的訓練批次
大小和評估大小可以根據實際訓練和評估的機器實體記憶體來調整
x_input_shape = (batch_size, image_width, image_height, num_channels)
x_input = tf.placeholder(tf.float32, shape=x_input_shape)
y_target = tf.placeholder(tf.int32, shape=(batch_size))
eval_input_shape = (evaluation_size, image_width, image_height, num_channels)
eval_input = tf.placeholder(tf.float32, shape=eval_input_shape)
eval_target = tf.placeholder(tf.int32, shape=(evaluation_size))

# 宣告卷積層的權重和偏置,權重和偏置的參數在前面的步驟中已設定
conv1_weight = tf.Variable(tf.truncated_normal([4, 4, num_channels, conv1_
features], stddev=0.1, dtype=tf.float32))
conv1_bias = tf.Variable(tf.zeros([conv1_features], dtype=tf.float32))
conv2_weight = tf.Variable(tf.truncated_normal([4, 4, conv1_features, conv2_
features], stddev=0.1, dtype=tf.float32))
conv2_bias = tf.Variable(tf.zeros([conv2_features], dtype=tf.float32))
```

```
# 宣告全聯接層的權重和偏置
resulting_width = image_width // (max_pool_size1 * max_pool_size2)
resulting_height = image_height // (max_pool_size1 * max_pool_size2)
full1_input_size = resulting_width * resulting_height * conv2_features
full1_weight = tf.Variable(tf.truncated_normal([full1_input_size, fully_
connected_size1], stddev=0.1, dtype=tf.float32))
full1_bias = tf.Variable(tf.truncated_normal([fully_connected_size1], stddev=0.1,
dtype=tf.float32))
full2_weight = tf.Variable(tf.truncated_normal([fully_connected_size1,
target_size], stddev=0.1, dtype=tf.float32))
full2_bias = tf.Variable(tf.truncated_normal([target_size], stddev=0.1,
dtype=tf.float32))
```

\# 宣告演算法模型。首先，創建一個模型函數 my_conv_net()，注意該函數的層權重和偏置。
當然，為了最後兩層全連接層能有效工作，我們將前層卷積層的結構攤平

```
def my_conv_net(input_data):
    # 第一層：Conv-ReLU-MaxPool 層
    conv1 = tf.nn.conv2d(input_data, conv1_weight, strides=[1, 1, 1, 1],
padding='SAME')
    relu1 = tf.nn.relu(tf.nn.bias_add(conv1, conv1_bias))
    max_pool1 = tf.nn.max_pool(relu1, ksize=[1, max_pool_size1, max_pool_
size1, 1], strides=[1, max_pool_size1, max_pool_size1, 1], padding='SAME')
    # 第二層：Conv-ReLU-MaxPool 層
    conv2 = tf.nn.conv2d(max_pool1, conv2_weight, strides=[1, 1, 1, 1],
padding='SAME')
    relu2 = tf.nn.relu(tf.nn.bias_add(conv2, conv2_bias))
    max_pool2 = tf.nn.max_pool(relu2, ksize=[1, max_pool_size2, max_pool_
size2, 1], strides=[1, max_pool_size2, max_pool_size2, 1], padding='SAME')
    # 將輸出轉為下一個完全連接層的 1xN 層
    final_conv_shape = max_pool2.get_shape().as_list()
    final_shape = final_conv_shape[1] * final_conv_shape[2] * final_conv_shape[3]
    flat_output = tf.reshape(max_pool2, [final_conv_shape[0], final_shape])
    # 第一個全連接層
    fully_connected1 = tf.nn.relu(tf.add(tf.matmul(flat_output, full1_weight),
full1_bias))
    # 第二個全連接層
    final_model_output = tf.add(tf.matmul(fully_connected1, full2_weight),
full2_bias)
    return(final_model_output)
```

```
# 宣告訓練模型
model_output = my_conv_net(x_input)
test_model_output = my_conv_net(eval_input)

# 因為實例的預測結果不是多分類，而僅是一類，所以使用 softmax 函數作為損失函數
loss = tf.reduce_mean(tf.nn.sparse_softmax_cross_entropy_with_logits
(model_output, y_target))
# 創建訓練集和測試集的預測函數。同時，創建對應的準確度函數，評估模型的準確度
prediction = tf.nn.softmax(model_output)
test_prediction = tf.nn.softmax(test_model_output)
# 創建精度函數
def get_accuracy(logits, targets):
    batch_predictions = np.argmax(logits, axis=1)
    num_correct = np.sum(np.equal(batch_predictions, targets))
    return(100. * num_correct/batch_predictions.shape[0])
# 創建一個最佳化器，宣告訓練步進值，
my_optimizer = tf.train.MomentumOptimizer(learning_rate, 0.9)
train_step = my_optimizer.minimize(loss)
# 初始化所有的模型變數
init = tf.initialize_all_variables()
sess.run(init)
# 開始訓練模型。遍歷迭代隨機選擇批次資料進行訓練。我們在訓練集批次資料和預測集批次資
料上評估模型，保存損失函數和準確度。我們看到，在迭代 500 次之後，測試資料集上的準確度
達到 96%~97%。
train_loss = []
train_acc = []
test_acc = []
for i in range(generations):
    rand_index = np.random.choice(len(train_xdata), size=batch_size)
    rand_x = train_xdata[rand_index]
    rand_x = np.expand_dims(rand_x, 3)
    rand_y = train_labels[rand_index]
    train_dict = {x_input: rand_x, y_target: rand_y}

    sess.run(train_step, feed_dict=train_dict)
    temp_train_loss, temp_train_preds = sess.run([loss, prediction], feed_
dict=train_dict)
    temp_train_acc = get_accuracy(temp_train_preds, rand_y)
```

```
    if (i+1) % eval_every == 0:
        eval_index = np.random.choice(len(test_xdata), size=evaluation_size)
        eval_x = test_xdata[eval_index]
        eval_x = np.expand_dims(eval_x, 3)
        eval_y = test_labels[eval_index]
        test_dict = {eval_input: eval_x, eval_target: eval_y}
        test_preds = sess.run(test_prediction, feed_dict=test_dict)
        temp_test_acc = get_accuracy(test_preds, eval_y)

        # 記錄及列印結果
        train_loss.append(temp_train_loss)
        train_acc.append(temp_train_acc)
        test_acc.append(temp_test_acc)
        acc_and_loss = [(i+1), temp_train_loss, temp_train_acc, temp_test_acc]
        acc_and_loss = [np.round(x,2) for x in acc_and_loss]
        print('Generation # {}. Train Loss: {:.2f}. Train Acc (Test Acc): {:.2f}
({:.2f})'.format(*acc_and_loss))
```

運行程式，輸出如下：
```
Generation # 5. Train Loss:2.37. Train Acc (Test Acc):7.00
(9.80)
Generation # 10. Train Loss:2.16. Train Acc (Test Acc):31.00
(22.0)
Generation # 15. Train Loss:2.11. Train Acc (Test Acc):36.00
(35.20)
Generation # 490. Train Loss:0.06. Train Acc (Test Acc):98.00
(97.40)
Generation # 495. Train Loss:0.10. Train Acc (Test Acc):98.00
(95.40)
Generation # 500. Train Loss:0.10. Train Acc (Test Acc):98.00
(96.00)
```

```
# 使用 Matplotlib 模組繪製損失函數和準確度，如圖 7-7 所示
eval_indices = range(0, generations, eval_every)
# Plot loss over time
plt.plot(eval_indices, train_loss, 'k-')
plt.title('Softmax Loss per Generation')
plt.xlabel('Generation')
```

```
plt.ylabel('Softmax Loss')
plt.show()

# 準確度 (Plot train and test accuracy)
plt.plot(eval_indices, train_acc, 'k-', label='Train Set Accuracy')
plt.plot(eval_indices, test_acc, 'r--', label='Test Set Accuracy')
plt.title('Train and Test Accuracy')
plt.xlabel('Generation')
plt.ylabel('Accuracy')
plt.legend(loc='lower right')
plt.show()
# 運行以下程式列印最新結果中的六幅抽樣圖，如圖 7-8 所示
actuals = rand_y[0:6]
predictions = np.argmax(temp_train_preds,axis=1)[0:6]
images = np.squeeze(rand_x[0:6])

Nrows = 2
Ncols = 3
for i in range(6):
    plt.subplot(Nrows, Ncols, i+1)
    plt.imshow(np.reshape(images[i], [28,28]), cmap='Greys_r')
    plt.title('Actual: ' + str(actuals[i])+ ' Pred: ' + str(predictions[i]),
                          fontsize=10)
    frame = plt.gca()
    frame.axes.get_xaxis().set_visible(False)
    frame.axes.get_yaxis().set_visible(False)
```

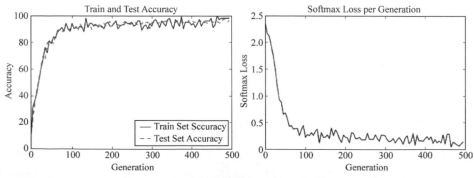

圖 7-7 訓練集和測試集迭代訓練的準確度與 softmax 損失函數

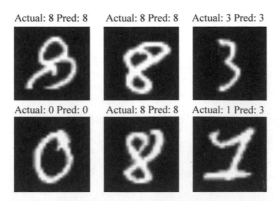

圖 7-8 六幅隨機圖示題中的實際數字和預測數字

在實例中，訓練的批次大小為 100，在迭代訓練中觀察準確度和損失函數，最後繪製 6 幅隨機圖片以及對應的實際數字和預測數字。

卷積神經網路演算法在圖型辨識方向效果很好。部分原因是卷積層操作將圖片中重要的部分特徵轉化成低維特徵。卷積神經網路模型創建它們的特徵，並用該特徵預測。

7.2 SVC 辨識手寫數字

支援向量機（support vector machine，SVC）是一種分類演算法，但是也可以做回歸，根據輸入的資料不同可做不同的模型（若輸入標籤為連續值則做回歸，若輸入標籤為分類值則用 SVC 做分類）。透過尋求結構化風險最小來提高學習機泛化能力，實現經驗風險和置信範圍的最小化，從而達到在統計樣本數較少的情況下，亦能獲得良好統計規律的目的。一般來說，它是一種二類分類模型，其基本模型定義為特徵空間上的間隔最大的線性分類器，即支援向量機的學習策略便是間隔最大化，最終可轉化為一個凸二次規劃問題的求解。

本節主要介紹利用 SVC 辨識手寫數字。

7.2.1 支持向量機的原理

在機器學習領域，SVM 是一個有監督的學習模型，通常用來進行模式辨識、分類以及回歸分析。

SVM 的基本思想是：建立一個最佳決策超平面，使得該平面兩側距離平面最近的兩類樣本之間的距離最大化，從而對分類問題提供良好的泛化能力。即是指，當樣本點的分佈無法用一條直線或幾條直線分開時（即線性不可分），SVM 提供一種演算法，求出一個曲面用於劃分。這個曲面，就稱為最佳決策超平面。而且，SVM 採用二次最佳化，因此最佳解是唯一的，且為全域最佳。前面提到的距離最大化就是說，這個曲面讓不同分類的樣本點距離最遠，即求最佳分類超平面等於求最大間隔。

以圖 7-9 所示，SVM 的原理大致分為：假設我們要透過三八線把星星和紅點分成兩類，那麼有無數多筆線可以完成這個任務，在 SVM 中，我們尋找一條最佳的分界線使得它到兩邊的 Margin 都最大，在這種情況下邊緣的幾個數據點就叫作 Support Vector，這也是這個分類演算法名字的來源。

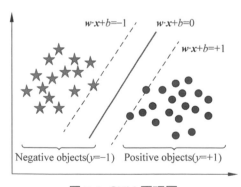

圖 7-9 SVM 原理圖

7.2.2 函數間隔

如圖 7-10 所示，點 x 到斜線的距離為 $L = \beta\|x\|$。

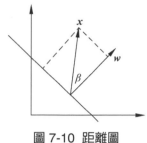

圖 7-10 距離圖

現在讓我們來定義一下函數間距。對於一個訓練樣本 $(x^{(i)}, y^{(i)})$，我們定義對應的函數間距為：

$$\hat{\gamma}^{(i)} = y^{(i)}(w^T x^{(i)} + b) = y^{(i)} g(x^{(i)})$$

注意，前面乘上類別 y 之後可以保證這個 margin 的非負性（因為 $g(x) < 0$ 對應 $y = -1$ 的那些點）。

所以，如果 $y^{(i)}=1$，為了讓函數間距比較大（預測的確信度就大），我們需要 $w^T x^{(i)} + b$ 是一個大的正數。反過來，如果 $y^{(i)}= -1$，為了讓函數間距比較大（預測的確信度就大），我們需要 $w^T x^{(i)} + b$ 是一個大的負數。

接著就是要找所有點中間距離最小的點了。對於指定的資料集 $S=(x^{(i)}, y^{(i)})$；$i=1,2,\cdots,m$，定義 $\hat{\gamma}$ 是資料集中函數間距最小的，即：

$$\hat{\gamma} = \min_{i=1,2,\cdots,m} \hat{\gamma}^{(i)}$$

但這裡有一個問題就是，對函數間距來說，當 w 和 b 被替換成 $2w$ 和 $2b$ 時，有 $g(w^T x^{(i)}+b) = g(2w^T x^{(i)}+2b)$，這不會改變 $h_{w,b}(x)$ 的值。所以為此引入了幾何間距。

7.2.3 幾何間隔

考慮圖 7-11，直線為決策邊界（由 w，b 決定）。向量 w 垂直於直線（為什麼？ $\theta^T x = 0$ ，非零向量的內積為 0，說明它們互相垂直）。假設 A 點代表樣本 $x^{(i)}$，它的類別為 $y = 1$。假設 A 點到決策邊界的距離為 $\gamma^{(i)}$，也就是線段 AB。

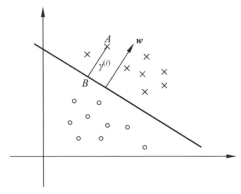

圖 7-11 幾何間距

那麼，應該如何計算 $\gamma^{(i)}$？首先我們知道 $\dfrac{w}{\|w\|}$ 表示的是在 w 方向上的單位向量。因為 A 點代表的是樣本 $x^{(i)}$，所以 B 點為：$x^{(i)} - \gamma^{(i)} \cdot \dfrac{w}{\|w\|}$。又因為 B 點是在決策邊界上，所以 B 點滿足 $w^T x + b = 0$，也就是：

$$w^T \left(x^{(i)} - \gamma^{(i)} \cdot \frac{w}{\|w\|} \right) + b = 0$$

解方程式得：

$$\gamma^{(i)} = \frac{w^T x^{(i)} + b}{\|w\|} = \left(\frac{w}{\|w\|} \right)^T x^{(i)} + \frac{b}{\|w\|}$$

當然，上面這個方程式對應的是正例的情況，反例的時候上面方程式的解就是一個負數，這與我們平常說的距離不符合，所以我們乘上 $y^{(i)}$，即：

$$\gamma^{(i)} = y^{(i)}\left(\left(\frac{w}{\|w\|}\right)^T x^{(i)} + \frac{b}{\|w\|}\right)$$

可以看到，當 $\|w\|=1$ 時，函數間距與幾何間距就是一樣的了。

同樣，有了幾何間距的定義，接著就是要找所有點中間距最小的點了。對於指定的資料集 $S = (x^{(i)}, y^{(i)}); i = 1, 2, \cdots, m$，我們定義 γ 是資料集中函數間距最小的，即：

$$\gamma = \min_{i=1,2,\cdots,m} \gamma^{(i)}$$

討論到這裡，對於一組訓練集，我們要找的就是看看哪個超平面的最近點的邊距最大。因為這樣我們的確信度是最大的。所以我們現在的問題就是：

$$\max_{\lambda,w,b} \gamma$$
$$s.t. \quad \begin{cases} y^{(i)}(w^T x^{(i)} + b) \geq \gamma, i = 1,2,\cdots,m \\ \|w\| = 1 \end{cases}$$

這個問題就是說，我們想要最大化這個邊距 γ，而且必須保證每個訓練集得到的邊距都要大於或等於這個邊距 γ。$\|w\|=1$ 保證函數邊距與幾何邊距是一樣的。但問題是 $\|w\|=1$ 很難了解，所以根據函數邊距與幾何邊距之間的關係，我們變換一下問題：

$$\max_{\lambda,w,b} \frac{\hat{\gamma}}{\|w\|}$$
$$s.t. \quad y^{(i)}(w^T x^{(i)} + b) \geq \hat{\gamma}, i = 1,2,\cdots,m$$

此處，我們的目標是最大化 $\frac{\hat{\gamma}}{\|w\|}$，限制條件為所有的樣本的函數邊距要大

於或等於 $\hat{\gamma}$。

前面說過，對函數間距來說，等比例縮放 w 和 b 不會改變 $g(w^T x+b)$ 的值。因此，可以令 $\hat{\gamma}=1$，因為無論 $\hat{\gamma}$ 的值是多少，都可以透過縮放 w 和 b 來使得 $\hat{\gamma}$ 的值變為 1。所以最大化 $\dfrac{\hat{\gamma}}{\|w\|}=\dfrac{1}{\|w\|}$（注意等號左右兩邊的 w 是不一樣的）。

7.2.4 間隔最大化

其實對於上面的問題，如果那些式子都除以 $\hat{\gamma}$，即變成：

$$\max_{\gamma,w,b} \frac{\hat{\gamma}/\hat{\gamma}}{\|w\|/\hat{\gamma}}$$
$$s.t. \quad y^{(i)}(w^T x^{(i)}+b)\big/\hat{\gamma} \geq \hat{\gamma}/\hat{\gamma}, i=1,2,\cdots,m$$

也就是，

$$\max_{\gamma,w,b} \frac{1}{\|w\|/\hat{\gamma}}$$
$$s.t. \quad y^{(i)}(w^T x^{(i)}+b)\big/\hat{\gamma} \geq 1, i=1,2,\cdots,m$$

然後令 $w=\dfrac{w}{\hat{\gamma}}$，$b=\dfrac{b}{\hat{\gamma}}$，問題就變成跟下面的一樣了。所以其實只是做了一個變數替換。

$$\max_{\gamma,w,b} \frac{1}{\|w\|}$$
$$s.t. \quad y^{(i)}(w^T x^{(i)}+b) \geq 1, i=1,2,\cdots,m$$

而最大化 $\dfrac{1}{\|w\|}$ 相當於最小化 $\|w\|^2$，所以問題變成：

$$\min_{\gamma,w,b} \frac{1}{2}\|w\|^2$$
$$s.t. \quad y^{(i)}(w^T x^{(i)}+b) \geq 1, i=1,2,\cdots,m$$

現在，我們把問題轉換成一個可以有效求解的問題了。上面的最佳化問題就是一個典型的二次凸最佳化問題，這種最佳化問題可以使用 QP（quadratic programming）來求解。

SVC 主要用於處理二分類問題，如果需要處理的是多分類問題，如手寫字辨識，即辨識是 {0,1,...,9} 中的數字，此時，需要使用能夠處理多個分類問題的演算法。

7.2.5 SVC 辨識手寫數字實例

前面介紹了 SVC 的原理及其幾種分類間隔問題，下面直接透過一個案例來演示 SVC 辨識手寫數字辨識問題。

```python
from sklearn import datasets,svm
import matplotlib.pyplot as plt


""" 辨識手寫數字 """
svc=svm.SVC(gamma=0.001,C=100.)
digits=datasets.load_digits() # 匯入 Digits 資料集
# print(digits.DESCR) # 查看資料集的說明資訊
def plts():
    ''' 顯示要辨識的數位圖片 '''
    plt.subplot(321)
    plt.imshow(digits.images[1791],cmap=plt.cm.gray_r,interpolation='nearest')
    plt.subplot(322)
    plt.imshow(digits.images[1792],cmap=plt.cm.gray_r,interpolation='nearest')
    plt.subplot(323)
    plt.imshow(digits.images[1793],cmap=plt.cm.gray_r,interpolation='nearest')
    plt.subplot(324)
    plt.imshow(digits.images[1794],cmap=plt.cm.gray_r,interpolation='nearest')
    plt.subplot(325)
    plt.imshow(digits.images[1795],cmap=plt.cm.gray_r,interpolation='nearest')
    plt.subplot(326)
    plt.imshow(digits.images[1796],cmap=plt.cm.gray_r,interpolation='nearest')
    plt.show()
```

```
def svms():
    '''學習並返回辨識結果'''
    svc.fit(digits.data[:1791],digits.target[:1791]) # 訓練
    res=svc.predict(digits.data[1791:1797]) # 辨識
    return list(res)

if __name__=='__main__':
    result=svms()
    duibi=digits.target[1791:1797]
    print(' 辨識的數字：{}\n 實際的結果：{}'.format(result,list(duibi)))
    plts()
```

運行程式，輸出如下，效果如圖 7-12 所示。

```
辨識的數字：[4, 9, 0, 8, 9, 8]
實際的結果：[4, 9, 0, 8, 9, 8]
```

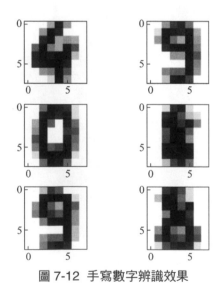

圖 7-12 手寫數字辨識效果

由輸出結果可看出，利用 SVC 實現手寫數字的辨識非常簡單，也很實用。

圖片中英文辨識

在日常學習和生活中，人眼是人們接收資訊最常用的通道之一。據統計，人們日常處理的資訊有 75%~85% 屬於視覺資訊範圍，文字資訊則佔據著重要的位置，幾乎涵蓋了人類生活各方面。如對各種報紙、書籍的閱讀、尋找、批註；對各種文件報表的填寫、修訂；對各種快遞檔案的分揀、傳送、簽收等；對網路資訊的瀏覽等。因此，為了實現文字資訊解析過程的智慧化、自動化，就需要借助電腦影像處理來對這些文字資訊進行辨識。

早在 20 世紀 50 年代初期，歐美就開始對文字辨識技術進行研究。特別是 1955 年印刷體數字 OCR 產品的出現，推動了英文、中文、數字辨識技術的發展。美國 IBM 公司的 Casey 和 Nagy 最早開始了對中文字辨識的研究比對。

本章節主要介紹利用 OCR 辨識圖片中的中英文。

8.1 OCR 的介紹

將圖片翻譯成文字一般被稱為光學文字辨識（Optical Character Recognition，OCR）。可以實現 OCR 的底層函數庫並不多，目前很多函數庫都是使用共同的幾個底層 OCR 函數庫，或是在上面進行訂製。

Tesseract 是一個 OCR 函數庫，目前由 Google 贊助（Google 也是一家以 OCR 和機器學習技術聞名於世的公司）。Tesseract 是目前公認最優秀、最精確的開放原始碼 OCR 系統。

除了極高的精確度，Tesseract 也具有很高的靈活性。它可以透過訓練辨識出任何字型（只要這些字型的風格保持不變就可以），也可以辨識出任何 Unicode 字元。

8.2 OCR 演算法原理

OCR 的基本原理可分為：圖型前置處理、圖型分割、字元辨識和辨識結果處理四個部分，如圖 8-1 所示。

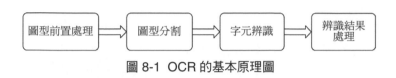

圖 8-1 OCR 的基本原理圖

8.2.1 圖型前置處理

為了加快圖型辨識等模組的處理速度，我們需要將彩色圖型轉為灰階圖型，減少圖型矩陣佔用的記憶體空間。由彩色圖型轉為灰階圖型的過程叫作灰階化處理，灰階圖型就是只有亮度資訊而沒有顏色資訊的圖型，且儲存灰階圖型只需要一個資料矩陣，矩陣中的每個元素都表示對應位置像素的灰階值。

透過拍攝、掃描等方式擷取圖型可能會受局部區域模糊、對比度偏低等因素的影響，而圖型增強可應用於對圖型對比度的調整，可突出圖型的重要細節，改善視覺品質。因此，採用圖型灰階變換等方法可有效地增強圖型對比度，提高圖型中字元的清晰度，突出不同區域的差異性。對比度增強是典型的空域圖型增強演算法，這種處理只是逐點修改原圖型中每個像素的灰階值，不會改變圖型中各像素的位置，在輸入像素與輸出像素之間是一對一的映射關係。

二值圖型是指在圖型數值矩陣中只保留 0、1 數值來代表黑、白兩種顏色。在實際的圖型是實驗中，選擇合適的閾值是進行圖型二值變換的關鍵步驟，二值化能分割字元與背景。突出字元目標。對於圖型而言，其二值變換的輸出必須具備良好的保形性，不會改變有用的形狀資訊，也不會產生額外的孔洞等雜訊。其中，二值化的閾值選取有很多方法，主要分為三類：全域閾值化、局部閾值化和動態閾值化。

圖型可能在掃描或傳輸過程中受到雜訊干擾，為了提高辨識模組的準確率，我們通常採用平滑濾波的方法進行去除雜訊、如中值濾波、均值濾波。

在經掃描得到的圖型中，不同位置的字元類型或大小可能也存在較大差異，為了提高字元辨識效率，需要將字元統一大小來得到標準的字元圖型，這就是字元的標籤化過程。為了將原來各不相同的字元統一大小，我們可以在實驗過程中先統一高度，然後根據原始字元的寬度比例來調整字元的寬度，得到標準字元。

此外，對輸入的字元圖型可能需要進行傾斜校正，使得同屬一行的字元也都處於同一水平位置，這樣既有利於字元的分割，也可以提高字元辨識的準確率。傾斜校正主要根據圖型左右兩邊的黑色像素做積分投影所得到的平均高度進行，字元組成的圖型的左右兩邊的字元像素高度一般處於水平位置附近，如果兩邊的字元像素經積分投影得到的平均位置有較大差異，則說明圖型存在傾斜，需要進行校正。

8.2.2 圖型分割

圖型前置處理之後，進行圖型分割，常用的方法有閾值分割或邊緣分割等方法。

1. 閾值分割

灰階閾值分割法是一種最常用的平行區域技術，它是圖型分割中應用數量最多的一類。閾值分割方法實際上是輸入圖型 f 到輸出圖型 g 的以下變換：

$$G(i, j) = \begin{cases} 1, & G(i, j) \geq T \\ 0, & G(i, j) < T \end{cases}$$

其中，T 為閾值，對於物體的元素 $G(i, j) = 1$，對於背景的圖型元素 $G(i, j) = 0$。由此可見，閾值分割演算法的關鍵是確定閾值，如果能確定一個合適的閾值就可準確地將圖型分割開來。閾值確定後，將閾值與像素點的灰階值一個一個進行比較，而且像素分割可對各像素平行地進行，分割的結果直接列出圖型區域。閾值分割的優點是計算簡單、運算效率較高、速度快。

2. 邊緣分割

圖型分割的一種重要途徑是透過邊緣檢測，即檢測灰階級或結構具有突變的地方。這種不連續性稱為邊緣。不同的圖型灰階不同，邊界處一般有明顯的邊緣，利用此特徵可以分割圖型。圖型中邊緣處像素的灰階值不連續，這種不連續性可透過求導數來檢測到。對於步階狀邊緣，其位置對應一階導數的極值點，對應二階導數的過零點。因此常用微分運算元進行邊緣檢測，常用的一階微分運算元有 Roberts 運算元、Prewitt 運算元和 Sobel 運算元，二階微分運算元有 Laplace 運算元和 Kirsh 運算元等。利用 Laplace 運算元銳化結果如下：

$$g(x, y) = \begin{cases} f(x, y) - \nabla^2 f(x, y) & \nabla^2 f(x, y) \leq T \\ f(x, y) + \nabla^2 f(x, y) & \nabla^2 f(x, y) > T \end{cases}$$

其中，T 表示閾值常數。

在實際中各種微分運算元常用小區域範本來表示，微分運算是利用範本和圖型卷積來實現。這些運算元對雜訊敏感，只適合於雜訊較小不太複雜的圖型。由於邊緣和雜訊都是灰階不連續點，在頻域均為高頻分量，直接採用微分運算難以克服雜訊的影響。因此用微分運算元檢測邊緣前要對圖型進行平滑濾波。LoG 運算元和 Canny 運算元是具有平滑功能的二階和一階微分運算元，邊緣檢測效果較好。其中 LoG 運算元是採用 Laplacian 運算元求高斯函數的二階導數，Canny 運算元是高斯函數的一階導數，它在雜訊抑制和邊緣檢測之間獲得了較好的平衡。

8.2.3 特徵提取和降維

特徵是用來辨識文字的關鍵資訊，每個不同的文字都能透過特徵來和其他文字進行區分。對數字和英文字母來説，資料集比較小，數字有 10 個，英文字母有 52 個。對中文字來説，特徵提取比較困難，因為首先中文字是大字元集，最常用的第一級中文字就有 3755 個；第二個原因是中文字結構複雜，形近字多。在確定了使用何種特徵後，還有可能要進行特徵降維，這種情況就是如果特徵的維數太高，分類器的效率會受到很大的影響，為了提高辨識速率，往往就要進行降維。一種較通用的特徵提取方法是 HOG。HOG 是方向梯度長條圖，這裡分解為方向梯度與長條圖。具體做法是首先用 [–1,0,1] 梯度運算元對原圖型做卷積運算，得到 x 方向的梯度分量 gradscalx，然後用 $[1,0,-1]^T$ 梯度運算元對原圖型做卷積運算，得到 y 方向的梯度分量 gradscaly。然後再用以下公式計算該像素點的梯度大小和方向：

$$G_x(x,y) = H(x+1,y) - H(x-1,y)$$
$$G_y(x,y) = H(x,y+1) - H(x,y-1)$$

$G_x(x,y)$、$G_y(x,y)$、$H(x,y)$ 分別表示輸入圖型像素點 (x,y) 處的水平方向梯度、垂直方向梯度和像素值。像素點 (x,y) 處的梯度強度和梯度方向分別為：

$$G(x,y) = \sqrt{G_x(x,y)^2 + G_y(x,y)^2}$$
$$\alpha(x,y) = \tan^{-1}\left(\frac{G_y(x,y)}{G_x(x,y)}\right)$$

下一步是為局部圖型區域提供一個編碼，可以將圖型分成許多個「儲存格 cell」。我們採用 n 個扇形的長條圖來統計這儲存格的梯度資訊，也就是將 cell 的梯度方向 360° 分成 n 個方向區塊，如圖 8-2 所示。

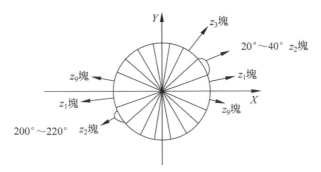

圖 8-2 梯度方向分塊圖

這樣，對 cell 內每個像素用梯度方向在長條圖中進行加權投影（映射到固定的角度範圍），梯度大小就是投影的權值。然後把細胞單元組合成大的區塊（block），區塊內歸一化梯度長條圖。我們將歸一化之後的區塊描述符號（向量）稱之為 HOG 描述符號，即這個 cell 對應的 n 維特徵向量。最後一步就是將檢測視窗中所有重疊的區塊進行 HOG 特徵的收集，並將它們結合成最終的特徵向量供分類使用。

8.2.4 分類器

分類器是用來進行辨識的，對於上一步，對一個文字圖型，提取出特徵值，傳輸給分類器，分類器就分類，輸出這個特徵該辨識成哪個文字。一種簡單的分類器是範本比對方法，它使用圖型的相似度來進行文字辨識，兩圖型的相似程度可以用以下方程式表示：

$$r = \frac{\sum_{m}\sum_{n}(A_{mn} - \overline{A})(B_{mn} - \overline{B})}{\sqrt{\sum_{m}\sum_{n}(A_{mn} - \overline{A})^2}\sqrt{\sum_{m}\sum_{n}(B_{mn} - \overline{B})^2}}$$

其中，A，B 為圖型矩陣。選取相關度最大的作為最終輸出結果。得到結果後，有時需要對辨識結果處理，又稱後處理。首先，分類器的分類有時不一定是完全正確的，比如中文字中由於形近字的存在，很容易將一個字辨識成其形近字。後處理中可以去解決這個問題，比如透過語言模型來進行校正——如果分類器將「在哪裡」辨識成「存哪裡」，透過語言模型會發現「存哪裡」是錯誤的，然後進行校正。第二個，OCR 的辨識圖型往往是有大量文字的，而且這些文字存在排版、字型大小等複雜情況，後處理中可以嘗試去對辨識結果進行格式化。

8.2.5　演算法步驟

根據前面介紹，所以演算法步驟可複習為：

（1）輸入灰階圖型或彩色圖型。

（2）計算自我調整閾值。

（3）獲得二進位圖型。

（4）進行連接成分分析。

（5）尋找文字行和單字。

（6）辨識字元輪廓。

（7）處理字型辨識結果。

（8）輸出辨識的文字。

其對應的流程圖如圖 8-3 所示。

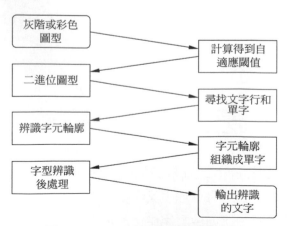

圖 8-3 Tesseract 函數庫辨識流程圖

8.3 OCR 辨識經典應用

本節透過兩個例子來演示利用 OCR 辨識圖型中的文字。

【例 8-1】辨識圖型中的英文，原始圖型如圖 8-4 所示。

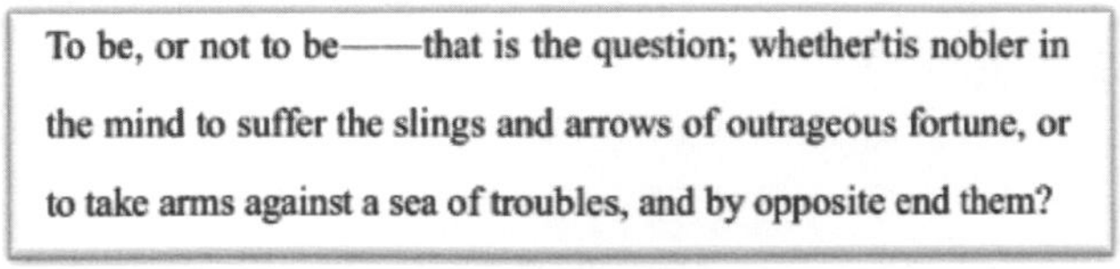

To be, or not to be——that is the question; whether'tis nobler in the mind to suffer the slings and arrows of outrageous fortune, or to take arms against a sea of troubles, and by opposite end them?

圖 8-4 英文辨識原始圖型

```
# 匯入 PIL，pytesseract 函數庫
from PIL import Image
from pytesseract import image_to_string
# 讀取待辨識的圖片
image = Image.open("7.jpg");
# 將圖片辨識為英文文字
text = image_to_string(image)
# 輸出辨識的文字
print(text)
```

運行程式，得到效果如圖 8-5 所示。

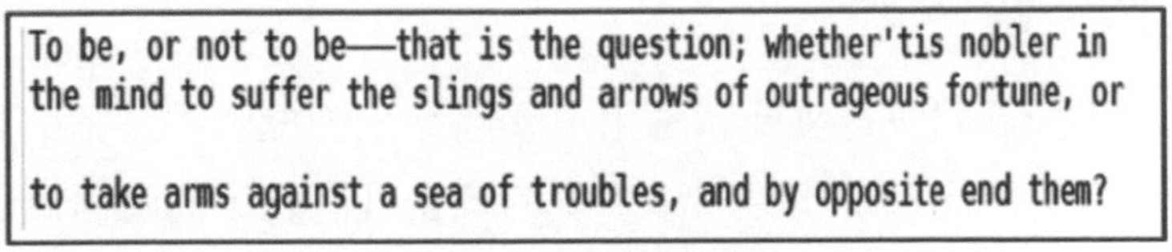

To be, or not to be——that is the question; whether'tis nobler in the mind to suffer the slings and arrows of outrageous fortune, or

to take arms against a sea of troubles, and by opposite end them?

圖 8-5 英文辨識效果

【例 8-2】辨識圖型中的中文，原始圖型如圖 8-6 所示。

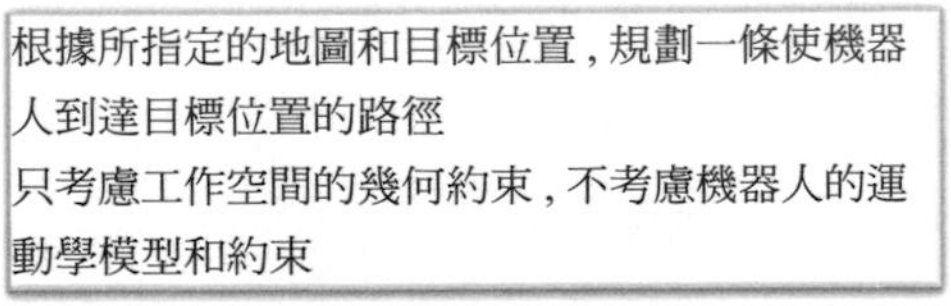

根據所指定的地圖和目標位置，規劃一條使機器人到達目標位置的路徑
只考慮工作空間的幾何約束，不考慮機器人的運動學模型和約束

圖 8-6 中文原始圖型

```
#匯入 PIL，pytesseract 函數庫
from PIL import Image
from pytesseract import image_to_string
# 讀取待辨識的圖片
image = Image.open("8.jpg");
# 將圖片辨識為英文文字
text = image_to_string(image)
# 輸出辨識的文字
print(text)
```

運行程式，效果如圖 8-7 所示。

根據所指定的地圖和目標位置，規劃 _ 條使機器
人到達目標位置的路徑

只考慮工作空間的幾何約束，不考慮機器人的運
動學模型和約束

圖 8-7　中文辨識效果

Tesseract 函數庫非常強大，它還可以辨識帶色彩背景的圖片。有興趣的讀者可嘗試多辨識幾幅帶文字的圖型。

8.4　獲取驗證碼

隨著網際網路技術的快速發展和應用，網路給人們提供了豐富的資源和極大的便利，但隨之而來是網際網路系統的安全性問題，而驗證碼正是加強 Web 系統安全性的產物。全自動區分電腦和人類的圖靈測試（Completely Automated Public Turing test to tell Computers and Humans Apart，CAPTCHA）也是驗證碼的應用程式，可以區分使用者是人類還是計算機智慧點擊物件。它發起一個驗證碼進行測試，由電腦生成一個問題要求使用者回答，並自動評判使用者列出的答案，而原則上這個問題必須只有人才能解答，進而區分是否為計算機智慧點擊物件。

驗證碼具有千變萬化的特點,而當前的辨識系統往往具有很強的針對性,只能辨識某種類型的驗證碼。隨著網路安全技術及驗證碼生成技術的不斷發展,已經出現了更加複雜的驗證碼生成方法,如以動態圖型為基礎的驗證碼系統等。雖然目前人工智慧還遠未達到人類智慧水準,但是對於指定的驗證碼生成系統,在獲知其特點後,透過一定的辨識策略往往能夠以一定的準確率進行辨識。

本節將透過一個簡單的驗證碼例子,來展示如何利用 OpenCV 來獲取單一字元。

我們所使用的實例驗證碼如圖 8-8 所示。

圖 8-8 使用的驗證碼

首先在 OpenCV 中以灰階模式讀取圖型(pic 為圖片所在的絕對路徑):

```
gray=cv2.imread(pic,0)
```

處理後的圖型如圖 8-9 所示。

圖 8-9 灰階模式

接著把該驗證碼的邊緣設定為白色(255 代表白色):

```
# 將圖片的邊緣變為白色
    height, width = gray.shape
    for i in range(width):
        gray[0, i] = 255
        gray[height-1, i] = 255
    for j in range(height):
```

```
gray[j, 0] = 255
gray[j, width-1] = 255
```

處理後的圖片效果如圖 8-10 所示。

圖 8-10 去掉邊緣效果

從圖 8-10 中可看到，處理後的圖片的邊緣部分已經置為白色了。接著需要對圖型進行濾波處理，圖型濾波的主要目的是在保留圖型細節的情況下儘量的對圖型的雜訊進行消除，從而使後來的影像處理變得更加方便。此處採用中值濾（median blur）的方法來實現，取孔徑大小為 3：

```
blur = cv2.medianBlur(gray, 3) # 範本大小 3*3
```

處理後的圖片效果如圖 8-11 所示。

A d K e

圖 8-11 中值濾波效果

接著對圖型進行二值化處理，即將圖型由灰階模式轉化為黑白模式，當然閾值的選擇很重要，在這裡選擇二值化的閾值為 200：

```
ret,thresh1 = cv2.threshold(blur, 200, 255, cv2.THRESH_BINARY)
```

二值化的圖片效果如圖 8-12 所示。

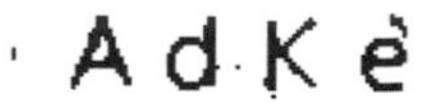

A d K e

圖 8-12 二值化處理效果

最後需要在二值化處理後的圖片中提取單一字元，主要利用 OpenCV 中的
最小外接矩形函數來提取，程式為：

```
image, contours, hierarchy = cv2.findContours(thresh1, 2, 2)
    flag = 1
    for cnt in contours:
        #最小的外接矩形
        x, y, w, h = cv2.boundingRect(cnt)
        if x != 0 and y != 0 and w*h >= 100:
            print((x,y,w,h))
            #顯示圖片
            cv2.imwrite('E://char%s.jpg'%flag, thresh1[y:y+h, x:x+w])
            flag += 1
```

需要注意的是，對提取後的圖片有一定要求，比如 x、y 的值不能為 0 以
及圖片的大小要超過 100，不然會得到其他不想要的圖片。提取單一字元
後的圖片如圖 8-13 所示。

char1   char2   char3   char4

圖 8-13 提取後的單一字元

由結果看出，提取的效果十分不錯的。

實現完整的單一驗證碼提取的程式為：

```
import cv2
def split_picture(imagepath):
    #以灰階模式讀取圖片
    gray = cv2.imread(imagepath, 0)
    #將圖片的邊緣變為白色
    height, width = gray.shape
    for i in range(width):
        gray[0, i] = 255
        gray[height-1, i] = 255
    for j in range(height):
```

```
        gray[j, 0] = 255
        gray[j, width-1] = 255
    # 中值濾波
    blur = cv2.medianBlur(gray, 3)  # 範本大小 3*3
    # 二值化
    ret,thresh1 = cv2.threshold(blur, 200, 255, cv2.THRESH_BINARY)
    image, contours, hierarchy = cv2.findContours(thresh1, 2, 2)
    flag = 1
    for cnt in contours:
        # 最小的外接矩形
        x, y, w, h = cv2.boundingRect(cnt)
        if x != 0 and y != 0 and w*h >= 100:
            print((x,y,w,h))
            # 顯示圖片
            cv2.imwrite('E://char%s.jpg'%flag, thresh1[y:y+h, x:x+w])
            flag += 1
def main():
    imagepath = 'E://8a.jpg'
    split_picture(imagepath)
main()
```

小波技術的圖型
視覺處理

傳統的訊號理論，是建立在 Fourier（傅立葉）分析基礎上的，而 Fourier 變換身為全域性的變化，其有一定的局限性，如不具備局部化分析能力、不能分析非平穩訊號等。在實際應用中人們開始對 Fourier 變換進行各種改進，以改善這種局限性，如 STFT（短時傅立葉轉換）。由於 STFT 採用的滑動窗函數一經選定就固定不變，故決定了其時頻解析度固定不變，不具備自我調整能力，而小波分析極佳地解決了這個問題。

9.1　小波技術的概述

小波變換（wavelet transform，WT）是一種新的變換分析方法，它繼承和發展了短時傅立葉轉換局部化的思想，同時又克服了視窗大小不隨頻率變化等缺點，能夠提供一個隨頻率改變的「時間 - 頻率」視窗，是進行訊號時頻分析和處理的理想工具。

它的主要特點是透過變換能夠充分突出問題某些方面的特徵，能對時間（空間）頻率的局部化分析，透過伸縮平移運算對訊號（函數）逐步進行多尺度細化，最終達到高頻處時間細分，低頻處頻率細分，能自動適應時頻訊號分析的要求，從而可聚焦到訊號的任意細節，解決了 Fourier 變換的困難問題，成為繼 Fourier 變換以來在科學方法上的重大突破。

小波技術廣泛應用於訊號處理、圖型融合、圖型壓縮等領域，下面分別介紹小波技術在這幾個領域中的應用。

9.2　小波實現去除雜訊

9.2.1　小波去除雜訊的原理

Donoho 提出的小波閾值去除雜訊的基本思想是將訊號透過小波變換（採用 Mallat 演算法）後，訊號產生的小波係數含有訊號的重要資訊，將訊號經小波分解後小波係數較大，雜訊的小波係數較小，並且雜訊的小波係數要小於訊號的小波係數，透過選取一個合適的閾值，大於閾值的小波係數被認為是有訊號產生的，應予以保留，小於閾值的則認為是雜訊產生的，置為零從而達到去除雜訊的目的。

從訊號學的角度看，小波去除雜訊是一個訊號濾波的問題。儘管在很大程度上小波去除雜訊可以看成是低通濾波，但由於在去除雜訊的，還能成功地保留訊號特徵，所以在這一點上又優於傳統的低通濾波。由此可見，小波去除雜訊實際上是特徵提取和低通濾波的綜合，其流程圖如圖 9-1 所示。

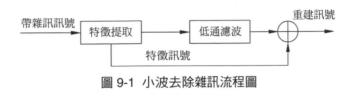

圖 9-1 小波去除雜訊流程圖

一個含噪的模型可表示為：

$$s(k) = f(k) + \varepsilon \times e(k), k = 0,1,2,\cdots,n-1$$

其中，$f(k)$ 為有用訊號，$s(k)$ 為含雜訊訊號，$e(k)$ 為雜訊，ε 為雜訊係數的標準差。

假設，$e(k)$ 為高斯白色雜訊，大部分的情況下有用訊號表現為低頻部分或是一些比較平穩的訊號；而雜訊訊號則表現為高頻的訊號，我們對 $s(k)$ 訊號進行小波分解時，則雜訊部分通常包含 HL、LH、HH 中，如圖 9-2 所示，只要對 HL、LH、HH 作對應的小波係數處理，然後對訊號進行重構即可以達到去除雜訊的目的。

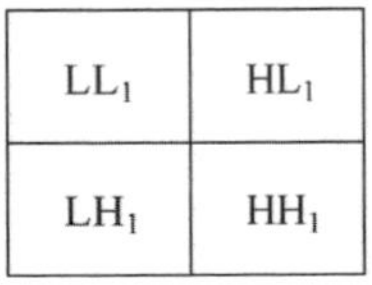

LL_1	HL_1
LH_1	HH_1

圖 9-2 四個子頻帶

可以看到，小波去噪的原理是比較簡單的，類似以往我們常見的低通濾波器的方法，但是由於小波去噪保留了特徵提取的部分，所以性能上優於傳統的去除雜訊方法。

9.2.2 小波去除雜訊的方法

一般來說，一維訊號的降低雜訊過程可以分為 3 個步驟。

（1）訊號的分解

選擇一個小波並確定一個小波分解的層次 N，然後對訊號進行 N 層小波分解計算。

（2）小波分解高頻係數的閾值量化

對第 1 層到第 N 層的每一層高頻係數（三個方向），選擇一個閾值進行閾值量化處理。

這一步是最關鍵的一步，主要表現在閾值的選擇與最佳化處理的過程，量化處理方法主要有硬閾值量化和軟閾值量化。圖 9-3 展示了二者的區別。

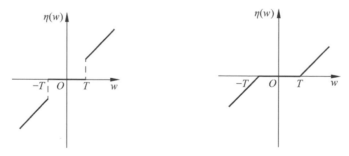

圖 9-3 硬 / 軟閾值量化區別

圖 9-3 的左圖是硬閾值量化，右圖是軟閾值量化。採用兩種不同的方法，達到的效果是：硬閾值方法可以極佳地保留訊號邊緣等局部特徵，軟閾值處理相對要平滑，但會造成邊緣模糊等失真現象。

（3）訊號小波重構

根據小波分解的第 N 層的低頻係數和經過量化處理後的第 1 層到第 N 層的高頻係數，進行訊號的小波重構。

小波閾值去除雜訊的基本問題包括三個方面：小波基的選擇，閾值的選擇，閾值函數的選擇。

（1）小波基的選擇

通常我們希望所選取的小波滿足以下條件：正交性、高消失矩、緊支性、對稱性或反對稱性。但事實上具有上述性質的小波是不可能存在的，因為小波是對稱或反對稱的只有 Haar 小波，並且高消失矩與緊支性是一對矛盾，所以在應用的時候一般選取具有緊支的小波以及根據訊號的特徵來選取較為合適的小波。

（2）閾值的選擇

直接影響去除雜訊效果的重要因素就是閾值的選取，不同的閾值選取將有不同的去除雜訊效果。目前主要有通用閥值（VisuShrink）、SureShrink閥值、Minimax 閥值、BayesShrink 閥值等。

（3）閾值函數的選擇

閾值函數是修正小波係數的規則，不同的反之函數表現了不同的處理小波係數的策略。最常用的閥值函數有兩種：一種是硬閥值函數，另一種是軟閥值函數。還有一種介於軟、硬閥值函數之間的 Garrote 函數。

另外，對於去除雜訊效果好壞的評價，常用訊號的信噪比（SNR）與估計訊號同原始訊號的均方根誤差（RMSE）來判斷。

9.2.3 小波去除雜訊案例分析

前面對小波技術的原理、去除雜訊方法進行了介紹，下面透過幾個例子來演示其經典應用。

【例 9-1】使用 pywt.threshold 函數進行閾值去雜訊處理。

```
>>> # 使用小波分析進行閾值去雜訊，使用 pywt.threshold
...import pywt
>>> import numpy as np
>>> import pandas as pd
>>> import matplotlib.pyplot as plt
>>> import math
>>> data = np.linspace(1, 10, 10)
>>> print(' 創建的資料為：\n',data)
```

創建的資料為：

```
[ 1.  2.  3.  4.  5.  6.  7.  8.  9. 10.]
>>>
>>> """pywt.threshold(data, value, mode, substitute) mode 模式有 4 種，soft,
hard, greater, less; substitute 是替換值 """
'pywt.threshold(data, value, mode, substitute) mode 模式有 4 種，soft, hard,
greater, less; substitute 是替換值 '
>>> data_soft = pywt.threshold(data=data, value=6, mode='soft', substitute=12)
>>> print(' 將小於 6 的值設定為 12，大於等於 6 的值全部減去 6:\n',data_soft)
將小於 6 的值設定為 12，大於等於 6 的值全部減去 6:
 [12. 12. 12. 12. 12.  0.  1.  2.  3.  4.]
>>> data_hard = pywt.threshold(data=data, value=6, mode='hard', substitute=12)
>>> print(' 將小於 6 的值設定為 12，其餘的值不變 :\n',data_hard)
將小於 6 的值設定為 12，其餘的值不變：
 [12. 12. 12. 12. 12.  6.  7.  8.  9. 10.]
>>> data_greater = pywt.threshold(data, 6, 'greater', 12)
>>> print(' 將小於 6 的值設定為 12，大於等於閾值的值不變化 :\n',data_greater)
將小於 6 的值設定為 12，大於等於閾值的值不變化：
 [12. 12. 12. 12. 12.  6.  7.  8.  9. 10.]
>>> data_less = pywt.threshold(data, 6, 'less', 12)
>>> print(' 將大於 6 的值設定為 12，小於等於閾值的值不變 :\n',data_less)
將大於 6 的值設定為 12，小於等於閾值的值不變：
 [ 1.  2.  3.  4.  5.  6. 12. 12. 12. 12.]
```

【例 9-2】在 Python 中使用 ecg 心電訊號進行小波去除雜訊。

```
#-*-coding:utf-8-*-
import matplotlib.pyplot as plt
import pywt
import math
import numpy as np

plt.rcParams['font.sans-serif'] =['SimHei']    # 顯示中文標籤
# 獲取資料
ecg=pywt.data.ecg()    # 生成心電訊號
index=[]
data=[]
coffs=[]

for i in range(len(ecg)-1):
    X=float(i)
    Y=float(ecg[i])
    index.append(X)
    data.append(Y)
# 創建小波物件並定義參數
w=pywt.Wavelet('db8')# 選用 Daubechies8 小波
maxlev=pywt.dwt_max_level(len(data),w.dec_len)
print("maximum level is"+str(maxlev))
threshold=0    #閾值過濾

# 分解成小波長區分量，到選定的層次：
coffs=pywt.wavedec(data,'db8',level=maxlev)  # 將訊號進行小波分解
for i in range(1,len(coffs)):
    coffs[i]=pywt.threshold(coffs[i],threshold*max(coeffs[i]))
datarec=pywt.waverec(coffs,'db8')# 將訊號進行小波重構
mintime=0
maxtime=mintime+len(data)
print(mintime,maxtime)
plt.figure()
plt.subplot(3,1,1)
plt.plot(index[mintime:maxtime], data[mintime:maxtime])
plt.xlabel(' 時間 (s)')
plt.ylabel(' 微伏 (uV)')
```

```
plt.title(" 原始訊號 ")
plt.subplot(3, 1, 2)
plt.plot(index[mintime:maxtime], datarec[mintime:maxtime])
plt.xlabel(' 時間 (s)')
plt.ylabel(' 微伏 (uV)')
plt.title(" 利用小波技術去除雜訊訊號 ")
plt.subplot(3, 1, 3)
plt.plot(index[mintime:maxtime],data[mintime:maxtime]-datarec[mintime:maxtime])
plt.xlabel(' 時間 (s)')
plt.ylabel(' 誤差 (uV)')
plt.tight_layout()
plt.show()
```

運行程式，效果如圖 9-4 所示。

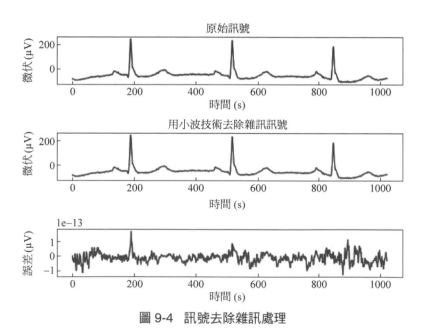

圖 9-4 訊號去除雜訊處理

9.3 圖型融合處理

圖型融合指透過對同一物件或同一場景用不同的感測器（或用同一感測器採用不同的方式）進行圖型擷取得到多幅圖型，對這些圖型進行合成得到單幅合成圖型，而該合成圖型是單傳器無法擷取得到的。圖型融合所輸出的合成圖型往往能夠保持多幅原始圖型中的關鍵資訊，進而對物件或場景進行更精確、更全面的分析和判斷提供條件。圖型融合屬於資料融合範圍，是資料融合的子集，兼具資料融合和圖型視覺化的優點。因此，圖型融合能夠在一定程度上提高感測器系統的有效性和資訊的使用效率，進而提高待分析物件的解析度，抑制不同感測器所產生的雜訊，改善影像處理的效果。

圖型融合主要應用於軍事國防上、遙測方面、醫學影像處理、機器人、安全和監控、生物監測等領域。用於較多也較成熟的是紅外和可見光的融合，在一副圖型上顯示多種資訊，突出物件。

本節選用選擇了一種以小波變換為基礎的圖像資料融合方法，首先透過小波變換將圖型分解到高頻、低頻，然後分別進行融合處理，最後逆變換到圖型矩陣。在小波分解的低頻域內，選擇對多來源圖型的低頻係數進行加權平均作融合小波的近似係數。在反變換過程中，利用重要小波係數和近似小波係數作輸入進行小波反變換。在融合圖型輸出後，對其做進一步的處理。實驗結果表明，以小波變換為基礎的圖像資料融合方法運行效率高，具有良好的融合效果，並可應用於廣泛的研究領域，具有一定的使用價值。

9.3.1 概述

傳統的透過直接計算像素算術平均值進行圖型融合的方法往往會造成融合結果對比度降低、視覺化效果不理想等問題，為此研究人員提出了以金字塔為基礎的圖型融合方法，其中包括拉普拉斯金字塔、金字塔等多解析度融合方法。20 世紀 80 年代中期發展起來的小波變換技術為圖型融合提供了新的工具，小波分解的緊致性、對稱性和正交性使其相對於金字塔分解具有更好的圖型融合性能。此外，小波變換具有「數學顯微鏡」聚焦的功能，能實現時間域和頻率域的步調統一，能對頻率域進行正交分解，因此小波變換在影像處理中具有非常廣泛的應用，已經被運用到影像處理的幾乎所有分支，如圖型融合、邊緣檢測、圖型壓縮、圖型分割等領域。

假設對一維連續小波 $\psi_{a,b}(t)$ 和連續小波變換 $W_f(a,b)$ 進行離散化，其中，a 表示尺度參數，b 表示平移參數，在離散化過程中分別取 $a=a_0^j$ 和 $b=b_0^j$，其中，$j \in Z$，$a_0 > 1$，則對應的離散小波函數為：

$$\psi_{j,k}(t) = \frac{1}{\sqrt{|a_0|}} \psi \left(\frac{t - ka_0^j b_0}{a_0^j} \right) = \frac{1}{\sqrt{|a_0|}} \psi(a_0^{-j}t - kb_0) \qquad （9\text{-}1）$$

離散化的小波變換係數為：

$$C_{j,k} = \int_{-\infty}^{+\infty} f(t)\psi_{j,k}^*(t)\mathrm{d}t \le f, \psi_{j,k} > 0 \qquad （9\text{-}2）$$

小波重構公式如下：

$$f(t) = C \sum_{-\infty}^{\infty} \sum_{-\infty}^{\infty} C_{j,k} \psi_{j,k}(t) \qquad （9\text{-}3）$$

式中，C 為常數且與資料訊號無關。根據對連續函數進行離散化逼近的步驟，選擇的 a_0 和 b_0 越小，生成的網格節點就越密集，所計算的離散小波函數 $\psi_{j,k}(t)$ 和離散小波係數 $C_{j,k}$ 就越多，資料訊號重構的精確度也越高。

由於數位圖型是二維矩陣，所以需要將一維訊號的小波變換推廣到二維訊號。假設 $\phi(x)$ 是一個一維的尺度函數，$\phi(x)$ 是對應的小波函數，那麼可以得到一個二維小波變換的基礎函數：

$$\psi^1(x, y) = \phi(x)\psi(y)$$
$$\psi^2(x, y) = \psi(x)\phi(y)$$
$$\psi^3(x, y) = \psi(x)\psi(y)$$

由於數位圖型是二維矩陣,一般假設圖型矩陣的大小為 $N \times N$,且 $N = 2^n$(n 為非負整數),在經過一層小波變換後,原始圖型便被分解為 4 個解析度為原來大小四分之一的子帶區域,如圖 9-2 所示,分別包含了對應頻帶的小波係數,這一過程相當於在水平方向和垂直方向上進行隔點取樣。

在進行下一層小波變換時,變換資料集中在 LL 子帶上。式(9-4)~(9-7)說明了圖型小波變換的數學原型。

(1)LL 頻帶保持了原始圖型的內容資訊,圖型的能量集中於此頻帶:

$$f_{2^j}^0(m, n) = \left\langle f_{2^{j-1}}(x, y) \; \phi(x - 2m, y - 2n) \right\rangle \qquad (9\text{-}4)$$

(2)HL 頻帶保持了圖型在水平方向上的高頻邊緣資訊:

$$f_{2^j}^1(m, n) = \left\langle f_{2^{j-1}}(x, y) \; \psi^1(x - 2m, y - 2n) \right\rangle \qquad (9\text{-}5)$$

(3)LH 頻帶保持了圖型在垂直方向上的高頻邊緣資訊:

$$f_{2^j}^2(m, n) = \left\langle f_{2^{j-1}}(x, y) \; \psi^2(x - 2m, y - 2n) \right\rangle \qquad (9\text{-}6)$$

(4)HH 頻帶保持了圖型在對角線方向上的高頻邊緣資訊:

$$f_{2^j}^3(m, n) = \left\langle f_{2^{j-1}}(x, y) \; \psi^3(x - 2m, y - 2n) \right\rangle \qquad (9\text{-}7)$$

式中,$\langle \bullet \rangle$ 表示內積運算。

對圖型進行小波變換的原理就是透過低通濾波器和高通濾波器對圖型進行卷積濾波,再進行二取一的下抽樣。因此,圖型透過一層小波變換可以被分解為 1 個低頻子帶和 3 個高頻子帶。其中，低頻子帶 LL_1 透過對圖型水平方向和垂直方向均進行低通濾波得到；高頻子帶 HL_1 透過對圖型水平方向進行低通濾波和對垂直方向進行高通濾波得到；高頻子帶 HH_1 透過對圖型水平方向進行高通濾波和垂直方向進行高通濾波得到。各子帶的解析度為原始圖型的二分之一。同理，對圖型進行二層小波變換時只對低頻子帶 LL 進行，可以將 LL_1 子帶分解為 LL_2、LH_2、HL_2 和 HH_2，各子帶的解析度為原始圖型的四分之一。依此類推可得到三層及更高層的小波變換結果。所以，進行一層小波變換後得到 4 個子帶，進行二層小波變換後得到 7 個子帶，進行 x 層分解後就得到 $3x+1$ 個子帶。如圖 9-5 所示為三層小波變換後的係數分佈。

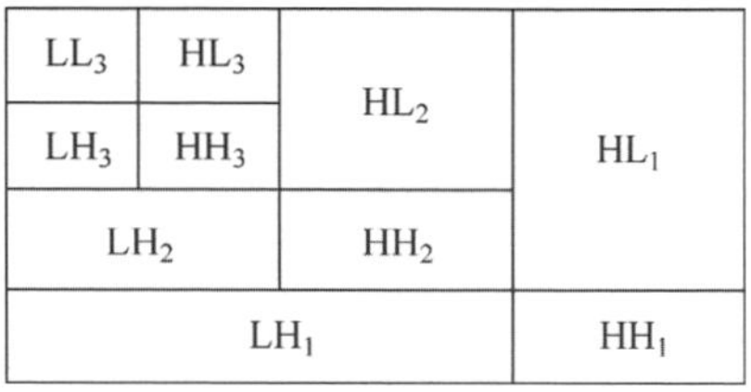

圖 9-5　三層小波變換後的係數分佈

9.3.2　小波融合案例分析

本案例採用哈爾小波變換對圖型進行融合處理。實現程式為：

```python
# -*- coding:utf-8 -*-
# 哈爾小波變換
import cv2
import numpy as np

imgA = cv2.imread("a.tif") # 載入圖片 A
imgB = cv2.imread("b.tif") # 載入圖片 B
heigh, wide, channel = imgA.shape # 獲取圖型的高、寬、通道數
""" 臨時變數、儲存哈爾小波處理後的資料 """
tempA1 = []
```

```
tempA2 = []
tempB1 = []
tempB2 = []
# 儲存 A 圖片小波處理後資料的變數
waveImgA = np.zeros((heigh, wide, channel), np.float32)
# 儲存 B 圖片小波處理後資料的變數
waveImgB = np.zeros((heigh, wide, channel), np.float32)
# 水平方向的哈爾小波處理，對圖片的 B、G、R 三個通道分別遍歷進行
for c in range(channel):
        for x in range(heigh):
                for y in range(0,wide,2):
                        # 將圖片 A 小波處理後的低頻儲存在 tempA1 中
                        tempA1.append((float(imgA[x,y,c])+ float(imgA[x,y+1,c]))/2)
                        # 將圖片 A 小波處理後的高頻儲存在 tempA2 中
                        tempA2.append((float(imgA[x,y,c])+ float(imgA[x,y+1,c]))/2 -
float(imgA[x,y,c]))
                        # 將圖片 B 小波處理後的低頻儲存在 tempB1 中
                        tempB1.append((float(imgB[x,y,c])+ float(imgB[x,y+1,c]))/2)
                        # 將圖片 B 小波處理後的高頻儲存在 tempB2 中
                        tempB2.append((float(imgB[x,y,c])+ float(imgB[x,y+1,c]))/2 -
float(imgB[x,y,c]))
                # 小波處理完圖片 A 每一個水平方向資料統一保存在 tempA1 中
                tempA1 = tempA1 + tempA2
                # 小波處理完圖片 B 每一個水平方向資料統一保存在 tempB1 中
                tempB1 = tempB1 + tempB2
                for i in range(len(tempA1)):
                        # 圖片 A 水平方向前半段儲存低頻，後半段儲存高頻
                        waveImgA[x,i,c] = tempA1[i]
                        # 圖片 B 水平方向前半段儲存低頻，後半段儲存高頻
                        waveImgB[x,i,c] = tempB1[i]
                tempA1 = []  # 當前水平方向資料處理完之後，臨時變數重置
                tempA2 = []
                tempB1 = []
                tempB2 = []
# 垂直方向哈爾小波處理，與水平方向同理
for c in range(channel):
        for y in range(wide):
                for x in range(0,heigh-1,2):
                        tempA1.append((float(waveImgA[x,y,c])+ float(waveImgA[x+1,y,c]))/2)
```

```
                  tempA2.append((float(waveImgA[x,y,c])+ float(waveImgA[x+1,y,c]))/2
- float(waveImgA[x,y,c]))
                  tempB1.append((float(waveImgB[x,y,c])+ float(waveImgB[x+1,y,c]))/2)
                  tempB2.append((float(waveImgB[x,y,c])+ float(waveImgB[x+1,y,c]))/2
- float(waveImgB[x,y,c]))
              tempA1 = tempA1 + tempA2
              tempB1 = tempB1 + tempB2
              for i in range(len(tempA1)):
                  waveImgA[i,y,c] = tempA1[i]
                  waveImgB[i,y,c] = tempB1[i]
              tempA1 = []
              tempA2 = []
              tempB1 = []
              tempB2 = []
```

求以 x,y 為中心的 5x5 矩陣的方差,"//" 在 python3 中表示整除,沒有小數,"/" 在
python3 中會有小數,python2 中 "/" 即可,"//" 也行,都表示整除

```
varImgA = np.zeros((heigh//2, wide//2, channel), np.float32) # 將圖型 A 中低頻
```
資料求方差之後儲存的變數
```
varImgB = np.zeros((heigh//2, wide//2, channel), np.float32) # 將圖型 B 中低頻
```
資料求方差之後儲存的變數
```
for c in range(channel):
      for x in range(heigh//2):
            for y in range(wide//2):
                # 對圖片邊界（或臨近）的像素點進行處理
                if x - 3    <0:
                        up      =    0
                else:
                        up      =    x - 3
                if x + 3    >    heigh//2:
                        down    =    heigh//2
                else:
                        down    =    x + 3
                if y - 3    <0:
                        left    =    0
                else:
                        left    =    y - 3
                if y + 3    >    wide//2:
                        right   =    wide//2
                else:
```

```
                        right    =    y + 3
            # 求圖片 A 以 x,y 為中心的 5x5 矩陣的方差，mean 表示平均值，var 表示方差
                meanA, varA = cv2.meanStdDev(waveImgA[up:down,left:right,c])
                # 求圖片 B 以 x,y 為中心的 5x5 矩陣的方差，
                meanB, varB = cv2.meanStdDev(waveImgB[up:down,left:right,c])
                varImgA[x,y,c] = varA # 將圖片 A 對應位置像素的方差儲存在變數中
                varImgB[x,y,c] = varB # 將圖片 B 對應位置像素的方差儲存在變數中
# 求兩圖的權重
weightImgA = np.zeros((heigh//2, wide//2, channel), np.float32) # 圖型 A 儲存
權重的變數
# 圖型 B 儲存權重的變數
weightImgB = np.zeros((heigh//2, wide//2, channel), np.float32)
for c in range(channel):
        for x in range(heigh//2):
            for y in range(wide//2):
                # 分別求得圖片 A 與圖片 B 的權重
                weightImgA[x,y,c] = varImgA[x,y,c] / (varImgA[x,y,c]+varImgB
[x,y,c]+0.00000001)
                #"0.00000001" 防止零除
                weightImgB[x,y,c] = varImgB[x,y,c] / (varImgA[x,y,c]+varImgB
[x,y,c]+0.00000001)

# 進行融合，高頻──係數絕對值最大化，低頻──局部方差準則
reImgA = np.zeros((heigh, wide, channel), np.float32) # 圖型融合後的儲存資料的
變數
reImgB = np.zeros((heigh, wide, channel), np.float32) # 臨時變數
for c in range(channel):
        for x in range(heigh):
            for y in range(wide):
                if x < heigh//2 and y < wide//2:
                        # 對兩張圖片低頻的地方進行權值融合資料
                        reImgA[x,y,c] = weightImgA[x,y,c]*waveImgA[x,y,c]  +
weightImgB[x,y,c]*waveImgB[x,y,c]
                else:
                        # 對兩張圖片高頻的進行絕對值係數最大規則融合
                        reImgA[x,y,c] = waveImgA[x,y,c] if
abs(waveImgA[x,y,c]) >= abs(waveImgB[x,y,c]) else waveImgB[x,y,c]

# 由於是先進行水平方向小波處理，因此重構是先進行垂直方向
```

```
# 垂直方向進行重構
for c in range(channel):
        for y in range(wide):
            for x in range(heigh):
                if x%2 == 0:
                            # 根據哈爾小波原理，將重構後的資料儲存在臨時變數中
                            reImgB[x,y,c] = reImgA[x//2,y,c] - reImgA[x//2 +
heigh//2,y,c]
                else:
                            # 圖片的前半段是低頻後半段是高頻，除以 2 餘數為 0 相減，不為 0 相加
                            reImgB[x,y,c] = reImgA[x//2,y,c] + reImgA[x//2 +
heigh//2,y,c]

# 水平方向進行重構，與垂直方向同理
for c in range(channel):
        for x in range(heigh):
            for y in range(wide):
                if y%2 ==0:
                            reImgA[x,y,c] = reImgB[x,y//2,c] - reImgB[x,y//2 +
wide//2,c]
                else:
                            reImgA[x,y,c] = reImgB[x,y//2,c] + reImgB[x,y//2 +
wide//2,c]

cv2.imshow("reImg", reImgA.astype(np.uint8))
cv2.waitKey(0)
cv2.destroyAllWindows()
```

運行程式，如圖 9-6 所示。

(a) 原始圖型 a   (b) 原始圖型 b   (c) 融合效果

圖 9-6　小波技術融合效果

由圖 9-6 的融合效果可以看出，小波技術的融合效果非常好。以小波變換為基礎的融合圖型彌補了兩幅原圖不同的缺陷，獲得了完整的清晰圖型。採用小波分解融合的方法不會產生明顯的資訊遺失現象。

Memo

圖型壓縮與分割處理

一幅普通的未經壓縮的圖型可能需要佔幾百萬位元組的儲存空間，一個時長僅為 1 秒的未經壓縮的視訊檔案所佔的儲存空間甚至能達到上百百萬位元組，這給普通 PC 的儲存空間和常用網路的傳輸頻寬帶來了巨大的壓力。其中，靜止圖型是不同媒體的建構基礎，壓縮不僅是各種媒體壓縮和傳輸的基礎，其壓縮效果也是影響媒體壓縮效果好壞的關鍵因素。以這種考慮為基礎，本章節主要研究靜止圖型的壓縮技術。

人們對圖型壓縮技術越來越重視，目前已經提出了多種壓縮編碼方法。如果以不同種類的媒體資訊為處理物件，則每種壓縮編碼方法都有其自身的優勢和特點，如編碼複雜度和運行效率的改善、解碼正確性的提高、圖型恢復的品質提升等。特別是，隨著網際網路品質的不斷增加，高效能資訊檢索的品質也與壓縮編碼方法存在越來越緊密的聯繫。從發展的現狀來看，採用分形和小波混合圖型編碼的方法能充分發揮小波和分形編碼的特點，彌補相互的不足之處，因此成為圖型壓縮的重要研究方向，但是依然存在某些不足之處，有待進一步提高。

本章主要學習利用 SVD 壓縮圖型、PCA 壓縮圖型和 K-means 壓縮圖型。

10.1 SVD 圖型壓縮處理

奇異值分解（singular value decomposition，SVD）在影像處理中具有重要應用。奇異值分解能夠簡潔資料，去除雜訊和容錯資料。其實也是一種降維方法，將資料映射到低維空間。它是線性代數中一種重要的矩陣分解，在訊號處理、統計學等領域有重要應用。

10.1.1 特徵分解

特徵值分解和奇異值分解兩者具有很緊密的關係，特徵值分解和奇異值分解的目的都是一樣，就是提取出一個矩陣最重要的特徵。

1. 實對稱矩陣

在了解奇異值分解之前,需要回顧一下特徵分解如果矩陣 A 是一個 $n×m$ 的對稱矩陣(即 $A=A^T$),那麼它可以被分解以下的形式:

$$A = Q\sum Q^T = Q\begin{bmatrix} \lambda_1 & \cdots & \cdots & \cdots \\ \cdots & \lambda_2 & \cdots & \cdots \\ \vdots & \vdots & \ddots & \vdots \\ \cdots & \cdots & \cdots & \lambda_m \end{bmatrix} Q^T \qquad (10\text{-}1)$$

其中,Q 為標準正交陣,即有 $QQ^T=I$,$\sum$ 為對角矩陣,且上面的矩陣的維度均為 $m×m$。λ_i 稱為特徵值,q_i 是 Q(特徵矩陣)中的列向量,稱為特徵向量。

注意:I 在這裡表示單位陣,有時候也用 E 表示單位陣。簡單地有以下關係:

$$Aq_i = \lambda_i q_i, \quad q_i^T q_j = 0(i \neq j)$$

2. 一般矩陣

上面的特徵分解,對矩陣具有較高的要求,它需要被分解的矩陣 A 為實對稱矩陣,但是現實中,我們所遇到的問題一般不是實對稱矩陣。那麼當我們碰到一般性的矩陣,即有 $m×n$ 的矩陣 A,它是否能被分解成式(10-1)的形式呢?當然是可以的,這就是我們下面要討論的內容。

10.1.2 奇異值分解

1. 奇異值分解定義

有一個 $m×n$ 的實數矩陣 A,我們想要把它分解成以下的形式:

$$A = U\sum V^T$$

其中，U 和 V 均為單位正交陣，即有 $UU^T=I$ 和 $VV^T=I$，U 稱為左奇異矩陣，V 僅在主對角線上有值，我們稱之為奇異值，其他元素均為 0。上面矩陣的維度分別為 $U=R^{m \times m}$，$\Sigma = R^{m \times m}$，$V \in R^{n \times n}$。

一般地 Σ 有以下形式：

$$\Sigma = \begin{bmatrix} \sigma_1 & 0 & 0 & 0 & 0 \\ 0 & \sigma_2 & 0 & 0 & 0 \\ 0 & 0 & \ddots & 0 & 0 \\ 0 & 0 & 0 & 0 & \ddots \end{bmatrix}_{m \times n}$$

其分解過程用圖形表示如圖 10-1 所示。

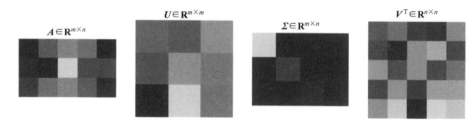

圖 10-1 奇異值分解過程圖

對於奇異值分解，可以利用上面的圖 10-1 形象表示，圖中方塊的顏色表示值的大小，顏色越淺，值越大。對於奇異值矩陣 Σ，只有其主對角線有奇異值，其餘均為 0。

2. 奇異值求解

正常求上面的 U, V, Σ 非常困難，可以利用以下性質：

$$AA^T = U \sum V^T V \sum{}^T U^T = U \sum \sum{}^T U^T \qquad （10\text{-}2）$$

$$A^T A = V \sum{}^T U^T U \sum V^T = V \sum{}^T \sum V^T \qquad （10\text{-}3）$$

需要指出的是,這裡 $\Sigma\Sigma^T$ 與 $\Sigma^T\Sigma$ 在矩陣的角度上來講,它們是不相等的,因為它們的維數不同 $\Sigma\Sigma^T \in R^{m\times m}$,而 $\Sigma^T\Sigma \in R^{n\times n}$,但是它們在主對角線的奇異值是相等的,即有:

$$\Sigma\Sigma^T = \begin{bmatrix} \sigma_1^2 & 0 & 0 & 0 \\ 0 & \sigma_2^2 & 0 & 0 \\ 0 & 0 & \ddots & 0 \\ 0 & 0 & 0 & \ddots \end{bmatrix}_{m\times m} , \quad \Sigma = \begin{bmatrix} \sigma_1^2 & 0 & 0 & 0 \\ 0 & \sigma_2^2 & 0 & 0 \\ 0 & 0 & \ddots & 0 \\ 0 & 0 & 0 & \ddots \end{bmatrix}_{n\times n}$$

可以看到式(10-2)與式(10-1)的形式非常相同,進一步分析,可以發現 AA^T 和 A^TA 也是對稱矩陣,那麼可以用式(10-1)做特徵分解。利用式(10-2)做特徵分解,得到的特徵矩陣即為 U;利用式(10-3)做特徵值分解,得到的特徵矩陣即為 V;對 $\Sigma\Sigma^T$ 或 $\Sigma^T\Sigma$ 中的特徵值開方,可以得到所有的奇異值。

10.1.3 奇異值分解應用

假設現在有矩陣 A,需要對其做奇異值分解,已知,

$$A = \begin{bmatrix} 1 & 5 & 7 & 6 & 1 \\ 2 & 1 & 10 & 4 & 4 \\ 3 & 6 & 7 & 5 & 2 \end{bmatrix}$$

那麼可以求出 AA^T 和 A^TA 如下:

$$AA^T = \begin{bmatrix} 112 & 105 & 114 \\ 105 & 137 & 110 \\ 114 & 110 & 123 \end{bmatrix} , \quad A^TA = \begin{bmatrix} 14 & 25 & 48 & 29 & 15 \\ 25 & 62 & 87 & 64 & 21 \\ 48 & 87 & 198 & 117 & 61 \\ 29 & 64 & 117 & 77 & 32 \\ 15 & 21 & 61 & 32 & 21 \end{bmatrix}$$

分別對上面做特徵值分解,得到以下結果:

```
U =
[[-0.55572489, -0.72577856,  0.40548161],
 [-0.59283199,  0.00401031, -0.80531618],
 [-0.58285511,  0.68791671,  0.43249337]]

V =
[[-0.18828164, -0.01844501,  0.73354812,  0.65257661,  0.06782815],
 [-0.37055755, -0.76254787,  0.27392013, -0.43299171, -0.17061957],
 [-0.74981208,  0.4369731 , -0.12258381, -0.05435401, -0.48119142],
 [-0.46504304, -0.27450785, -0.48996859,  0.3950 0307,  0.58837805],
 [-0.22080294,  0.38971845,  0.36301365, -0.47715843,  0.62334131]]
```

下面透過幾個案例來演示利用 Python 實現 SVD 壓縮圖型。

【例 10-1】 按照灰階圖片進行壓縮。

```python
#-*- coding: utf-8 -*
import numpy as np
from PIL import Image
import matplotlib.pyplot as plt
def svd_restore(sigma, u, v, K):
    K = min(len(sigma)-1, K)        # 當 K 超過 sigma 的長度時會造成越界
    print(' 現在用 %d 等級恢復圖型 '% K)
    m = len(u)
    n = v[0].size
    SigRecon = np.zeros((m, n)) # 新建一 int 矩陣,儲存恢復的灰階圖像素
    for k in range(K+1):     # 計算 X=u*sigma*v
        for i in range(m):
            SigRecon[i] += sigma[k] * u[i][k] * v[k]
    # 計算得到的矩陣還是 float 型,需要將其轉化為 uint8 以轉為圖片
    SigRecon = SigRecon.astype('uint8')
    Image.fromarray(SigRecon).save("svd_" + str(K)+ "_" +image_file) # 保存
灰階圖

image_file = u'frog.jpg'
if __name__ == '__main__':
    im = Image.open(image_file)      # 打開影像檔
```

```
im = im.convert('L')              # 將原圖型轉化為灰階圖
im.save("Gray_" + image_file)     # 保存灰階圖

w, h = im.size                    # 得到原圖的長與寬
# 新建一 int 矩陣，儲存灰階圖各像素點數據
dt = np.zeros((w, h), 'uint8')
# 逐像素點複製，由於直接對 im.getdata() 進行資料類型轉換會有偏差
for i in range(w):
    for j in range(h):
        dt[i][j] = im.getpixel((i, j))
# 複製過來的圖型是原圖的翻轉，因此將其再次翻轉到正常角度
dt = dt.transpose()
u, sigma, v = np.linalg.svd(dt)   # 呼叫 numpy 函數庫進行 SVM
u = np.array(u)                   # 轉為 array 格式，方便進行乘法運算
v = np.array(v)                   # 同上
for k in [1, 10, 30, 50, 80, 100, 150, 200, 300, 500]:
    svd_restore(sigma, u, v, k)   # 使用前 k 個奇異值進行恢復
```

運行程式，輸出如下，效果如圖 10-2 所示。
現在用 1 等級恢復圖型
現在用 10 等級恢復圖型
現在用 30 等級恢復圖型
現在用 50 等級恢復圖型
現在用 80 等級恢復圖型
現在用 100 等級恢復圖型
現在用 150 等級恢復圖型
現在用 200 等級恢復圖型
現在用 300 等級恢復圖型
現在用 499 等級恢復圖型

(a) 原始圖型　　(b) 灰階圖型　　(c) 等級為 1 壓縮圖型　(d) 等級為 10 壓縮圖型

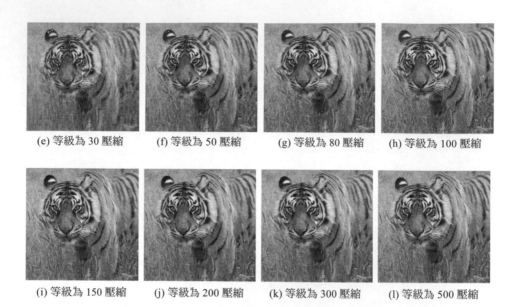

(e) 等級為 30 壓縮　　(f) 等級為 50 壓縮　　(g) 等級為 80 壓縮　　(h) 等級為 100 壓縮

(i) 等級為 150 壓縮　　(j) 等級為 200 壓縮　　(k) 等級為 300 壓縮　　(l) 等級為 500 壓縮

圖 10-2 灰階圖型壓縮效果

從圖 10-2 可看出，等級太低時壓縮圖型非常模糊，等級高時壓縮圖型效果較好。

【例 10-2】按照彩色圖片進行壓縮。

```
#-*- coding: utf-8 -*
from PIL import Image
import numpy as np
def rebuild_img(u, sigma, v, p):#p 表示奇異值的百分比
    m = len(u)
    n = len(v)
    a = np.zeros((m, n))
    count = (int)(sum(sigma))
    curSum = 0
    k = 0
    print(sigma[0:2],count* p)
    while curSum <= count * p:
        uk = u[:,k].reshape(m, 1)
        vk = v[k].reshape(1, n)
```

```
        a += sigma[k] * np.dot(uk, vk)
        curSum += sigma[k]
        k += 1

    print('k:',k )
    a[a < 0] = 0
    a[a > 255] = 255
    # 按照最近距離取整數，並設定參數類型為 uint8
    return np.rint(a).astype("uint8")
if __name__ == '__main__':
    img = Image.open(u'frog.jpg', 'r')
    a = np.array(img)
    for p in np.arange(0.1, 1, 0.1):
        u, sigma, v = np.linalg.svd(a[:,:,0])
        R = rebuild_img(u, sigma, v, p)
        u, sigma, v = np.linalg.svd(a[:,:,1])
        G = rebuild_img(u, sigma, v, p)
        u, sigma, v = np.linalg.svd(a[:,:,2])
        B = rebuild_img(u, sigma, v, p)
        I = np.stack((R, G, B), 2)
        # 保存圖片在 img 資料夾下
        Image.fromarray(I).save("svd_" + str(int(p * 100))+ ".jpg")
```

運行程式，輸出如下，效果如圖 10-3 所示。

```
[66414.28487596  7356.75670103] 28533.0
k: 1
[60841.90582444  7845.58175309] 27373.800000000003
k: 1
[45981.42164062  6795.33656086] 25516.600000000002
......
k: 189
[60841.90582444  7845.58175309] 246364.2
k: 193
[45981.42164062  6795.33656086] 229649.4
k: 201
```

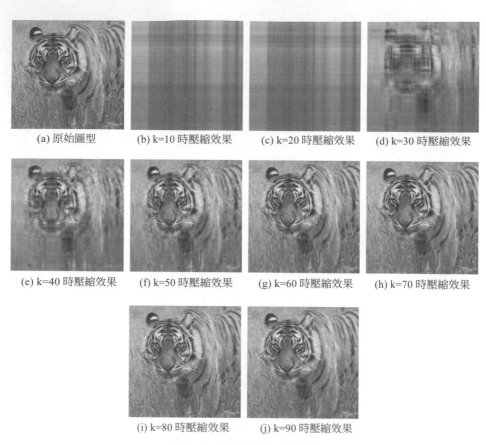

(a) 原始圖型　(b) k=10 時壓縮效果　(c) k=20 時壓縮效果　(d) k=30 時壓縮效果

(e) k=40 時壓縮效果　(f) k=50 時壓縮效果　(g) k=60 時壓縮效果　(h) k=70 時壓縮效果

(i) k=80 時壓縮效果　(j) k=90 時壓縮效果

圖 10-3 彩色圖片壓縮效果

由圖 10-3 可以看到，當 k 的值取 10 時，壓縮效果非常差，當 k=90 時，壓縮效果也原圖型基本一致，效果非常好。

【例 10-3】利用 Matplotlib 展示壓縮前後比較（灰階）。

```
#-*- coding: utf-8 -*
import numpy as np
from scipy import ndimage
import matplotlib.pyplot as plt
plt.rcParams['font.sans-serif'] =['SimHei']   # 顯示中文標籤

def pic_compress(k, pic_array):
```

```
    u, sigma, vt = np.linalg.svd(pic_array)
    sig = np.eye(k) * sigma[: k]
    new_pic = np.dot(np.dot(u[:,:k], sig), vt[:k, :])   # 還原圖型
    size = u.shape[0] * k + sig.shape[0] * sig.shape[1] + k * vt.shape[1]
# 壓縮後大小
    return new_pic, size

filename = u"frog.jpg"
ori_img = np.array(ndimage.imread(filename, flatten=True))
new_img, size = pic_compress(100, ori_img)
print(" 原始圖型大小 :" + str(ori_img.shape[0] * ori_img.shape[1]))
print(" 壓縮後圖型大小 :" + str(size))
fig, ax = plt.subplots(1, 2)
ax[0].imshow(ori_img)
ax[0].set_title(" 壓縮前 ")
ax[1].imshow(new_img)
ax[1].set_title(" 壓縮後 ")
plt.show()
```

運行程式，輸出如下，效果如圖 10-4 所示。

```
原始圖型大小 :250000
壓縮後圖型大小 :110000
```

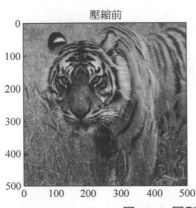 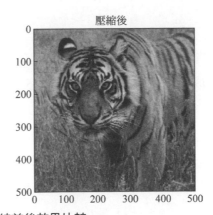

圖 10-4 圖型壓縮前後效果比較

10.2 PCA 圖型壓縮處理

在 10.1 節介紹了利用 SVD 圖型壓縮處理，由案例分析的效果可看出，當奇異值取一定值時，壓縮後的圖型與原始圖型效果看起來效果相差不大。本節將介紹利用 PCA 實現圖型壓縮處理。

10.2.1 概述

主成分分析是一種透過降維技術把多個純量轉化為少數幾個主成分的多元統計方法，這些主成分能夠反映原始的大部分資訊，通常被表示為原始變數的線性組合。為了使這些主成分分析包含的資訊互不重疊，要求各主成分之間互不相關。

主成分分析能夠有效減少資料的維度，並使提取的成分與原始資料的誤差達到均方最小，可用於資料的壓縮和模式辨識的特徵提取。本章透過採用主成分分析去除了圖像資料的相關性，將圖型資訊濃縮到幾個主成分的特徵圖型中，有效地實現了圖型的壓縮。

10.2.2 主成分降維原理

主成分分析在很多領域都具有廣泛的應用，一般而言，當研究的問題涉及很多變數，並且變數間相關性明顯，即包含的資訊有所重疊時，可以考慮用主成分分析的方法，這樣更容易抓住事物的主要矛盾，使問題得到簡化。

設 $X=[X_1, X_2, \cdots, X_p]^T$ 是一個 ρ 維隨機向量，記 $u=E(X)$ 和 $\Sigma=D(X)$，且 Σ 的 ρ 個特徵值 $\lambda_1 \geq \lambda_2 \geq \cdots \geq \lambda_p$ 對應的特徵向量為 $t_1, t_2 \cdots, t_p$，即，

$$\Sigma t_i = \lambda_i t_i \ , \ t_i^T t_i = 1 \ , \ t_i^T t_j = 0 \ , \ (\ i \neq j; i, j = 1, 2, \cdots, p \ ) \quad （10\text{-}4）$$

並做以下線性變換：

$$\begin{bmatrix} Y_1 \\ Y_2 \\ \vdots \\ Y_n \end{bmatrix} = \begin{bmatrix} L_1 & \cdots & L_{1p} \\ \vdots & \ddots & \vdots \\ L_{n1} & \cdots & L_p \end{bmatrix} \begin{bmatrix} X_1 \\ X_2 \\ \vdots \\ X_p \end{bmatrix} = \begin{bmatrix} L_1^T \\ L_2^T \\ \vdots \\ L_n^T \end{bmatrix} X \ , \ \ (n \le p) \qquad （10\text{-}5）$$

如果希望使用 $Y=[Y_1, Y_2, \cdots, Y_p]^T$ 來描述 $X=[X_1, X_2, \cdots, X_p]^T$，則要求 Y 盡可能多地反映 X 向量的資訊，也就是 Y_i 的方差 $D(Y_i)=L_i^T \sum L_i$ 越大越好。另外，為了更有效地表達原始資訊，Y_i 和 Y_j 不能包含重複的內容，即 $\mathrm{cov}(Y_i, Y_j)$ $=L_i^T \sum L_j = 0$。可以證明，當 $L_i=t_i$ 時，$D(Y_i)$ 取最大值，且最大值為 λ_i，同時 Y_i 和 Y_j 滿足正交條件。

10.2.3 分矩陣重建樣本

在實際問題中，整體 X 的協方差矩陣往往是未知的，需要由樣本進行估計，設 $X_1, X_2, \ldots, X_n$ 來自整體 X 的樣本，其中 $X_i=[X_{i1}, X_{i2}, \ldots, X_p]^T$，則樣本觀測矩陣為，

$$X = \begin{bmatrix} X_1^T \\ X_2^T \\ \vdots \\ X_n^T \end{bmatrix} = \begin{bmatrix} X_1 & X_2 & \cdots & X_{1p} \\ X_2 & X_2 & \cdots & X_{2p} \\ \vdots & \vdots & \ddots & \vdots \\ X_{n1} & X_{n2} & \cdots & X_p \end{bmatrix} \qquad （10\text{-}6）$$

X 矩陣中每行都對應一個樣本，每列都對應一個變數，則樣本協方差矩陣 S 和相關係數矩陣 R 分別為：

$$S = \frac{1}{n} \sum_{i=1}^{n} (X_i - \overline{X})(X_i - \overline{X})^T = (S_j) \qquad （10\text{-}7）$$

$$R = (R_{ij}) , \quad R_{ij} = \frac{S_{ij}}{\sqrt{S_{ii}S_{jj}}}$$

定義樣本 X_i 的第 j 個主成分得分為 $SCORE(i,j)=X_i^T t_j$，寫成矩陣的形式為：

$$SCORE = \begin{bmatrix} X_1^T \\ X_2^T \\ \vdots \\ X_n^T \end{bmatrix} [t_1 \quad t_2 \quad \cdots \quad t_p] = XT \qquad （10\text{-}8）$$

對式（10-8）進行求逆，可以從得分矩陣重構原始樣本：

$$X = SCORE \bullet T^{-1} = SCORE \bullet T^T$$

在大部分的情況下，主成分分析只會選擇前 m 個主成分來逼近原樣本。

10.2.4 主成分分析圖型壓縮

採用主成分分析時，需要將圖型分割成很多子區塊，將這些子區塊作為樣本，並假設這些樣本具有共同的成分並存在相關性。

假如圖型陣列 I 的大小為 256×576，子區塊大小為 16×8，那麼 I 可以劃分為（256/16）×（576/8）=1152 子區塊（樣本），每個樣本都包含 16×8=128 個元素，將每個樣本都伸展成一個行向量，然後將 1152 個樣本按列組裝成 1152×128 的樣本矩陣，記為 X，則 X 的每一行都對應一個樣本（子區塊），每一列都對應不同子區塊上同一位置的像素（變數）。

由圖型的特點可知，每個子區塊上相鄰像素點的灰階值都具有一定的相似性，所以 X 的列和列之間具有一定的相關性。如果把 X 的每一列都看作一個變數，則變數之間的資訊有所重疊，可以透過主成分分析進行降維處理，進而實現圖型壓縮。

注意：圖型 Matrix 格式必須轉為 uint8 格式，否則使用 cv2.imshow 日

型不能正常顯示。但是，強制類型轉化後會遺失資訊，比如將 6. 變成

10.2.5 主成分壓縮圖型案例分析

前面對主成分的原理、重建、壓縮分析等知識進行了介紹，本節透過案例來分析利用 PCA 實現主成分壓縮處理。

利用主成分壓縮圖型的步驟為：

（1）分別求每個維度的平均值，然後對於所有的範例，都減去對應維度的平均值，得到去中心化的資料；

（2）求協方差矩陣 C，用去中心化的資料矩陣乘上它的轉置，然後除以 $(N-1)$ 即可，N 為樣本數量；

（3）求協方差的特徵值和特徵向量；

（4）將特徵值按照從大到小排序，選擇前 k 個，然後將其對應的 k 個特徵向量分別作為列向量組成特徵向量矩陣；

（5）將樣本點從原來維度投影到選取的 k 個特徵向量，得到低維資料；

（6）透過逆變換，重構低維資料，進行復原。

【例 10-4】利用 PCA 壓縮圖型。

```
import cv2
```

（1）創建 eigValPct(eigVals, percentage)

透過方差的百分比來計算將資料降到多少維。函數傳入的參數是特徵值 eigVals 和百分比 percentage，返回需要降到的維度數 num。

```
def eigValPct(eigVals, percentage):
    sortArray=np.sort(eigVals)[::-1] #特徵值從大到小排序
    pct = np.sum(sortArray)*percentage
    tmp = 0
    num = 0
    for eigVal in sortArray:
        tmp += eigVal
        num += 1
        if tmp>=pct:
```

```
                return num
```

（2）創建 im_PCA(dataMat, percentage=0.9)

函數有兩個參數，其中 dataMat 是已經轉換成矩陣 matrix 形式的資料集，
每列表示一個維度；percentage 表示取前多少個特徵需要達到的方差佔比，
預設為 0.9。

值得注意的是，np.cov(dataMat, rowvar=False) 按照 rowvar 的預設值，會
把一行當成一個特徵，一列當成一個樣本。

```
def im_PCA(dataMat, percentage=0.9):
    meanVals = np.mean(dataMat, axis=0)
    meanRemoved = dataMat - meanVals
    # 這裡不管是對去中心化資料或原始資料計算協方差矩陣，結果都一樣，特徵值大小會變，
但相對大小不會改變
    # 標準的計算需要除以 (dataMat.shape[0]-1)，不算也不會影響結果，理由同上
    covMat = np.dot(np.transpose(meanRemoved), meanRemoved)
    eigVals, eigVects = np.linalg.eig(np.mat(covMat))
# 要達到方差的百分比 percentage，需要前 k 個向量
    k = eigValPct(eigVals,percentage)
    print('K =', k)
    eigValInd = np.argsort(eigVals)[::-1] # 對特徵值 eigVals 從大到小排序
    eigValInd = eigValInd[:k]
    redEigVects = eigVects[:,eigValInd]    # 主成分
    lowDDataMat = meanRemoved*redEigVects # 將原始資料投影到主成分上得到新的低
維資料
lowDDataMat
    reconMat = (lowDDataMat*redEigVects.T)+meanVals    # 得到重構資料 reconMat
    return lowDDataMat, reconMat
```

注意：圖型 Matrix 格式必須轉為 uint8 格式，否則使用 cv2.imshow 時圖
型不能正常顯示。但是，強制類型轉化後會遺失資訊，比如將 6. 變成 5，

因為強制類型轉化是直接採用截斷二進位位元的方式。

```
img = cv2.imread('37.jpg')
blue = img[:,:,0]
dataMat = np.mat(blue)
lowDDataMat, reconMat = im_PCA(dataMat, 1)
print(' 原始資料 ', blue.shape, ' 降維資料 ', lowDDataMat.shape)
print(dataMat)
print(reconMat)
# 格式必須轉為 uint8 格式，這裡遺失了很多資訊
reconMat = np.array(reconMat, dtype='uint8')

cv2.imshow('blue', blue)
cv2.imshow('reconMat', np.array(reconMat, dtype='uint8'))
cv2.waitKey(0)
```

運行程式，輸出如下，效果如圖 10-5 所示。

```
K = None
原始資料 (520, 520) 降維資料 (520, 520)
[[140134136 ...60   46   38]
 [138137136 ...47   39   37]
 [139138138 ...38   35   35]
 ...
 [ 42   43   40 ...43   47   55]
 [ 43   39   40 ...46   52   58]
 [ 42   41   38 ...51   58   63]]
[[140. 134. 136. ...60.   46.   38.]
 [138. 137. 136. ...47.   39.   37.]
 [139. 138. 138. ...38.   35.   35.]
 ...
 [ 42.   43.   40. ...43.   47.   55.]
 [ 43.   39.   40. ...46.   52.   58.]
 [ 42.   41.   38. ...51.   58.   63.]]
[[140.00411948133.95486563136.06035666 ...60.03682403  45.97289596
    38.05354154]
 [137.91620416137.12541306135.88954152 ...46.92462222  39.02407632
    36.98266643]
 [139.03710332137.95003049138.05244265 ...37.84966776  35.06724627
```

```
      34.96304346]
 ...
 [42.01113436   43.05207312   39.95204401 ...43.13641772   46.97029808
   55.03459443]
 [43.02768587   39.01551348   40.03527399 ...45.91069511   52.08457714
   57.91200312]
 [41.99112319   40.98499414   37.98341385 ...50.98271676   58.01069591
   63.00991373]]
遺失資訊量：135244.0
原始資訊量：3642683855.0
資訊遺失率：3.712757005095629e-05
```

圖 10-5 PCA 壓縮圖型效果

10.3 K-Means 聚類圖像壓縮處理

K-Means 是一種應用很廣泛的聚類演算法。聚類，通俗地講就是「人以群分物以類聚」。K-Means 是怎麼實現聚類的呢？怎樣利用 K-Means 聚類實現圖型壓縮處理呢？下面我們以一個簡單的範例來説明它的工作原理。

10.3.1 K-Means 聚類演算法原理

K-Means 演算法首先從資料樣本中選取 K 個點作為初始聚類中心；其次計算各個樣本到聚類的距離，把樣本歸到離它最近的那個聚類中心所在的類別；然後計算新形成的每個聚類的資料物件的平均值來得到新的聚類中心;最後重複以上步驟,直到相鄰兩次的聚類中心沒有任何變化,說明樣本調整結束,聚類準則函數達到最佳。如圖 10-6 所示為 K-Means 聚類演算法的流程圖。

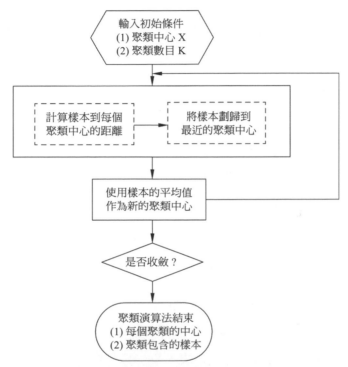

圖 10-6 K-Means 聚類演算法流程圖

10.3.2 K-Means 聚類演算法的要點

下面將對 K-Means 聚類的相似度量、迭代終止判斷條件、誤差平方和準則函數的評價聚類性能這幾個要點介紹。

1. K-Means 聚類相似度量

在計算資料樣本之間的距離時,可以根據實際需要選擇某種距離(歐氏距離、曼哈頓距離、絕對值距離、柴比雪夫距離等)作為樣本的相似性度量,其中最常用的是歐氏距離：

$$d(x_i, x_j) = \left\| (x_i - x_j) \right\| = (x_i - x_j)^T (x_i - x_j) = \sqrt{\sum_{k=1}^{n} (x_k, x_k)^2}$$

距離越小，樣本 x_i 和 x_j 越相似，差異度越小；距離越大，樣本 x_i 和 x_j 越不相似，差異度越大。

2. 迭代終止判斷條件

K-Means 演算法在每次迭代中都要檢查每個樣本的分類是否正確，如果不正確，則需要調整。在全部樣本都調整完畢後，再修改聚類中心，進入下一次迭代，直到滿足某個終止條件。

（1）不存在能重新分配給不同聚類的物件；

（2）聚類中心不再發生變化；

（3）誤差平方和準則函數局部最小。

3. 誤差平方和準則函數的評價聚類性能

假設指定資料集 X 包含 k 個聚類子集 $X_1, X_2, \cdots, X_n$，各個聚類子集中的樣本數量分別為 $n_1, n_2, \cdots, n_k$，各個聚類子集的聚類中心分別為 $u_1, u_2, \cdots, u_k$，則誤差平方和準則函數公式為：

$$E = \sum_{i=1}^{k} \sum_{p \in X_i} \left\| p - \mu_i \right\|^2$$

10.3.3 K-Means 聚類演算法的缺點

K-Means 聚類演算法是解決聚類問題的一種經典演算法，它簡單、快速，該演算法對於處理巨量資料集是相對可伸縮和高效率的，結果類是密集的，而在類與類之間區別明顯時，其效果較好。但是 K-Means 聚類演算法由於其演算法的局限性也存在以下缺點。

（1）K-Means 需要指定初始聚類中心來確定一個初始劃分，另外，對於不同的初始聚類中心，可能會導致不同的結果。

（2）K-Means 必須事先指定聚類數量，然而聚類的個數 K 值往往是難以估計的。可以透過類的自動合併和分裂，來得到合理的聚類數量 K，如 ISODATA 演算法在迭代過程中可將一個類一分為二，亦可將兩個類合二為一，即「自我組織」，這種演算法具有啟發式的特點。

（3）K-Means 對於「雜訊」和孤立很敏感，少量的該類資料能夠對平均值產生極大的影響。K-center 演算法不採用簇中的平均值作為參照點，可以選用類中處於中心位置的物件，即中心點作為參照點，從而解決 K-Means 演算法對於孤立點敏感的問題。

（4）K-Means 在類的平均值被定義的情況下才能使用，這對於處理符號屬性的資料不適用，如姓名、性別、學校等。K-Means 演算法實現了對離散資料點的快速聚類，可處理具有分類屬性等類型的資料。它採用差異度 D 來代替 K-Means 演算法中的距離，差異度越小，則表示距離越小。一個樣本和一個聚類中心的差異度就是它們各個屬性不相同的個數，屬性相同為 0，屬性不同為 1，並計算 1 的總和，因此 D 越大，兩者之間的不相關程度越強。

10.3.4 K-Means 聚類圖像壓縮案例分析

一張解析度為 100×100 的圖片，其實就是由 10000 個 RGB 值組成。所以我們要做的就是對於這 10000 個 RGB 值聚類成 K 個簇，然後使用每個簇內的質心點來替換簇內所有的 RGB 值，這樣在不改變解析度的情況下使用的顏色減少了，圖片大小也就會減小了。

前面對 K-Means 的原理、要點、缺點等相關概念進行了介紹，下面直接透過一個例子來演示其實現圖型壓縮效果。實現步驟為：

（1）匯入套件

```
import matplotlib.pyplot as plt
import seaborn as sns
from sklearn.cluster import KMeans   # 匯入 kmeans
from sklearn.utils import shuffle
import numpy as np
from skimage import io
import warnings
plt.rcParams['font.sans-serif'] =['SimHei']   # 顯示中文標籤
warnings.filterwarnings('ignore')
```

（2）圖片讀取

```
original = mpl.image.imread('frog.jpg')
width,height,depth = original.shape
temp = original.reshape(width*height,depth)
temp = np.array(temp, dtype=np.float64) / 255
```

圖型讀取完我們獲取到的其實是一個 width*height 的三維矩陣（width，height 是圖片的解析度）。

（3）訓練模型

```
original_sample = shuffle(temp, random_state=0)[:1000] # 隨機取 1000 個 RGB 值
作為訓練集
def cluster(k):
    estimator = KMeans(n_clusters=k,n_jobs=8,random_state=0)# 構造聚類器
    kmeans = estimator.fit(original_sample)# 聚類
    return kmeans
```

我們只隨機取了 1000 組 RGB 值作為訓練，k 表示聚類成 k 個簇，對於本文就是 K 種顏色。

（4）RGB 值轉化為圖型

```
def recreate_image(codebook, labels, w, h):
```

```
d = codebook.shape[1]
image = np.zeros((w, h, d))
label_idx = 0
for i in range(w):
    for j in range(h):
        image[i][j] = codebook[labels[label_idx]]
        label_idx += 1
return image
```

（5）聚類

我們選取了 32，64，128 三個 K 值來做比較：

```
kmeans = cluster(32)
labels = kmeans.predict(temp)
kmeans_32 = recreate_image(kmeans.cluster_centers_, labels,width,height)
kmeans = cluster(64)
labels = kmeans.predict(temp)
kmeans_64 = recreate_image(kmeans.cluster_centers_, labels,width,height)
kmeans = cluster(128)
labels = kmeans.predict(temp)
kmeans_128 = recreate_image(kmeans.cluster_centers_, labels,width,height)
```

（6）畫圖並保存

```
plt.figure(figsize = (15,10))
plt.subplot(2,2,1)
plt.axis('off')
plt.title(' 原始圖型 ')
plt.imshow(original.reshape(width,height,depth))
plt.subplot(2,2,2)
plt.axis('off')
plt.title(' 量化的圖型 (128 顏色 , K-Means)')
plt.imshow(kmeans_128)
io.imsave('kmeans_128.png',kmeans_128)
plt.subplot(2,2,3)
plt.axis('off')
plt.title(' 量化的圖型 (64 顏色 , K-Means)')
```

```
plt.imshow(kmeans_64)
io.imsave('kmeans_64.png',kmeans_64)
plt.subplot(2,2,4)
plt.axis('off')
plt.title(' 量化的圖型 (32 顏色， K-Means)')
plt.imshow(kmeans_32)
io.imsave('kmeans_32.png',kmeans_32)
plt.show()
```

運行程式，效果如圖 10-7 所示。

原始圖型

量化的圖型 (128 顏色, *K*-Means)

量化的圖型 (64 顏色, *K*-Means)

量化的圖型 (32 顏色, *K*-Means)

圖 10-7 K-Means 聚類實現圖型壓縮效果圖

10.4 K-Means 聚類實現圖型分割

K-Means 聚類演算法簡潔，具有很強的搜尋力，適合處理資料量大的情況，在資料採擷和影像處理領域中獲得了廣泛的應用。採用 K-Means 進行圖型分割，會將圖型的每個像素點的灰階或 RGB 作為樣本（特徵向量），因此整個圖型就組成了一個樣本集合（特徵向量空間），從而把圖型分割任務轉為對資料集合的聚類任務。然後，在此特徵空間中運用 K-Means 聚類演算法進行圖型區域分割，最後取出圖型區域的特徵。

舉例來說，對 512×256×3 的彩色圖型進行分割，則將每個像素點 RGB 值都作為一個樣本，最後將圖型陣列轉換成（512×256）×=131072×3 的樣本集合矩陣，矩陣中每一行都表示一個樣本（像素點的 RGB），總共包含 131072 個樣本，矩陣中的每一列都表示一個變數。從圖型中選擇幾個典型的像素點，將其 RGB 作為初始聚類中心，根據圖型上每個像素點 RGB 值之間的相似性，呼叫 K-Means 進行聚類分割。

採用 K-Means 聚類分析處理複雜圖型時，如果單純使用像素點的 RGB 值作為特徵向量，然後組成特徵向量空間，則演算法堅固性往往比較脆弱。在一般情況下，需要將圖型轉換到合適的彩色空間（如 Lab 或 HSL 等），然後取出像素點的顏色、紋理和位置等特徵，形成特徵向量。

10.4.1 K-Means 聚類分割灰階圖型

在影像處理中，透過 K-Means 聚類演算法可以實現圖型分割、圖型聚類、圖型辨識等操作，本小節主要用來進行圖型顏色分割。假設存在一張 100×100 像素的灰階圖型，它由 10000 個 RGB 灰階級組成，我們透過 K-Means 可以將這些像素點聚類成 K 個簇，然後使用每個簇內的質心點來替換簇內所有的像素點，這樣就能實現在不改變解析度的情況下量化壓縮圖型顏色，實現圖型顏色層級分割。

在 OpenCV 中，Kmeans() 函數原型如下所示：

```
retval, bestLabels, centers = kmeans(data, K, bestLabels, criteria,
attempts, flags[, centers])
```

其中，

- data：表示聚類資料，最好是 np.flloat32 類型的 N 維點集。
- K：表示聚類類簇數。
- bestLabels：表示輸出的整數陣列，用於儲存每個樣本的聚類標籤索引。
- criteria：表示演算法終止條件，即最大迭代次數或所需精度。在某些迭代中，一旦每個簇中心的移動小於 criteria.epsilon，演算法就會停止。
- attempts：表示重複試驗 kmeans 演算法的次數，演算法返回產生最佳緊湊性的標籤。
- flags：表示初始中心的選擇，兩種方法是 cv2.KMEANS_PP_CENTERS 和 cv2.KMEANS_RANDOM_CENTERS。
- centers 表示叢集中心的輸出矩陣，每個叢集中心為一行資料。

下面使用該方法對灰階圖型顏色進行分割處理，需要注意，在進行 K-Means 聚類操作之前，需要將 RGB 像素點轉為一維的陣列，再將各形式的顏色聚集在一起，形成最終的顏色分割。

【例 10-5】利用 K-Means 聚類對灰階圖型實現分割。

```
# coding: utf-8
import cv2
import numpy as np
import matplotlib.pyplot as plt
# 讀取原始圖型
img = cv2.imread('lena.png')
print (img.shape)

# 圖型二維像素轉為一維
data = img.reshape((-1,3))
data = np.float32(data)
# 定義中心 (type,max_iter,epsilon)
criteria = (cv2.TERM_CRITERIA_EPS +
            cv2.TERM_CRITERIA_MAX_ITER, 10, 1.0)
# 設定標籤
flags = cv2.KMEANS_RANDOM_CENTERS
#K-Means 聚類聚整合 2 類
```

```
compactness, labels2, centers2 = cv2.kmeans(data, 2, None, criteria, 10, flags)
#K-Means 聚類聚整合 4 類
compactness, labels4, centers4 = cv2.kmeans(data, 4, None, criteria, 10, flags)
#K-Means 聚類聚整合 8 類
compactness, labels8, centers8 = cv2.kmeans(data, 8, None, criteria, 10, flags)
#K-Means 聚類聚整合 16 類
compactness, labels16, centers16 = cv2.kmeans(data, 16, None, criteria, 10, flags)
#K-Means 聚類聚整合 64 類
compactness, labels64, centers64 = cv2.kmeans(data, 64, None, criteria, 10, flags)
# 圖型轉換回 uint8 二維類型
centers2 = np.uint8(centers2)
res = centers2[labels2.flatten()]
dst2 = res.reshape((img.shape))
centers4 = np.uint8(centers4)
res = centers4[labels4.flatten()]
dst4 = res.reshape((img.shape))
centers8 = np.uint8(centers8)
res = centers8[labels8.flatten()]
dst8 = res.reshape((img.shape))
centers16 = np.uint8(centers16)
res = centers16[labels16.flatten()]
dst16 = res.reshape((img.shape))
centers64 = np.uint8(centers64)
res = centers64[labels64.flatten()]
dst64 = res.reshape((img.shape))
# 圖型轉為 RGB 顯示
img = cv2.cvtColor(img, cv2.COLOR_BGR2RGB)
dst2 = cv2.cvtColor(dst2, cv2.COLOR_BGR2RGB)
dst4 = cv2.cvtColor(dst4, cv2.COLOR_BGR2RGB)
dst8 = cv2.cvtColor(dst8, cv2.COLOR_BGR2RGB)
dst16 = cv2.cvtColor(dst16, cv2.COLOR_BGR2RGB)
dst64 = cv2.cvtColor(dst64, cv2.COLOR_BGR2RGB)
# 用來正常顯示中文標籤
plt.rcParams['font.sans-serif']=['SimHei']
# 顯示圖型
titles = [u' 原始圖型 ', u' 聚類圖像 K=2', u' 聚類圖像 K=4',
```

```
              u' 聚類圖像 K=8', u' 聚類圖像 K=16', u' 聚類圖像 K=64']
images = [img, dst2, dst4, dst8, dst16, dst64]
for i in range(6):
    plt.subplot(2,3,i+1), plt.imshow(images[i], 'gray'),
    plt.title(titles[i])
    plt.xticks([]),plt.yticks([])
plt.show()
```

運行程式，輸出如下，效果如圖 10-8 所示。

```
(520, 520, 3)
```

圖 10-8 K-Means 演算法對灰階圖型分割效果

10.4.2 K-Means 聚類比較分割彩色圖型

下面實例是對彩色圖型進行顏色分割處理，它將彩色圖型聚整合 2 類、4
類和 64 類。

【例 10-6】利用 K-Means 聚類對彩色圖型實現分割。

```
# coding: utf-8
import cv2
import numpy as np
```

```python
import matplotlib.pyplot as plt
# 讀取原始圖型
img = cv2.imread('flow.jpg')
print(img.shape)
# 圖型二維像素轉為一維
data = img.reshape((-1,3))
data = np.float32(data)


# 定義中心 (type,max_iter,epsilon)
criteria = (cv2.TERM_CRITERIA_EPS +
            cv2.TERM_CRITERIA_MAX_ITER, 10, 1.0)
# 設定標籤
flags = cv2.KMEANS_RANDOM_CENTERS
#K-Means 聚類聚整合 2 類
compactness, labels2, centers2 = cv2.kmeans(data, 2, None, criteria, 10, flags)
#K-Means 聚類聚整合 4 類
compactness, labels4, centers4 = cv2.kmeans(data, 4, None, criteria, 10, flags)
#K-Means 聚類聚整合 8 類
compactness, labels8, centers8 = cv2.kmeans(data, 8, None, criteria, 10, flags)
#K-Means 聚類聚整合 16 類
compactness, labels16, centers16 = cv2.kmeans(data, 16, None, criteria,
10, flags)
#K-Means 聚類聚整合 64 類
compactness, labels64, centers64 = cv2.kmeans(data, 64, None, criteria,
10, flags)
# 圖型轉換回 uint8 二維類型
centers2 = np.uint8(centers2)
res = centers2[labels2.flatten()]
dst2 = res.reshape((img.shape))
centers4 = np.uint8(centers4)
res = centers4[labels4.flatten()]
dst4 = res.reshape((img.shape))
centers8 = np.uint8(centers8)
res = centers8[labels8.flatten()]
dst8 = res.reshape((img.shape))
centers16 = np.uint8(centers16)
res = centers16[labels16.flatten()]
dst16 = res.reshape((img.shape))
centers64 = np.uint8(centers64)
```

```
res = centers64[labels64.flatten()]
dst64 = res.reshape((img.shape))

# 圖型轉為 RGB 顯示
img = cv2.cvtColor(img, cv2.COLOR_BGR2RGB)
dst2 = cv2.cvtColor(dst2, cv2.COLOR_BGR2RGB)
dst4 = cv2.cvtColor(dst4, cv2.COLOR_BGR2RGB)
dst8 = cv2.cvtColor(dst8, cv2.COLOR_BGR2RGB)
dst16 = cv2.cvtColor(dst16, cv2.COLOR_BGR2RGB)
dst64 = cv2.cvtColor(dst64, cv2.COLOR_BGR2RGB)
# 用來正常顯示中文標籤
plt.rcParams['font.sans-serif']=['SimHei']
# 顯示圖型
titles = [u' 原始圖型 ', u' 聚類圖像 K=2', u' 聚類圖像 K=4',
          u' 聚類圖像 K=8', u' 聚類圖像 K=16',  u' 聚類圖像 K=64']
images = [img, dst2, dst4, dst8, dst16, dst64]
for i in range(6):
    plt.subplot(2,3,i+1), plt.imshow(images[i], 'gray'),
    plt.title(titles[i])
    plt.xticks([]),plt.yticks([])
plt.show()
```

運行程式，輸出如下，效果如圖 10-9 所示。

```
(460, 478, 3)
```

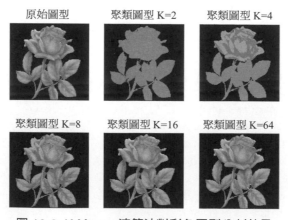

圖 10-9 K-Means 演算法對彩色圖型分割效果

圖型特徵比對

為了獲得超寬視覺、大視野、高解析度的圖型，人們採用傳統方式為採用價格高昂的特殊攝影器材進行拍攝，擷取圖型並進行處理。近年來，隨著數位相機、智慧型手機等經濟適用型手持成像硬體裝置的普及，人們可以對某些場景方便地獲得離散圖型序列，再透過適當的影像處理方法改善圖型的品質，最終實現圖型序列的自動拼接，同樣可以獲得具有超寬角度、大視野、高解析度的圖型。

圖型拼接技術是一種將從真實世界中擷取的離散化圖型序列合成寬角度的場景圖型的技術。假設有兩幅具有部分重疊區域的圖型，則圖型拼接就是將這兩幅圖型拼接成一幅圖型。因此圖型拼接的關鍵是能夠快速、高效率地尋找到兩幅不同圖型的重疊部分，實現寬度角度成像。

11.1　相關概念

本節介紹幾個有關圖型比對的幾個概念。

1. 空間投影

從真實世界中擷取的一組相關圖型以一定的方式投影到統一的空間面，其中可能存在立方體、圓柱體和球面體表面等。因此，這組圖型就具有統一的參數空間座標。

2. 比對定位

對投影到統一的空間面中的相鄰圖型進行比對，確定可比對的區域位置。

3. 疊加融合

根據比對結果，將圖型重疊區域進行融合處理，拼接成圖。因此，圖型拼接技術是全景圖技術的關鍵和核心，通常可以分為兩步：圖型比對和圖型融合。拼接流程圖如圖 11-1 所示。圖型區塊的比對流程如圖 11-2 所示。

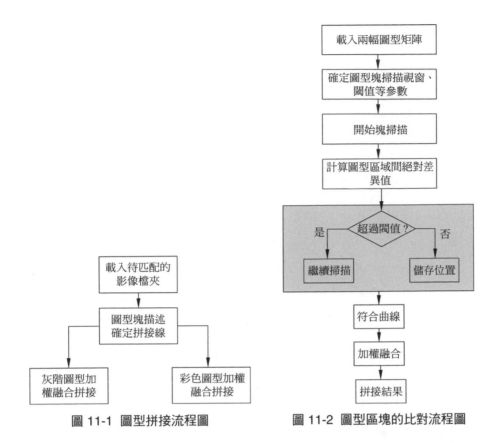

圖 11-1 圖型拼接流程圖　　　　圖 11-2 圖型區塊的比對流程圖

11.2　圖型比對

圖型比對透過計算相似性度量來決定圖型間的變換參數，被應用於將從不同感測器、角度和時間擷取的同一場景的兩幅或多幅圖型變換到同一座標系下，並在圖型層上實現最佳符合的效果。根據相似性度量計算的物件，圖型比對的方法大致可以劃分為 4 類：以灰階為基礎的比對、以範本為基礎的比對、以變換域為基礎的比對和以特徵為基礎的比對。

11.2.1 以灰階為基礎的比對

以灰階為基礎的比對以圖型的灰階資訊為處理物件，透過計算最佳化極值的思想進行比對，其基本步驟為：

（1）幾何變換。將待比對的圖型進行幾何變換。

（2）目標函數。以圖型的灰階資訊統計特性為基礎定義一個目標函數，如相互資訊、最小均方差等，並將其作為參考圖型與變換圖型的相似性度量。

（3）極值最佳化。透過對目標函數計算極值來獲取對位參數，將其作為對位的判決準則，透過對對位參數求最佳化，可以將對位問題轉化為某多元函數的極值問題。

（4）變換參數。採用某種最佳化方法計算正確的幾何變換參數。

透過以上步驟可以看出，以灰階為基礎的比對方法不涉及圖型的分割和特徵提取過程，所以具有精確度高、堅固性強的特點。但是這種比對方法對灰階變換十分敏感，未能充分利用灰階統計特性，對每點的灰階資訊都具有較強的依賴性，使得比對結果容易受到干擾。

11.2.2 以範本為基礎的比對

以範本為基礎的比對透過在圖型的已知重疊區域選擇一塊矩形區域作為範本，用於掃描被比對圖型中同樣大小的區域並進行比較，計算其相似性度量，確定最佳符合位置，因此該方法也被稱為區塊比對過程。範本比對包括以下 4 個關鍵步驟。

（1）選擇範本特徵，選擇基準範本。

（2）選擇基準範本的大小及座標定位。

（3）選擇範本比對的相似性度量公式。

（4）選擇範本比對的掃描策略。

如果用 T 表示範本圖型，I 表示待比對圖型，切範本圖型的寬為 w 高為 h，用 R 表示比對結果，比對過程如圖 11-3 所示。

圖 11-3 圖型範本比對過程圖

透過將圖型區塊一次移動一個像素（從左往右，從上往下），在每一個位置，都進行一次度量計算來表明它是「好」或「壞」地與那個位置比對（或說區塊圖型和原圖型的特定區域有多麼相似）。

對於 T 覆蓋在 I 上的每個位置，你把度量值保存到結果圖型矩陣中。在 R 中的每個位置 (x, y) 都包含比對度量值，紅色橢圓框住的位置很可能是結果圖型矩陣中的最大數值，所以這個區域（以這個點為頂點，長寬和範本圖型一樣大小的矩陣）被認為是符合的。

在 OpenCV 提供了 6 種範本比對演算法：

• 平方差比對法（最好符合為 0，符合越差，符合值越大）：

$$R(x, y) = \sum_{x', y'} [T(x', y') - I(x + x', y + y')]^2$$

• 歸一化平方差比對法：

$$R(x, y) = \frac{\sum_{x', y'} [T(x', y') - I(x + x', y + y')]^2}{\sqrt{\sum_{x', y'} T(x', y')^2 \cdot \sum_{x', y'} I(x + x', y + y')^2}}$$

- 相關比對法

這類方法採用範本和圖型間的乘法操作。所以較大的數表示符合程度較高，0 標識最壞的符合效果。

$$R(x, y) = \sum_{x', y'} [T(x', y') \cdot I(x + x', y + y')]$$

- 歸一化相關比對法：

$$R(x, y) = \frac{\sum_{x', y'} [T(x', y') \cdot I'(x + x', y + y')]}{\sqrt{\sum_{x', y'} T(x', y')^2 \cdot \sum_{x', y'} I(x + x', y + y')^2}}$$

- 相關係數比對法

這類方法將範本對其平均值的相對值與圖型對其平均值的相關值進行比對，1 表示完美符合，-1 表示糟糕的符合，0 表示沒有任何相關性（隨機序列）。

$$R(x, y) = \sum_{x', y'} [T'(x', y') \cdot I(x + x', y + y')]$$

其中，

$$T'(x', y') = T(x', y') - \frac{1}{w \cdot h} \cdot \sum_{x'', y''} T(x'', y'') ,$$

$$I'(x + x', y + y') = I(x + x', y + y') - \frac{1}{w \cdot h} \cdot \sum_{x'', y''} I(x + x'', y + y'') 。$$

- 歸一化相關係數比對法：

$$R(x, y) = \frac{\sum_{x', y'} [T'(x', y') \cdot I'(x + x', y + y')]}{\sqrt{\sum_{x', y'} T'(x', y')^2 \cdot \sum_{x', y'} I'(x + x', y + y')^2}}$$

從這幾個比對法可看出，公式越來越複雜，計算量也很大，但準確度也越來越高。

【例 11-1】利用 numpy 矩陣運算方法直接實現圖型比對（缺點：速度慢）。

```python
import numpy as np
import time
import cv2

def EM_EM2(temp):
    array = temp.reshape(1,-1)
    EM_sum = np.double(np.sum(array[0]))

    square_arr = np.square(array[0])
    EM2_sum = np.double(np.sum(square_arr))
    return EM_sum,EM2_sum

def EI_EI2(img, u, v,temp):
    height, width = temp.shape[:2]
    roi = img[v:v+height, u:u+width]
    array_roi = roi.reshape(1,-1)
    EI_sum = np.double(np.sum(array_roi[0]))
    square_arr = np.square(array_roi[0])
    EI2_sum = np.double(np.sum(square_arr))
    return EI_sum,EI2_sum

def EIM(img, u, v, temp):
    height, width = temp.shape[:2]
    roi = img[v:v+height, u:u+width]
    product = temp*roi*1.0
    product_array = product.reshape(1, -1)
    sum = np.double(np.sum(product_array[0]))
    return sum

def Match(img, temp):
    imgHt, imgWd = img.shape[:2]
    height, width = temp.shape[:2]
    uMax = imgWd-width
    vMax = imgHt-height
```

```
        temp_N = width*height
        match_len = (uMax+1)*(vMax+1)
        MatchRec = [0.0 for _ in range(0, match_len)]
        k = 0


        EM_sum, EM2_sum = EM_EM2(temp)
        for u in range(0, uMax+1):
            for v in range(0, vMax+1):
                EI_sum, EI2_sum = EI_EI2(img, u, v, temp)
                IM = EIM(img,u,v,temp)

                numerator=(  temp_N * IM - EI_sum*EM_sum)*(temp_N * IM - EI_sum *
EM_sum)
                denominator=(temp_N * EI2_sum - EI_sum**2)*(temp_N * EM2_sum -
EM_sum**2)
                ret = numerator/denominator
                MatchRec[k]=ret
                k+=1
            print(' 進度 ==》[{}]'.format(u/(vMax+1)))
        val = 0
        k = 0
        x = y = 0
        for p in range(0, uMax+1):
            for q in range(0, vMax+1):
                if MatchRec[k] > val:
                    val = MatchRec[k]
                    x = p
                    y = q
                k+=1
        print ("val: %f"%val)
        return (x, y)

def main():
    img = cv2.imread('jianzhu.png', cv2.IMREAD_GRAYSCALE)
    temp = cv2.imread('building.png', cv2.IMREAD_GRAYSCALE)
    tempHt, tempWd = temp.shape
    (x, y) = Match(img, temp)
    cv2.rectangle(img, (x, y), (x+tempWd, y+tempHt), (0,0,0), 2)
    cv2.imshow("temp", temp)
```

```
    cv2.imshow("result", img)
    cv2.waitKey(0)
    cv2.destroyAllWindows()

if __name__ == '__main__':
    start = time.time()
    main()
    end = time.time()
    print(" 總花費時間為：", str((end - start)/ 60)[0:6] + " 分鐘 ")
```

運行程式，輸出如下：

```
val: 0.000000
總花費時間為：7.7244 分鐘
```

為了更快地進行演算法驗證，用上述程式進行驗證時請儘量選用較小的比對圖型及範本圖型。例如單目標比對和多目標比對。

【例 11-2】利用單目標實現圖型比對。

```
#opencv 範本比對——單目標比對
import cv2
# 讀取目標圖片
target = cv2.imread("target.jpg")
# 讀取範本圖片
template = cv2.imread("template.jpg")
# 獲得範本圖片的高寬尺寸
theight, twidth = template.shape[:2]
# 執行範本比對，採用的比對方式 cv2.TM_SQDIFF_NORMED
result = cv2.matchTemplate(target,template,cv2.TM_SQDIFF_NORMED)
# 歸一化處理
cv2.normalize( result, result, 0, 1, cv2.NORM_MINMAX, -1 )
# 尋找矩陣（一維陣列當做向量，用 Mat 定義）中的最大值和最小值的比對結果及其位置
min_val, max_val, min_loc, max_loc = cv2.minMaxLoc(result)
# 比對值轉為字串
# 對於 cv2.TM_SQDIFF 及 cv2.TM_SQDIFF_NORMED 方法 min_val 越趨近與 0 符合度越好，
比對位置取 min_loc
# 對於其他方法 max_val 越趨近於 1 符合度越好，比對位置取 max_loc
```

```
strmin_val = str(min_val)
# 繪製矩形邊框，將比對區域標注出來
#min_loc：矩形定點
#(min_loc[0]+twidth,min_loc[1]+theight)：矩形的長寬
#(0,0,225)：矩形的邊框顏色；2：矩形邊框寬度
cv2.rectangle(target,min_loc,(min_loc[0]+twidth,min_loc[1]+theight),(0,0,225),2)
# 顯示結果，並將符合值顯示在標題列上
cv2.imshow("MatchResult----MatchingValue="+strmin_val,target)
cv2.waitKey()
cv2.destroyAllWindows()
```

運行程式，效果如圖 11-4 所示。

圖 11-4　單目標比對效果圖

可以看到顯示的 min_val 的值為 1.633020108027239e-11，該值非常非常
接近 0，說明比對效果很好。

【例 11-3】利用多目標實現圖型比對。

```
#opencv 範本比對——多目標比對
import cv2
import numpy
# 讀取目標圖片
target = cv2.imread("target.jpg")
```

```python
# 讀取範本圖片
template = cv2.imread("template.jpg")
# 獲得範本圖片的高寬尺寸
theight, twidth = template.shape[:2]
# 執行範本比對，採用的比對方式 cv2.TM_SQDIFF_NORMED
result = cv2.matchTemplate(target,template,cv2.TM_SQDIFF_NORMED)
# 歸一化處理
# 尋找矩陣（一維陣列當做向量，用 Mat 定義）中的最大值和最小值的比對結果及其位置
min_val, max_val, min_loc, max_loc = cv2.minMaxLoc(result)
""" 繪製矩形邊框，將比對區域標注出來
min_loc：矩形定點
min_loc[0]+twidth,min_loc[1]+theight)：矩形的長寬
(0,0,225)：矩形的邊框顏色；2：矩形邊框寬度 """
cv2.rectangle(target,min_loc,(min_loc[0]+twidth,min_loc[1]+theight),(0,0,225),2)
# 符合值轉為字串
# 對於 cv2.TM_SQDIFF 及 cv2.TM_SQDIFF_NORMED 方法 min_val 越趨近與 0 符合度越好，
比對位置取 min_loc
# 對於其他方法 max_val 越趨近於 1 符合度越好，比對位置取 max_loc
strmin_val = str(min_val)
# 初始化位置參數
temp_loc = min_loc
other_loc = min_loc
numOfloc = 1
# 第一次篩選 ---- 規定比對閾值，將滿足閾值的從 result 中提取出來
# 對於 cv2.TM_SQDIFF 及 cv2.TM_SQDIFF_NORMED 方法設定比對閾值為 0.01
threshold = 0.01
loc = numpy.where(result<threshold)
# 遍歷提取出來的位置
for other_loc in zip(*loc[::-1]):
    # 第二次篩選 ---- 將位置偏移小於 5 個像素的結果捨去
    if (temp_loc[0]+5<other_loc[0])or(temp_loc[1]+5<other_loc[1]):
        numOfloc = numOfloc + 1
        temp_loc = other_loc
        cv2.rectangle(target,other_loc,(other_loc[0]+twidth,other_
loc[1]+theight),(0,0,225),2)
str_numOfloc = str(numOfloc)
# 顯示結果，並將符合值顯示在標題列上
strText = "MatchResult----MatchingValue="+strmin_val+"----
NumberOfPosition="+str_numOfloc
```

```
cv2.imshow(strText,target)
cv2.waitKey()
cv2.destroyAllWindows()
```

運行程式，效果如圖 11-5 所示。

圖 11-5　多目標比對效果

11.2.3　以變換域為基礎的比對

以變換域為基礎的比對指對圖型進行某種變換後，在變換空間進行處理。常用的方法包括：以傅立葉轉換為基礎的比對、以 Gabor 變換為基礎的比對和以小波變換為基礎的比對等。其中，最為經典的方法是人們在 20 世紀 70 年代提出的以傅立葉轉換為基礎的相位相關法，該方法首先對待比對的圖型進行快速傅立葉轉換，將空域圖型變換到頻域；然後透過它們的互功率譜計算兩幅圖型之間的平移量；最後計算其符合位置。此外，對於存在傾斜旋轉的圖型，為了提高其符合準確率，可以將圖型座標變換到極座標下，將旋轉量轉為平移量來計算。

11.2.4 以特徵比對為基礎案例分析

以特徵為基礎的比對以圖型的特徵集合為分析物件，其基本思想是：首先根據特定的應用要求處理待比對圖型，提取特徵集合；然後將特徵集合進行比對對應，生成一組符合特徵對集合；最後利用特徵對之間的對應關係估計全域變換參數。以特徵為基礎的比對主要包括以下 4 個步驟。

1. 特徵提取

根據待比對圖型的灰階性質選擇要進行比對的特徵，一般要求該特徵突出且易於提取，並且該特徵在參考圖型與待比對圖型上有足夠多的數量。常用的特徵有邊緣特徵、區域特徵、點特徵等。

2. 特徵比對

透過在特徵集之間建立一個對應關係，如採用特徵自身的屬性、特徵所處區域的灰階、特徵之間的幾何拓撲關係等確定特徵間的對應關係。常用的特徵比對方法有空間相關法、描述和金字塔演算法等。

3. 模型參數估計

在確定比對特徵集之後，需要構造變換模型並估計模型參數。透過圖型之間部分元素的符合關係進行拓展來確定兩幅圖型的變換關係，透過變換模型來將待拼接圖型變換到參考圖型的座標系下。

4. 圖型變換

透過進行圖型變換和灰階插值，將待拼接圖型變換到參考圖型的座標系下，實現目標比對。

【例 11-4】以 FLANN 為基礎的比對器（FLANN based Matcher）描述特徵點。

```
'''
```

以 FLANN 為基礎的比對器 (FLANN based Matcher)
FLANN 代表近似最近鄰居的快速函數庫。它代表一組經過最佳化的演算法，用於巨量資料集中的快速最近鄰搜尋以及高維特徵。

```
'''
import cv2 as cv
from matplotlib import pyplot as plt
queryImage=cv.imread("template_adjust.jpg",0)
trainingImage=cv.imread("target.jpg",0)# 讀取要比對的灰階照片
sift=cv.xfeatures2d.SIFT_create()# 創建 sift 檢測器
kp1, des1 = sift.detectAndCompute(queryImage,None)
kp2, des2 = sift.detectAndCompute(trainingImage,None)
# 設定 Flannde 參數
FLANN_INDEX_KDTREE=0
indexParams=dict(algorithm=FLANN_INDEX_KDTREE,trees=5)
searchParams= dict(checks=50)
flann=cv.FlannBasedMatcher(indexParams,searchParams)
matches=flann.knnMatch(des1,des2,k=2)
# 設定好初始比對值
matchesMask=[[0,0]for i in range (len(matches))]
for i, (m,n) in enumerate(matches):
        if m.distance< 0.5*n.distance: # 捨棄小於 0.5 的比對結果
            matchesMask[i]=[1,0]
# 給特徵點和符合的線定義顏色
drawParams=dict(matchColor=(0,0,255),singlePointColor=(255,0,0),matchesMask=matchesMask,flags=0)
# 畫出比對的結果
resultimage=cv.drawMatchesKnn(queryImage,kp1,trainingImage,kp2,matches,None,**drawParams)
plt.imshow(resultimage,),plt.show()
```

運行程式，效果如圖 11-6 所示。

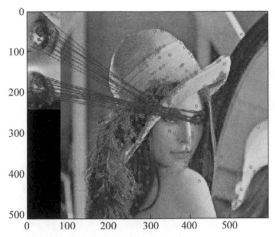

圖 11-6 以 FLANN 為基礎描述特徵點效果

【例 11-5】以 FLANN 為基礎的比對器（FLANN based Matcher）定位圖片

```python
# 以 FLANN 為基礎的比對器 (FLANN based Matcher) 定位圖片
import numpy as np
import cv2
from matplotlib import pyplot as plt

MIN_MATCH_COUNT = 10 # 設定最低特徵點符合數量為 10
template = cv2.imread('template_adjust.jpg',0) # queryImage
target = cv2.imread('target.jpg',0) # trainImage
# Initiate SIFT detector 創建 sift 檢測器
sift = cv2.xfeatures2d.SIFT_create()
# 使用 SIFT 尋找關鍵字和描述符號
kp1, des1 = sift.detectAndCompute(template,None)
kp2, des2 = sift.detectAndCompute(target,None)
# 創建設定 FLANN 比對
FLANN_INDEX_KDTREE = 0
index_params = dict(algorithm = FLANN_INDEX_KDTREE, trees = 5)
search_params = dict(checks = 50)
flann = cv2.FlannBasedMatcher(index_params, search_params)
matches = flann.knnMatch(des1,des2,k=2)
# 根據 Lowe's 比率測試保存所有的符合項
```

```
good = []
# 捨棄大於 0.7 的符合
for m,n in matches:
    if m.distance < 0.7*n.distance:
        good.append(m)
if len(good)>MIN_MATCH_COUNT:
    # 獲取關鍵點的座標
    src_pts = np.float32([kp1[m.queryIdx].pt for m in good
]).reshape(-1,1,2)
    dst_pts = np.float32([kp2[m.trainIdx].pt for m in good
]).reshape(-1,1,2)
    # 計算變換矩陣和 MASK
    M, mask = cv2.findHomography(src_pts, dst_pts, cv2.RANSAC, 5.0)
    matchesMask = mask.ravel().tolist()
    h,w = template.shape
    # 使用得到的變換矩陣對原圖型的四個角進行變換，獲得在目標圖像上對應的座標
    pts = np.float32([ [0,0],[0,h-1],[w-1,h-1],[w-1,0]]).reshape(-1,1,2)
    dst = cv2.perspectiveTransform(pts,M)
    cv2.polylines(target,[np.int32(dst)],True,0,2, cv2.LINE_AA)
else:
    print( " 沒有找到足夠的符合項 - %d/%d" % (len(good),MIN_MATCH_COUNT))
    matchesMask = None
draw_params = dict(matchColor=(0,255,0),
                   singlePointColor=None,
                   matchesMask=matchesMask,
                   flags=2)
result = cv2.drawMatches(template,kp1,target,kp2,good,None,**draw_params)
plt.imshow(result, 'gray')
plt.show()
```

運行程式，效果如圖 11-7 所示。

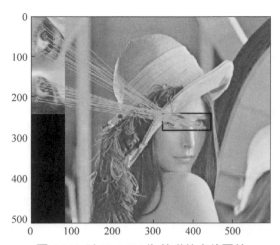

圖 11-7 以 FLANN 為基礎的定位圖片

Memo

角點特徵檢測

角點是圖型中的重要的局部特徵，決定了圖型中關鍵區的形狀，表現了圖型中重要的特徵訊號，所以在物件偵測、圖型比對、圖型重構等方面都具有十分重要的意義。

對角點的定義一般可以分為以下 3 種：圖型邊界曲線具有極大曲率值的點、圖型中梯度值和梯度變化率很高的點、圖型在邊界方向變化不連續的點。定義不同，角點的提取方法也不盡相同，如下所述。

1. 以圖型邊緣為基礎的檢測方法

該類方法需要對圖型的邊緣進行編碼，這在很大程度上依賴於圖型的分割和邊緣提取，具有較大的計算量，一旦待檢測物件在局部發生變化，則很可能導致損失失敗。早期主要有 Rosenfeld 和 Freeman 等人提出的方法，後期有曲率尺度空間等方法。

2. 以圖型灰階為基礎的檢測方法

該類方法透過計算點的曲率及梯度來檢測角點，可避免以圖型邊緣為基礎的檢測方法存在的缺陷，是目前研究的重點。該類方法主要有 Moravec、Forstner、Harris 和 SUSAN 運算元等。

12.1　Harris 的基本原理

假設對圖型進行不同方向上的視窗滑動掃描，透過分析視窗內的像素變化趨勢來判斷是否存在角點：如果視窗區域內的像素在各個方向上都沒有顯著變化，如圖 12-1（a）所示，則其視窗區域對應圖型平滑區域；如果視窗區域內的像素在灰階的某個方向上發生了較大變化，如圖（b）所示，則其對應圖型邊緣；如果視窗區域內的像素在灰階的多個方向上均發生了明顯變化，如圖（c）所示，則認為視窗內包含角點。

圖型 $I(x, y)$ 在點 (x, y) 處平移 (u,v) 後產生的灰階變化 $E(x,y,u,v)$ 如下：

$$E(x, y, u, v) = \sum_{(x,y) \in S} w(x, y)[I(x+u, y+v) - I(x, y)]^2 \qquad （12\text{-}1）$$

式中，S 是移動視窗的區域；$w(x, y)$ 是加權函數，可以是常數或高斯函數，
高斯函數對離中心點越近的像素指定越大的權重，以減少雜訊影響。

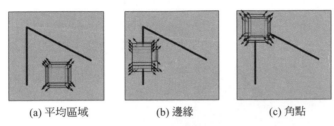

(a) 平均區域　　　　　(b) 邊緣　　　　　(c) 角點

圖 12-1　移動 Harris 視窗進行角點檢測

Harris 角點檢測正是利用了這個直觀的物理現象，透過視窗內的灰階在各
個方向上的變化程度，確定其是否為角點。

Harris 運算元用 Taylor 展開 $I(x+u, y+v)$ 去近似任意方向：

$$I(x+u, y+v) = I(x, y) + \frac{\partial I}{\partial x}u + \frac{\partial I}{\partial y}v + O(u^2 + v^2) \qquad （12\text{-}2）$$

於是，灰階變化可以重新定義為：

$$\begin{aligned}
E(x, y, u, v) &= \sum_{(x,y) \in S} w(x, y)[I_x u + I_y v]^2 \\
&= \sum_{(x,y) \in S} w(x, y)[u, v]\begin{bmatrix} I_x^2 & I_x I_y \\ I_x I_y & I_y^2 \end{bmatrix}\begin{bmatrix} u \\ v \end{bmatrix} \\
&= [u, v]\left(\sum_{(x,y) \in S} w(x, y)\begin{bmatrix} I_x^2 & I_x I_y \\ I_x I_y & I_y^2 \end{bmatrix} \right)\begin{bmatrix} u \\ v \end{bmatrix} \qquad （12\text{-}3）\\
&\cong [u, v]M\begin{bmatrix} u \\ v \end{bmatrix} \\
&\cong [u, v]\begin{bmatrix} a & c \\ c & b \end{bmatrix}\begin{bmatrix} u \\ v \end{bmatrix}
\end{aligned}$$

式（12-3）中的 M 是 2×2 的矩陣，它是關於 x 和 y 的二階函數，因此 E (x, y, u, v) 是一個橢圓方程式。橢圓的尺寸由 M 的特徵值決定，它表徵了灰階變化最快和最慢的兩個方向；橢圓的方向由 M 的特徵向量決定，如圖 12-2 所示。

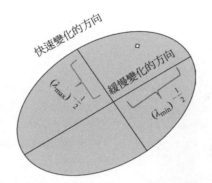

圖 12-2　二次項特徵和橢圓的關係圖

二次項函數的特徵值與圖型中角點、直線和平面之間的關係可分為以下三種。

1. 圖型中的邊緣

一個特徵值大，另一個特徵值小，也就是說灰階在某個方向上變化大，在某個方向上變化小，對應圖型的邊緣或直線。

2. 圖型中的平面

兩個特徵值都很小，此時灰階變化不明顯，對應圖型的平面區域。

3. 圖型中的角點

兩個特徵值都很大，灰階值沿多個方向都有較大的變化，因此可認為其是角點。

由於求解矩陣 M 的特徵值需要較大的計算量，而兩個特徵值的和等於矩陣 M 的積，兩個特徵值的積等於矩陣 M 的行列式，所以 Harris 使用一個

角點響應值 R 來判定角點的品質:

$$
\begin{aligned}
R &= \lambda_1 \lambda_2 - K(\lambda_1 + \lambda_2) \\
&= \det(M) - k[trace(M)] \\
&= (ac - b)^2 - k(a + c)^2
\end{aligned}
\tag{12-4}
$$

式中,k 是經驗常數,一般設定值範圍為 0.04~0.06。

12.2 Harris 演算法流程

複習 Harris 演算法流程的步驟主要有:

(1)首先,計算圖型 $I(x, y)$ 在 x 和 y 兩個方面上的梯度 I_x 和 I_y:

$$
\begin{aligned}
& I(x, y) I_x, I_y \\
& \frac{\partial I}{\partial x} = [-1, 0, 1] \otimes I \\
& \frac{\partial I}{\partial Y} = [-1, 0, 1]^T \otimes I
\end{aligned}
\tag{12-5}
$$

(2)其次,計算每個像素點上的相關矩陣 M:

$$
\begin{aligned}
a &= w(x, y) \otimes I_x^2 \\
b &= w(x, y) \otimes I_y^2 \\
c &= w(x, y) \otimes (I_x I_y)
\end{aligned}
\tag{12-6}
$$

(3)然後,計算每個像素點的 Harris 角點回應值 R:

$$
R = (ab - c^2) - k(a + b)^2
\tag{12-7}
$$

(4)最後,在 $N \times M$ 範圍內尋找極大值點,如果其 Harris 響應大於閾值,則可將其視為角點。

12.3 Harris 角點的性質

Harris 角點有其自身的性質，下面對各個性質介紹。

1. 敏感因數 k 對角點檢測有影響

對矩陣 M 的特徵值，假設 $\lambda_1 > \lambda_2 > 0$，$\lambda_1 = \lambda$，$\lambda_2 = \alpha\lambda$，則式（12-4）可重新定義為：

$$R = \lambda_1\lambda_2 - k(\lambda_1 + \lambda_2)^2 = \alpha\lambda\lambda - k(\lambda + \alpha\lambda) \geq 0 \qquad (12\text{-}8)$$

於是可得到：

$$0 < k < \frac{\alpha}{(1+\alpha)^2} \leq \frac{1}{4} \qquad (12\text{-}9)$$

由式（12-8）可以看出，增加敏感因數 k，將減小角點的回應值，降低角點檢測的靈敏度，減少被檢測角點的數量。

2. Harris 運算元具有灰階不變性

由於 Harris 運算元在進行 Harris 角點檢測時使用了微分運算元，因此對圖型的亮度和對比度進行仿射變換並不改變 Harris 回應 R 的極值出現位置，只是由於閾值的選擇，可能會影響檢測角點的數量。

3. Harris 運算元具有旋轉不變性

二階矩陣 M 的橢圓，當橢圓旋轉時，特徵值並不隨之變化，判斷角點的 R 值也不會發生變化，因此 Harris 運算元具有選擇不變性。當然，平移更不會引起 Harris 運算元的變化。

4. Harris 運算元不具有尺度不變性

如圖 12-3 所示，當其左圖被縮小時，在檢測視窗尺寸不變時，在視窗內

所包含的圖型是完全不同的，其左圖可能被檢測為邊緣，而其右圖可能被
檢測為角點。

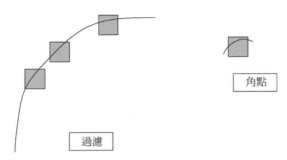

圖 12-3 Harris 運算元不具有尺度不變性

12.4 Harris 檢測角點案例分析

下面先透過一銳化運算元的方法實現 Harris 角點的檢測。

【例 12-1】銳化運算元實現角點檢測。

```python
import cv2
import numpy as np
import matplotlib
import math
from matplotlib import pyplot as plt


# 根據一階銳化運算元，求 x，y 的梯度，顯示銳化圖型
# 讀取圖片
filename = 'rurc.jpg'
tu = cv2.imread(filename)
# 轉為灰階圖
gray = cv2.cvtColor(tu, cv2.COLOR_RGB2GRAY)
# 獲取圖型屬性
print ('獲取圖型大小：',gray.shape)
print ('\n')
# 列印陣列 gray
print('灰階圖型陣列：\n %s \n \n'% (gray))
# 轉為矩陣
```

```
m = np.matrix(gray)
# 計算 x 方向的梯度的函數（水平方向銳化運算元）
delta_h = m
def grad_x(h):
    a = int(h.shape[0])
    b = int(h.shape[1])

    for i in range(a):
        for j in range(b):
            if i-1>=0 and i+1<a and j-1>=0 and j+1<b:
                c = abs(int(h[i-1,j-1])- int(h[i+1,j-1])+ 2*(int(h[i-
1,j])- int(h[i+1,j]))+ int(h[i-1,j+1])- int(h[i+1,j+1]))
                if c>255:
                    c = 255
                delta_h[i,j] = c
            else:
                delta_h[i,j] = 0
    print ('x 方向的梯度：\n %s \n'%delta_h)
    return delta_h
## 計算 y 方向的梯度的函數（水平方向銳化運算元）
def grad_y(h):
    a = int(h.shape[0])
    b = int(h.shape[1])

    for i in range(a):
        for j in range(b):
            if i-1>=0 and i+1<a and j-1>=0 and j+1<b:
                c = abs(int(h[i-1,j-1])- int(h[i-1,j+1])+ 2*(int(h[i,j-1])
- int(h[i,j+1]))+ (int(h[i+1,j-1])- int(h[i+1,j+1])))    # 注意像素不能直接計算，
                                                          # 需要轉化為整數
                print c
                if c > 255:
                    c = 255
                delta_h[i,j] = c
            else:
                delta_h[i,j] = 0
    print ('y 方向的梯度：\n %s \n'%delta_h)
    return delta_h
#Laplace 運算元
```

```
img_laplace = cv2.Laplacian(gray, cv2.CV_64F, ksize=3)

dx = np.array(grad_x(gray))
dy = np.array(grad_y(gray))
A = dx * dx
B = dy * dy
C = dx * dy
print (A)
print (B)
print (C)
A1 = A
B1 = B
C1 = C
A1 = cv2.GaussianBlur(A1,(3,3),1.5)
B1 = cv2.GaussianBlur(B1,(3,3),1.5)
C1 = cv2.GaussianBlur(C1,(3,3),1.5)
print (A1)
print (B1)
print (C1)
a = int(gray.shape[0])
b = int(gray.shape[1])
R = np.zeros(gray.shape)
for i in range(a):
    for j in range(b):
        M = [[A1[i,j],C1[i,j]],[C1[i,j],B1[i,j]]]

        R[i,j] = np.linalg.det(M) - 0.06 * (np.trace(M))* (np.trace(M))
print (R)
cv2.namedWindow('R',cv2.WINDOW_NORMAL)
cv2.imshow('R',R)
cv2.waitKey(0)
cv2.destroyAllWindows()
```

運行程式，輸出如下，效果如圖 12-4 所示。

```
獲取圖型大小： (276, 258)
灰階圖型陣列：
 [[255255255 ...255255255]
 [255255255 ...255255255]
```

```
[255255255 ...255255255]
...
[255255255 ...255255255]
[255255255 ...255255255]
[255255255 ...255255255]]
```

x 方向的梯度:

```
[[00 0 ...00 0]
[00 0 ...00 0]
[00 0 ...00 0]
...
[00 0 ...00 0]
[00 0 ...00 0]
[00 0 ...00 0]]
```

y 方向的梯度:

```
[[00 0 ...00 0]
[00 0 ...00 0]
[00 0 ...00 0]
...
```

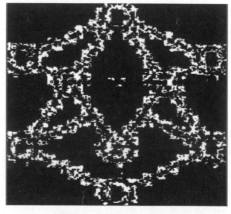

圖 12-4 角點檢測效果

12.5　角點檢測函數

此外，在 Python 中的 Harris 函數庫中，提供了相關函數用於實現圖型角點的檢測，下面介紹。

1. cornerHarris() 函數

cv2.cornerHarris() 函數實現角點檢測，該函數的返回值其實就是 R 值組成的灰階圖型，灰階圖型座標會與原圖型對應，R 值就是角點分數，當 R 值很大的時候，就可以認為這個點是一個角點。其語法格式為：

```
cv2.cornerHarris(src=gray, blockSize, ksize, k, dst=None, borderType=None)
```

其中，各參數含義為：

- src：資料類型為 float32 的輸入圖型（輸入單通道圖）。
- blockSize：角點檢測中要考慮的領域大小，也就是計算協方差矩陣時的視窗大小。
- ksize：Sobel 求導中使用的視窗大小。
- k：Harris 角點檢測方程式中的自由參數，設定值參數為 [0.04,0.06]。
- dst：輸出圖型。
- borderType：邊界的類型。

【例 12-2】利用 cornerHarris() 函數實現角點檢測。

```
import cv2
import numpy as np
img = cv2.imread('chair.jpg')
# Harris 角點檢測以灰階圖為基礎
gray = cv2.cvtColor(img, cv2.COLOR_BGR2GRAY)
# Harris 角點檢測
dst = cv2.cornerHarris(gray, 2, 3, 0.04)
# 腐蝕一下，便於標記
dst = cv2.dilate(dst, None)
```

```
# 角點標記為紅色
img[dst > 0.01 * dst.max()] = [0, 0, 255]
cv2.imwrite('blox-RedPoint.png', img)
cv2.imshow('dst', img)
cv2.waitKey(0)
```

運行程式,效果如圖 12-5 所示。

圖 12-5　cornerHarris() 函數角點檢測

有時候我們檢驗時有很多角點都是黏連在一起的,透過加入非極大值抑制來進一步去除一些黏在一起的角點。也就是在一個視窗內,如果有多個角點則用值最大的那個角點,其他的角點都刪除。實現程式為:

```
import cv2
import numpy as np
img = cv2.imread('chair.jpg')
cv2.imshow('raw_img', img)
gray = cv2.cvtColor(img, cv2.COLOR_BGR2GRAY)
gray = np.float32(gray)          # cornerHarris 函數圖型格式為 float32

J = (0.05,0.01,0.005)
for j in J:      # 遍歷設定閾值:j * dst.max()
    dst = cv2.cornerHarris(src=gray, blockSize=5, ksize=7, k=0.04)
```

```
    a = dst>j * dst.max()
    img[a] = [0, 0, 255]
    cv2.imshow('corners_'+ str(j), img)
    cv2.waitKey(0)              # 按 Esc 查看下一張
cv2.waitKey(0)
cv2.destroyAllWindows()
```

運行程式，效果如圖 12-6 所示。

(a) 原始圖型

(b) 閾值為 0.05 效果

(c) 閾值為 0.01 效果

(d) 閾值為 0.005 效果

圖 12-6 加入非極大值抑制角點效果

2. cornerSubPix() 函數

在實現角點檢測時，有時需要以最高精度找到角點，可透過 cornerSubPix() 實現。其語法格式為：

```
cv2.cornerSubPix(image, corners, winSize, zeroZone, criteria)
```

其中，各參數含義為：

- image：是輸入圖型，和 goodFeaturesToTrack() 中的輸入圖型是同一個圖型。

- corners：是檢測到的角點，即是輸入也是輸出。

- winSize：是計算亞像素角點時考慮的區域的大小，大小為 N×N；N=(winSize*2+1)。

- zeroZone：作用類似於 winSize，但是總是具有較小的範圍，通常忽略（即 Size(-1, -1)）。

- criteria：用於表示計算亞像素時停止迭代的標準。

【例 12-3】利用 cornerSubPix() 函數高精度尋找角點。

```
import numpy as np
import cv2
from matplotlib import pyplot as plt

img = cv2.imread('geometry.jpg')
gray = cv2.cvtColor(img,cv2.COLOR_BGR2GRAY)
# 尋找 Harris 角點
gray = np.float32(gray)
dst = cv2.cornerHarris(gray,2,3,0.04)
dst = cv2.dilate(dst,None)
ret, dst = cv2.threshold(dst,0.01*dst.max(),255,0)
dst = np.uint8(dst)
# 找到重心
ret, labels, stats, centroids = cv2.connectedComponentsWithStats(dst)
# 細化邊角的標準
```

```
criteria = (cv2.TERM_CRITERIA_EPS + cv2.TERM_CRITERIA_MAX_ITER, 100, 0.001)
corners = cv2.cornerSubPix(gray,np.float32(centroids),(5,5),(-1,-1),criteria)
# 繪圖
res = np.hstack((centroids,corners))
res = np.int0(res)
img[res[:,1],res[:,0]]=[0,0,255]
img[res[:,3],res[:,2]] = [0,255,0]
cv2.imshow('dst',img)
if cv2.waitKey(0) & 0xff == 27:
    cv2.destroyAllWindows()
```

運行程式，效果如圖 12-7 所示。

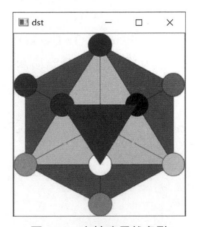

圖 12-7 高精度尋找角點

12.6 **Shi-Tomasi 角點檢測**

Harris 角點檢測的評分公式為：

$$R = \lambda_1\lambda_2 - k(\lambda_1 + \lambda_2)$$

Shi-Tomasi 使用的評分函數為：

$$R = \min(\lambda_1, \lambda_2)$$

如果評分超過閾值，就認為它是一個角點。可以把它繪製到 $\lambda_1 \sim \lambda_2$ 空間中，就會得到如圖 12-8（角點：綠色區域）效果圖。

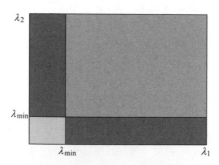

圖 12-8 $\lambda_1 \sim \lambda_2$ 空間範圍

在 Shi-Tomasi 中，提供了 goodFeaturesToTrack() 函數實現角點檢測，它是 cornerHarris() 函數升級版。該函數的角點檢測效果與 cornerHarris() 函數效果差不多。

【例 12-4】使用 goodFeaturesToTrack() 函數實現在物件追蹤。（適合在物件追蹤中使用）

```python
import numpy as np
import cv2

def getkpoints(imag, input1):
    mask1 = np.zeros_like(input1)
    x = 0
    y = 0
    w1, h1 = input1.shape
    input1 = input1[0:w1, 200:h1]
    try:
        w, h = imag.shape
    except:
        return None
    mask1[y:y + h, x:x + w] = 255        # 整張圖片像素
    keypoints = []
```

```
        kp = cv2.goodFeaturesToTrack(input1, 200, 0.04, 7)
        if kp is not None and len(kp) > 0:
            for x, y in np.float32(kp).reshape(-1, 2):
                keypoints.append((x, y))
        return keypoints

def process(image):
    grey1 = cv2.cvtColor(image, cv2.COLOR_BGR2GRAY)
    grey = cv2.equalizeHist(grey1)
    keypoints = getkpoints(grey, grey1)
    if keypoints is not None and len(keypoints) > 0:
        for x, y in keypoints:
            cv2.circle(image, (int(x + 200), y), 3, (255, 255, 0))
    return image

if __name__ == '__main__':
    cap = cv2.VideoCapture("IMG_1521.mp4")
    while (cap.isOpened()):
        ret, frame = cap.read()
        frame = process(frame)
        cv2.imshow('frame', frame)
        if cv2.waitKey(27) & 0xFF == ord('q'):
            break
    cap.release()
    cv2.waitKey(0)
    cv2.destroyAllWindows()
```

下面再透過一個例子來比較 Harris 和 Shi-Tomasi 的角點檢測效果。

【例 12-5】Harris 和 Shi-Tomasi 的角點檢測效果比較實例。

```
import numpy as np
import cv2
from matplotlib import pyplot as plt

img = cv2.imread('chair.jpg')
imgShi, imgHarris = np.copy(img), np.copy(img)
gray = cv2.cvtColor(img, cv2.COLOR_BGR2GRAY)
```

```
""" Shi-Tomasi 角點檢測 """
# 優點：速度相比 Harris 有所提升，可以直接得到角點座標
corners = cv2.goodFeaturesToTrack(gray, 20, 0.01, 10)
corners = np.int0(corners)
for i in corners:
    # 壓縮至一維：[[62, 64]] -> [62, 64]
    x, y = i.ravel()
    cv2.circle(imgShi, (x, y), 4, (0, 0, 255), -1)
""" Harris 角點檢測 """
dst = cv2.cornerHarris(gray, 2, 3, 0.04)
# 腐蝕一下，便於標記
dst = cv2.dilate(dst, None)
# 角點標記為紅色
imgHarris[dst > 0.01 * dst.max()] = [0, 0, 255]
cv2.imwrite('compare.png', np.hstack((imgHarris, imgShi)))
cv2.imshow('compare', np.hstack((imgHarris, imgShi)))
cv2.waitKey(0)
```

運行程式，效果如圖 12-9 所示。

圖 12-9 Harris 和 Shi-Tomasi 的角點檢測比較效果圖

圖 12-9 的左圖為 Harris 角點檢測結果，右圖為 Shi-Tomasi 結果。可以看出，Shi-Tomasi 角點檢測的品質更高，數量也相對較少。一般情況下，Shi-Tomasi 相比 Harris 速度有所提升，並且可以直接得到角點座標。

12.7 FAST 特徵檢測

OpenCV 提供了一個快速檢測角點的類別 FastFeatureDetector。FAST（Features from Accelerated Segment Test）這個演算法效率確實比較高。在 Python 中，利用 FAST 類別下面的 detect 方法來檢測對應的角點，輸出格式都是 vector。

FAST 演算法快是它的優點，它的缺點是在雜訊高的時候堅固性差，性能依賴閾值的設定。

FastFeatureDetector 類別中提供了 drawKeypoints() 函數用於實現角點檢測，其語法格式為：

```
cv2.drawKeypoints(image, keypoints, outputimage, color, flags)
```

其中，各參數含義為：

- image：原始圖片。
- keypoints：從原圖中獲得的關鍵點，這也是畫圖時所用到的資料。
- outputimage：輸出圖片。
- color：顏色設定（b,g,r）的值，b= 藍色，g= 綠色，r= 紅色。
- flags：繪圖功能的標識設定，標識如下：

```
Ocv2.DRAW_MATCHES_FLAGS_DEFAULT（預設值）
Ocv2.DRAW_MATCHES_FLAGS_DRAW_RICH_KEYPOINTS
Ocv2.DRAW_MATCHES_FLAGS_DRAW_OVER_OUTIMG
Ocv2.DRAW_MATCHES_FLAGS_NOT_DRAW_SINGLE_POINTS
```

【例 12-6】利用 FAST 實現圖型角點檢測。

```
import cv2
def Fast_detect_fault(img_01):
    fast = cv2.FastFeatureDetector_create()      # 初始化（參數可不寫，也可以寫
數字）
```

```
    keypoint = fast.detect(img_01,None)
    img_01 = cv2.drawKeypoints(img_01,keypoint,img_01,color=(255,0,0))
    cv2.imshow('brid.png',img_01)
    # 列印所有預設參數
    print (" 閾值：", fast.getThreshold())
    print (" 非最大抑制值：", fast.getNonmaxSuppression())
    print (" 鄰近值：", fast.getType())
    print (" 帶有非非最大抑制的總關鍵點：", len(keypoint))


def Fast_detect_Setparam(img_02):
    #fast.setNonmaxSuppression(100) 使用 fast.setNonmaxSuppression 來設定預設
參數
    threshold=(5,10,100)
    for thre in threshold:
        fast_02 = cv2.FastFeatureDetector_create(threshold=thre,
nonmaxSuppression=True,type=cv2.FAST_FEATURE_DETECTOR_TYPE_5_8) # 獲取 FAST
角點探測器
        kp = fast_02.detect(img_02, None)            # 描述符號
        # 畫到 img 上面
        img_0 = cv2.drawKeypoints(img_02, kp, img_02, color=(255, 0, 0))
        cv2.imshow('sp_'+str(thre),img_02)
        # Print all set params
        print(" 閾值：", fast_02.getThreshold())         # 輸出閾值
# 是否使用非極大值抑制
        print(" 非最大抑制值：", fast_02.getNonmaxSuppression())
        print(" 鄰近值：", fast_02.getType())
        print(" 帶有非非最大抑制的總關鍵點：", len(kp))# 特徵點個數
        cv2.waitKey(0)


if __name__ == '__main__':
    img_01 = cv2.imread('brid.png')
    img_02 = cv2.imread('house.png')
    Fast_detect_fault(img_01)
    Fast_detect_Setparam(img_02)
    cv2.waitKey(0)
    cv2.destroyAllWindows()
```

運行程式，效果如圖 12-10 所示。

(1) 預設檢測角點   (2) 閾值為 5 時角點檢測

(3) 閾值為 10 時角點檢測   (4) 閾值為 100 時角點檢測

圖 12-10 FAST 圖型檢測效果

Memo

運動物件自動偵測

運動物件自動偵測是對運動物件進行檢測、提取、辨識和追蹤的技術。以視訊序列為基礎的運動物件辨識，一直以來都是機器視覺、智慧監控系統、視訊追蹤系統等領域的研究重點，是整個電腦視覺的研究困難之一。運動物件辨識的結果正確性對後續的影像處理、圖型理解等工作的順利開展具有決定性的作用，所以能否將運動物體從視訊序列中準確地檢測出來，是運動估計、物件偵測、行為了解等高層次視訊分析模組能否成功的關鍵。

運動物件辨識技術在實際應用上更能表現人們對移動物件的定位和追蹤需求，因此在許多領域都具有廣泛的應用。在運輸上，運動物件辨識技術被用於交通管理與視訊監控來智慧辨識運輸工具或行人的違規行為，為後續的抓拍、輸入等提供了資料來源；在場景監控等安全防範領域，以運動物件辨識為基礎的視訊監控系統與原來完全依靠人眼進行監控的系統相比，大大減輕了監控人員的工作強度，避免了值班員主觀判斷所引起的漏報、誤判等問題，為單位節省了人工成本。因此，對運動物件辨識技術的研究是一項既有理論意義又有使用價值的課題。近年來關於這項課題的研究有很多，大致有幀差分法、背景差分法、流光差分法等。由於幀間差分法運算量較小，易於硬體實現，已獲得了廣泛的應用。

13.1 幀差分法

13.1.1 原理

攝影機擷取的視訊序列具有連續性的特點。如果場景內沒有運動物件，則連續幀的變化很微弱，如果存在運動物件，則連續的幀和幀之間會有明顯的變化。

幀間差分法（Temporal Difference）就是借鏡了上述思想。由於場景中的物件在運動，物件的影像在不同圖型幀中的位置不同。該類演算法對時間上連續的兩幀或三幀圖型進行差分運算，不同幀對應的像素點相減，判斷灰階差的絕對值，當絕對值超過一定閾值時，即可判斷為運動物件，從而實現物件的檢測功能。

兩幀差分法的運算過程如圖 13-1 所示。記視訊序列中第 n 幀和第 $n-1$ 幀圖型為 f_n 和 f_{n-1}，兩幀對應像素點的灰階值記為 $f_n(x, y)$ 和 $f_{n-1}(x, y)$。按照式（13-1）將兩幀圖型對應像素點的灰階值進行相減，並取其絕對值，得到差分圖型 D_n：

$$D_n(x, y) = \left| f_n(x, y) - f_{n-1}(x, y) \right| \qquad （13-1）$$

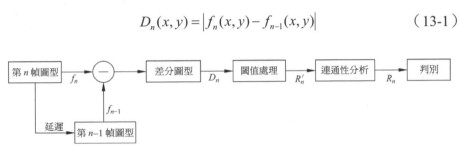

圖 13-1 兩幀差分法示意圖

設定閾值 T，按照式（13-2）一個一個物件點進行二值化處理，得到二值化圖型 R'_n。其中，灰階值為 255 的點即為前景（運動物件）點，灰階值為 0 的點即為背景點；對圖型 R'_n 進行連通性分析，最終可得到含有完整運動物件的圖型 R_n。

$$R'_n(x, y) = \begin{cases} 255, & D_n(x, y) > T \\ 0, & 其他 \end{cases} \qquad （13-2）$$

13.1.2　三幀差分法

兩幀差分法適用於物件運動較為緩慢的場景，當運動較快時，由於物件在相鄰幀圖型上的位置相差較大，兩幀圖型相減後並不能得到完整的運動物件，因此，人們在兩幀差分法的基礎上提出了三幀差分法。

三幀差分法的運算過程如圖 13-2 所示。記視訊序列中第 $n+1$ 幀、第 n 幀和第 $n-1$ 幀的圖型分別為 f_{n+1}、f_n 和 f_{n-1}，三幀對應像素點的灰階值記為 $f_{n+1}(x, y)$、$f_n(x, y)$ 和 $f_{n-1}(x, y)$，按照式（13-1）分別得到差分圖型 D_{n+1} 和 D_n，對差分圖型 D_{n+1} 和 D_n 按照式（13-3）進行與操作，得到圖型 D'_n，然後再進行閾值處理、連通性分析，最終提出運動物件。

$$D'_n(x, y) = \left| f_{n+1}(x, y) - f_n(x, y) \right| \bigcap \left| f_n(x, y) - f_{n-1}(x, y) \right| \qquad (13\text{-}3)$$

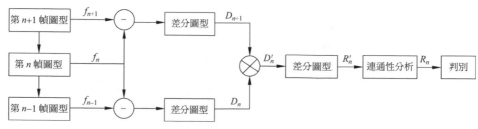

圖 13-2 三幀差分法示意圖

在幀間差分法中，閾值 T 的選擇非常重要。如果閾值 T 選取的值太小，則無法抑制差分圖型中的雜訊；如果閾值 T 選取的值太大，又有可能掩蓋差分圖型中物件的部分資訊；而且固定的閾值 T 無法適應場景中光線變化等情況。為此，有人提出了在判決條件中加入對整體光源敏感的增加項的方法，將判決條件修改為：

$$\max_{(x,y) \in A} \left| f_n(x, y) - f_{n-1}(x, y) \right| > T + \lambda \frac{1}{N_A} \sum_{(x,y) \in A} \left| f_n(x, y) - f_{n-1}(x, y) \right| \quad (13\text{-}4)$$

其中，N_A 為待檢測區域中像素的總數目，λ 為光源的抑制係數，A 可設為整幀圖型。增加項 $\lambda \frac{1}{N_A} \sum_{(x,y) \in A} \left| f_n(x, y) - f_{n-1}(x, y) \right|$ 表達了整幀圖型中光源的變化情況。如果場景中的光源變化較小，則該項的值趨向於零；如果場景中的光源變化明顯，則該項的值明顯增大，導致式（13-4）右側判決條件自我調整地增大，最終的判決結果為沒有運動物件，這樣就有效地抑制了光線變化對運動物件辨識的影響。

13.1.3 幀間差分法案例分析

前面對幀間差分法的定義、原理、兩幀差分、三幀差分法進行了介紹，下面直接透過 Python 案例來進行分析。

【**例 13-1**】利用兩幀差分法對視訊圖型進行物件辨識。

```python
import cv2
import numpy as np

cap = cv2.VideoCapture("video.avi")
# 檢查相機是否打開成功
if (cap.isOpened()== False):
  print(" 打開視訊流或檔案時出錯 ")
frameNum = 0
# 閱讀直到視訊完成
while(cap.isOpened()):
  # 獲取一幀
  ret, frame = cap.read()
  frameNum += 1
  if ret == True:
    tempframe = frame
    if(frameNum==1):
        previousframe = cv2.cvtColor(tempframe, cv2.COLOR_BGR2GRAY)
        print(111)
    if(frameNum>=2):
        currentframe = cv2.cvtColor(tempframe, cv2.COLOR_BGR2GRAY)
        currentframe = cv2.absdiff(currentframe,previousframe)
        median = cv2.medianBlur(currentframe,3)
        ret, threshold_frame = cv2.threshold(currentframe, 20, 255, cv2.
THRESH_BINARY)
        gauss_image = cv2.GaussianBlur(threshold_frame, (3, 3), 0)

        print(222)
        # 顯示結果幀
        cv2.imshow(' 原圖 ',frame)
        cv2.imshow('Frame',currentframe)
        cv2.imshow('median',median)
```

```
            # 按鍵盤上的 Q 鍵退出
            if cv2.waitKey(33) & 0xFF == ord('q'):
              break
        previousframe = cv2.cvtColor(tempframe, cv2.COLOR_BGR2GRAY)
      # 跳出迴圈
      else:
        break
# 完成所有操作後，釋放 video capture 物件
cap.release()
# 關閉所有幀
cv2.destroyAllWindows()
```

運行程式，效果如圖 13-3 所示。

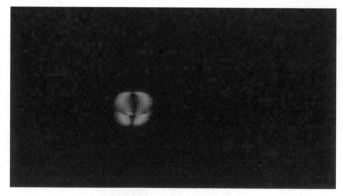

圖 13-3 兩幀檢測物件效果

【**例 13-2**】利用三幀差分法對視訊進行檢測。

```
import cv2
import numpy as np

def three_frame_differencing(videopath):
    cap = cv2.VideoCapture(videopath)
    width =int(cap.get(cv2.CAP_PROP_FRAME_WIDTH))
    height =int(cap.get(cv2.CAP_PROP_FRAME_HEIGHT))
    one_frame = np.zeros((height,width),dtype=np.uint8)
    two_frame = np.zeros((height,width),dtype=np.uint8)
    three_frame = np.zeros((height,width),dtype=np.uint8)
```

```
    while cap.isOpened():
        ret,frame = cap.read()
        frame_gray =cv2.cvtColor(frame,cv2.COLOR_BGR2GRAY)
        if not ret:
            break
        one_frame,two_frame,three_frame = two_frame,three_frame,frame_gray
        abs1 = cv2.absdiff(one_frame,two_frame)# 相減
        _,thresh1 = cv2.threshold(abs1,40,255,cv2.THRESH_BINARY)# 二值，大於
40 的為 255

        abs2 =cv2.absdiff(two_frame,three_frame)
        _,thresh2 =cv2.threshold(abs2,40,255,cv2.THRESH_BINARY)

        binary =cv2.bitwise_and(thresh1,thresh2)# 與運算
        kernel = cv2.getStructuringElement(cv2.MORPH_ELLIPSE,(5,5))
        erode = cv2.erode(binary,kernel)# 腐蝕
        dilate =cv2.dilate(erode,kernel)# 膨脹
        dilate =cv2.dilate(dilate,kernel)# 膨脹

        img,contours,hei = cv2.findContours(dilate.copy(),mode=cv2.RETR_
EXTERNAL,method=cv2.CHAIN_APPROX_SIMPLE)# 尋找輪廓
        for contour in contours:
            if 100<cv2.contourArea(contour)<40000:
                x,y,w,h =cv2.boundingRect(contour)# 找方框
                cv2.rectangle(frame,(x,y),(x+w,y+h),(0,0,255))
        cv2.namedWindow("binary",cv2.WINDOW_NORMAL)
        cv2.namedWindow("dilate",cv2.WINDOW_NORMAL)
        cv2.namedWindow("frame",cv2.WINDOW_NORMAL)
        cv2.imshow("binary",binary)
        cv2.imshow("dilate",dilate)
        cv2.imshow("frame",frame)
        if cv2.waitKey(50)&0xFF==ord("q"):
            break
    cap.release()
    cv2.destroyAllWindows()
if __name__ == '__main__':
    three_frame_differencing(0)
```

13.2 背景差分法

背景差分法是利用當前幀圖型與背景圖型進行差分運算，並提取運動區域的一種物件辨識方法，該方法一般能夠提供完整的物件資料。背景差分的基本思想是：首先，用預先儲存或即時更新的背景圖型序列為圖型的每個像素統計建模，得到背景模型 $f_b(x, y)$；其次，將當前每一幀的圖型 $f_k(x, y)$ 相減，得到圖型中偏離背景圖型較大的像素點；最後，類似於幀間差分法的處理方式，循環前兩步直到確定物件的矩形定位資訊。其中，運算過程的具體公式為：

$$D_k(x, y) = \begin{cases} 1, & |f_k(x, y) - f_b(x, y)| > T \\ 0, & \text{其他} \end{cases}$$

式中，$f_k(x, y)$ 為某一幀圖型，$f_b(x, y)$ 為背景圖型，$D_k(x, y)$ 為幀差圖型，T 為閾值。相減大於 T，則認為像素出現在物件上，$D_k(x, y)$ 值為 1；反之，$D_k(x, y)$ 值為 0，則認為像素在背景中。透過以上步驟遍歷處理每個像素，能夠完整地分割出運動物件。

但是，當背景圖型發生長時間的細微變化時，如果一直使用預先儲存的背景圖型，那麼隨著時間的增長，累積誤差會逐漸增大，最終可能會造成原背景圖型與實際背景圖型存在較大偏差，導致檢測失敗。因此，背景差分方法中的關鍵要素就是背景更新，自我調整的背景圖型更新方法往往會大大提高物件辨識的準確性及背景差分法的效率。以像素分析為基礎的背景圖型更新是常用的背景更新方法之一，該方法在更新背景圖型之前先把背景圖型和運動物件區分開：對於出現運動物件的背景圖型區域不進行圖型更新，對於其他區域則即時更新。因此，該演算法所得到的背景圖型不會受到運動物件的干擾。但是以像素分析為基礎的背景圖型更新演算法對雜訊具有一定的敏感性，特別是在光線突變時，可能不會即時更新背景圖型。

背景差分法的優點是演算法簡單，易於實現。在實際處理過程中，在根據實際情況確定閾值後，所得結果直觀反映了運動物件的位置、大小和形狀等資訊，能夠得到比較精確的運動物件資訊。該演算法適用於背景固定或變化緩慢的情況，其關鍵是如何獲得場景的靜態背景圖型，其缺點是容易受到雜訊等外界因素干擾，如光線發生變化或背景中物體暫時移動都會對最終的檢測結果造成影響。

【例 13-3】利用背景差分法實現視訊物件辨識。

```python
import cv2
def detect_video(video):
    camera = cv2.VideoCapture(video)
    history = 20      # 訓練幀數
    bs = cv2.createBackgroundSubtractorKNN(detectShadows=True)   # 背景減除器，設定陰影檢測
    bs.setHistory(history)
    frames = 0
    while True:
        res, frame = camera.read()
        if not res:
            break
        fg_mask = bs.apply(frame)     # 獲取 foreground mask
        if frames < history:
            frames += 1
            continue
        # 對原始幀進行膨脹去除雜訊
        th = cv2.threshold(fg_mask.copy(), 244, 255, cv2.THRESH_BINARY)[1]
        th = cv2.erode(th, cv2.getStructuringElement(cv2.MORPH_ELLIPSE,
(3, 3)), iterations=2)
        dilated = cv2.dilate(th, cv2.getStructuringElement(cv2.MORPH_
ELLIPSE, (8, 3)), iterations=2)
        # 獲取所有檢測框
        image, contours, hier = cv2.findContours(dilated, cv2.RETR_EXTERNAL,
cv2.CHAIN_APPROX_SIMPLE)
        for c in contours:
            # 獲取矩形框邊界座標
            x, y, w, h = cv2.boundingRect(c)
```

```
            # 計算矩形框的面積
            area = cv2.contourArea(c)
            if 500 < area < 3000:
                cv2.rectangle(frame, (x, y), (x + w, y + h), (0, 255, 0), 2)
        cv2.imshow("detection", frame)
        cv2.imshow("back", dilated)
        if cv2.waitKey(110) & 0xff == 27:
            break
    camera.release()

if __name__ == '__main__':
    video = 'video.avi'
    detect_video(video)
```

13.3 光流法

光流指圖型中模式的運動速度，屬於二維瞬時速度場的範圍。用光流法檢測運動物件的基本原理是：首先，為圖型中的每個像素點都初始化一個速度向量，形成圖型的運動場；然後在運動中的某個特定時刻，將圖型中的點與三維物體中的點根據投影關係進行一一映射；最後，根據各個像素點的速度向量特徵對圖型進行動態分析。在此過程中，如果在圖型中沒有運動物件，則光流向量在整個圖型區域都呈現連續變化的態勢；如果在圖型中存在物體和圖型背景的相對運動，則運動物體所形成的速度向量必然和鄰域背景的速度向量不同，從而檢測出運動物體的位置。在實際應用中，光流法的計算量大，容易受雜訊干擾，不利於即時處理。

光流法在近幾年獲得了較大的發展，出現了很多種改進演算法，常用的有時空梯度法、模組比對法、以能量為基礎的分析方法和以相位為基礎的分析方法。其中，時空梯度法以經典的 Horn&Schunck 方法為代表，應用最為普通。該方法利用圖型灰階的時空梯度函數來計算每個圖型點的速度向量，建構光流場。假設 $I(x, y, t)$ 為 t 時刻圖型點 (x, y) 的灰階；u、v 分別

為該點光流量沿 x 和 y 方向的兩個分量，且有 $u = \dfrac{dx}{dt}$，$v = \dfrac{dy}{dt}$，則根據計算機流的條件 $\dfrac{dI(x,y,t)}{dt} = 0$，可得到光流向量的梯度約束方程式為：

$$I_x u + I_y v + I_t = 0$$

改寫為向量形式：

$$\frac{\nabla I}{v} + I_t = 0$$

式中，I_x、I_y、I_t 分別為參考像素點的灰階值沿 x、y、t 三個方向的偏導數，$\nabla I = (I_x, I_y)^T$ 為圖型灰階的空間梯度，$v = (u, v)^T$ 為光流向量。

梯度的約束方程式限定了 I_x、I_y、I_t 與光流向量的關係，但是該方程式的兩個分量 u 和 v 並非唯一解，所以需要附加另外的限制條件來求解這兩個分量。常用的限制條件是假設光流在整個圖型上的變化具有平滑性，也叫作平滑限制條件，如下所示：

$$\min\left(\left\{\begin{array}{l}(\partial u/\partial x)^2 + (\partial u/\partial y)^2 \\ (\partial v/\partial x)^2 + (\partial v/\partial y)^2\end{array}\right\}\right)$$

因此，透過一系列的數學運算，可取得 (u, v) 的遞迴解。

光流法的優點是在不需要預先知道場景的任何訊息的前提下能夠檢測獨立的運動物件。光流法的缺點是該方法在大多數情況下計算複雜度較高，容易受光線等因素的影響，導致該方法在即時性和實用性方面處於劣勢。

【例 13-4】利用光流法檢測運動物件。

```
import numpy as np
import cv2 as cv
cap = cv.VideoCapture("video.avi")
# 設定 ShiTomasi 角點檢測的參數
feature_params = dict(maxCorners=100,
                      qualityLevel=0.3,
```

```
                           minDistance=7,
                           blockSize=7)
# 設定 lucas  kanade  光流場的參數
# 為使用的圖型金字塔層數
lk_params = dict(winSize=(15, 15),
                  maxLevel=2,
                  criteria=(cv.TERM_CRITERIA_EPS | cv.TERM_CRITERIA_COUNT,
10, 0.03))
# 產生隨機的顏色值
color = np.random.randint(0, 255, (100, 3))
# 獲取第一幀，並尋找其中的角點
(ret, old_frame) = cap.read()
old_gray = cv.cvtColor(old_frame, cv.COLOR_BGR2GRAY)
p0 = cv.goodFeaturesToTrack(old_gray, mask=None, **feature_params)
# 創建一個掩膜為了後面繪製角點的光流軌跡
mask = np.zeros_like(old_frame)
# 視訊檔案輸出參數設定
out_fps = 12.0   # 輸出檔案的每秒顯示畫面
fourcc = cv.VideoWriter_fourcc('M', 'P', '4', '2')
sizes = (int(cap.get(cv.CAP_PROP_FRAME_WIDTH)), int(cap.get(cv.CAP_PROP_FRAME_
HEIGHT)))
out = cv.VideoWriter('v5.avi', fourcc, out_fps, sizes)
while True:
    (ret, frame) = cap.read()
    frame_gray = cv.cvtColor(frame, cv.COLOR_BGR2GRAY)
    # 能夠獲取點的新位置
    p1, st, err = cv.calcOpticalFlowPyrLK(old_gray, frame_gray, p0, None,
**lk_params)
    # 取好的角點，並篩選出舊的角點對應的新的角點
    good_new = p1[st == 1]
    good_old = p0[st == 1]
    # 繪製角點的軌跡
    for i, (new, old) in enumerate(zip(good_new, good_old)):
        a, b = new.ravel()
        c, d = old.ravel()
        mask = cv.line(mask, (a, b), (c, d), color[i].tolist(), 2)
        frame = cv.circle(frame, (a, b), 5, color[i].tolist(), -1)
    img = cv.add(frame, mask)
    cv.imshow('frame', img)
```

```
    out.write(img)
    k = cv.waitKey(200) & 0xff
    if k == 27:
        break
    # 更新當前幀和當前角點的位置
    old_gray = frame_gray.copy()
    p0 = good_new.reshape(-1, 1, 2)
out.release()
cv.destroyAllWindows()
cap.release()
```

運行程式，效果如圖 13-4 所示。

圖 13-4 光流檢測物件效果

Memo

浮水印技術

數位浮水印（Digital Watermarking）技術指將一些標識資訊（即浮水印）直接嵌入數位載體中（包括多媒體、文件、軟體等）或間接表示（修改特定區域的結構），且不影響原載體的使用價值，也不容易被探知和再次修改，但可以被生產方辨識和辨認。透過這些隱藏在載體中的資訊，可以達到確認內容創建者、購買者、傳送隱秘資訊或判斷載體是否被篡改等目的。數位浮水印是實現版權保護的有效辦法，是資訊隱藏技術研究領域的重要分支。

14.1 浮水印技術的概念

數位浮水印通常可以分為堅固數位浮水印和易損數位浮水印兩類，從狹義上講，數位浮水印一般指堅固數位浮水印。

堅固數位浮水印主要用於在數位作品中標示著作權資訊，利用這種浮水印技術可在多媒體內容的資料中嵌入標示資訊。在發生版權糾紛時，標示資訊用於保護資料的版權所有者。用於版權保護的數位浮水印要求有很強的堅固性和安全性。

易損數位浮水印與堅固浮水印的要求相反，主要用於完整性保護，這種浮水印同樣是在內容資料中嵌入不可見的資訊。當內容發生改變時，這些浮水印資訊會發生對應的改變，從而鑑定原始資料是否被篡改。易損浮水印必須對訊號的改動很敏感，人們根據易損浮水印的狀態就可以判斷資料是否被篡改過。

不同的領域對數位浮水印有不同的要求，但一般而言，堅固數位浮水印應具備以下特點。

（1）不可感知性。就是嵌入浮水印後的圖型和未嵌入浮水印的圖型必須滿足人們感知上的需求，在視覺上沒有任何差別，不影響產品的品質和價值。

（2）堅固性。嵌入浮水印後的圖型在受到攻擊時，浮水印依然存在於載體資料中，並可以被恢復和檢測處理。

（3）安全性。嵌入的浮水印難以被篡改或偽造，只有授權機構才能檢測出來，非法使用者不能檢測，提取或去除浮水印資訊。

（4）計算複雜度。在不同的應用中，對於浮水印的嵌入演算法和提取演算法的計算複雜度要求是不同的，複雜度直接與浮水印系統的即時性相關。

（5）浮水印容量。浮水印容量指在載體資料中可嵌入多少浮水印資訊，其大小可以從幾百萬位元組到幾個位元不等。

14.2 數位浮水印技術的原理

數位浮水印技術實際上就是透過對浮水印載體的分析、對浮水印資訊的處理、對浮水印嵌入點的選擇、對嵌入方式的設計、對嵌入調解的控制和提取檢測的方法等相關技術環節進行合理最佳化，來尋求滿足不可感知性、堅固性和安全性等限制條件的準最佳化設計方法。在實際應用中，一個完整的浮水印系統通常包括生成、嵌入、檢測和提取浮水印四個部分。

1. 生成浮水印

通常以虛擬亂數發生器或混沌系統為基礎來產生浮水印訊號，從浮水印的堅固性和安全性方面來考慮，常常需要對原浮水印進行前置處理來適應浮水印嵌入演算法。

2. 嵌入浮水印

在儘量保證浮水印不可感知的前提下，嵌入最大強度的浮水印，可提高浮水印的穩健性。浮水印的嵌入過程如圖 14-1 所示，其中，虛線框表示嵌入演算法不一定需要該資料。常用的浮水印嵌入準則有加法準則、乘法準則和融合準則。

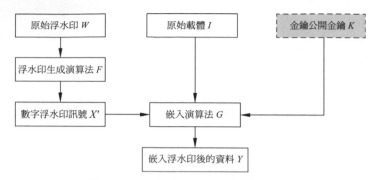

圖 14-1 數位浮水印嵌入過程方塊圖

加法準則是一種普遍的浮水印嵌入方式，在嵌入浮水印時沒有考慮到原始圖型各像素之間的差異，因此，用此方法嵌入浮水印後圖型品質在視覺上變化較大，影響了浮水印的穩健性。其實現公式為：

$$Y = I + \alpha W$$

式中，I 是原始載體；W 是浮水印訊號；α 是浮水印嵌入強度，對它的選擇必須考慮到圖型的實際情況和人類的視覺特性。

乘法準則考慮到了原始圖型各像素之間的差異，因此，乘法準則的性能在很多方面都要優於加法準則。

$$Y = I\,(1 + \alpha W)$$

融合準則綜合考慮了原始圖型和浮水印圖型，在不影響人的視覺效果的前提下，對原始圖型做了一定程度的修改。

$$Y = (1 - \alpha)\,I + \alpha W$$

3. 檢測浮水印

指判斷浮水印載體中是否存在浮水印的過程。浮水印的檢測過程如圖 14-2 所示，虛框表示判斷浮水印檢測不一定需要這些資料。

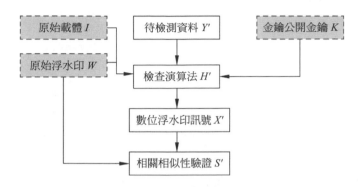

圖 14-2 數位浮水印檢測過程方塊圖

4. 提取浮水印

指浮水印被比較精確提取的過程。浮水印的提取和檢測既可以需要原始圖型的參與（明檢測），也可以不需要原始圖型的參與（盲檢測）。浮水印的提取過程如圖 14-3 所示，虛框表示提取浮水印不一定需要這些資料。

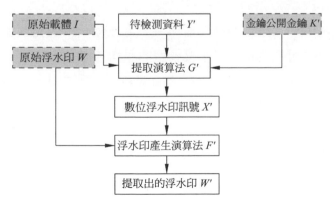

圖 14-3 數位浮水印提取過程方塊圖

14.3 典型的數位浮水印演算法

當今的數位浮水印技術已經涉及多媒體資訊的各方面，數位浮水印技術研究也獲得了很大的進步，尤其是針對圖像資料的浮水印演算法繁多，下面對一些經典的演算法進行分析和介紹。

14.3.1 空間域演算法

空間域演算法是數位浮水印最早的一類演算法，它闡明了關於數位浮水印的一些重要概念。空間域演算法一般透過改變圖型的灰階值來加入數位浮水印，大多採用替換法，用浮水印訊號替換載體中的資料，主要有 LSB（Least Significant Bit）、Patchwork、紋理區塊映射編碼等演算法。

（1）LSB 演算法的主要原理是利用人眼的視覺特性對數位圖型亮色等級解析度的有限性，將浮水印訊號替換原圖型中像素灰階值的最不重要位或次不重要位。這種方法簡單易行，且能嵌入較多資訊，但是抵抗攻擊的能力較差，攻擊者簡單地利用訊號處理技術就能完全破壞消息。但正因如此，LSB 演算法能夠有效地確定一幅圖在何處被修改了。

（2）Patchwork 演算法是一種以統計學為基礎的方法，它將圖型分成兩個子集，當其中一個子集的亮度增加時，另一個子集的亮度會減少同樣的量，這個量以不可見為標準，整幅圖型的平均灰階值保持不變，在這個調整過程中會完成浮水印的嵌入。在 Patchwork 演算法中，一個金鑰用來初始化一個虛擬亂數，而這個虛擬亂數將產生載體中放置浮水印的位置。Patchwork 方法的隱蔽性好，對失真壓縮和 FIR 濾波有一定的抵抗力，但其缺陷是嵌入資訊量有限，對多拷貝平均攻擊的抵抗力較弱。

（3）紋理區塊映射編碼演算法是將一個以紋理為基礎的浮水印嵌入圖型中具有相似紋理的一部分，該演算法以圖型為基礎的紋理結構，因而在視覺上很難被察覺，同時對於濾波、壓縮和旋轉等操作都有抵抗能力。

14.3.2 變換域演算法

目前，變換域演算法主要包括傅立葉轉換域（DFT）、離散餘弦域（DCT）和離散小波變換（DWT）。以頻域為基礎的數位浮水印技術相對於空間域的數位浮水印技術通常具有更多優勢，抗攻擊能力更強，比如一般的幾何變換對空域演算法的影響較大，對頻域演算法的影響卻較小。但是變換域演算法嵌入和提取浮水印的操作比較複雜，隱藏的資訊量不能太多。

（1）離散傅立葉轉換（Discrete Fourier Transform，DFT）是一種經典而有效的數學工具，DFT 浮水印技術正是利用圖型的 DFT 相位和強度嵌入浮水印資訊，一般利用相位資訊嵌入浮水印比利用強度資訊堅固性更好，利用強度嵌入浮水印則對旋轉、縮放、平移等操作具有不變性。DFT 浮水印技術的優點是具有仿射不變性，還可以利用相位嵌入浮水印，但 DFT 技術與國際壓縮標準不相容導致抗壓縮能力弱，且演算法比較複雜、效率較低，因此限制了它的應用。

（2）DCT 浮水印技術的主要思想是在圖型的 DCT 變換域上選擇中低頻係數疊加浮水印資訊，選擇中低頻係數是因為人眼的感覺主要集中在這一頻段，攻擊者在破壞浮水印的過程中，不可避免地會引起圖型品質的嚴重下降，而一般的影像處理過程也不會改變這部分資料。該演算法不僅在視覺上具有很強的隱蔽性、堅固性和安全性，而且可經受一定程度的失真壓縮、濾波、剪貼、縮放、平移、旋轉、掃描等操作。

（3）DWT 是一種「時間 - 尺度」訊號的多解析度分析方法，具有良好的空頻分解和模擬人類視覺系統的特性，而且嵌入式零樹小波編碼（EZW）將在新一代的壓縮標準（JPEG2000，MPEG4/7 等）中被採用，符合國際壓縮標準，小波域的浮水印演算法具有良好的發展前景。DWT 浮水印演算法的優點是浮水印檢測按子帶分組擴充浮水印序列進行，即如果先檢測出的浮水印序列已經滿足浮水印存在的相似函數要求，則檢測可以終止，否則繼續搜尋下一子帶的擴充浮水印序列直到相似函數出現一個峰值或使所有子帶搜尋結束。因此含有浮水印的載體在品質破壞不大的情況下，浮水印檢測可以在搜尋少數幾個子帶終止，提高了浮水印檢測的效率。

14.4 數位浮水印攻擊和評價

數位浮水印攻擊指帶有損害性、毀壞性的，或試圖移去浮水印訊號的處理過程。堅固性指浮水印訊號在經歷無意或有意的訊號處理後，仍能被準確檢測或提取的特徵。堅固性好的浮水印應該能夠抵抗各種浮水印攻擊行為。浮水印攻擊分析就是對現有的數位浮水印系統進行攻擊，以檢驗其堅固性，分析其弱點所在及易受攻擊的原因，以便在以後的數位浮水印系統的設計中加以改進。

對數位浮水印的攻擊一般是針對浮水印的堅固性提出的要求。按照攻擊原理，浮水印攻擊一般可以劃分為簡單攻擊、同步攻擊和混淆攻擊，而常見的攻擊操作有濾波、壓縮、雜訊、量化、裁剪、縮放、抽樣等。

（1）簡單攻擊指試圖對整個嵌入浮水印後載體資料減弱嵌入浮水印的幅度，並不辨識或分離浮水印，導致數位浮水印提取發生錯誤，甚至提取不出浮水印訊號。

（2）同步攻擊指試圖破壞載體資料和浮水印的同步性，使浮水印的相關檢測故障或恢復嵌入的浮水印成為不可能。在被攻擊的作品中浮水印仍然存在，而且強度沒有變化，但是浮水印訊號已經錯位，不能維持在正常提取過程中所需的同步性。

（3）混淆攻擊指生成一個偽浮水印化的資料來混淆含有真正浮水印的數位作品。雖然載體資料是真實的，浮水印訊號也存在，但是由於嵌入了一個或多個偽造浮水印，所以混淆了第 1 個浮水印，失去了唯一性。

評價數位浮水印的被影響程度，除了可以採用人們感知系統的定性評價，還可以採用定量的評價標準。通常對含有浮水印的數位作品進行定量評價的標準有：峰值信噪比（Peak Signal Noise Rate，PSNR）和歸一化相關係數（Normalized Correction，NC）。

（1）峰值信噪比。設 $I_{i,j}$ 和 $\hat{I}_{i,j}$ 分別表示原始和嵌入浮水印後的圖型，i 和 j 分別是圖型的行數和列數，則峰值信噪比定義為：

$$PSNR = 10 \times \lg \frac{mn \times \max\left(I_{i,j}^2\right)}{\sum\left(I_{i,j} - \hat{I}_{i,j}\right)^2}$$

峰值信噪比的典型值一般為 25~45dB，不同的方法得出的值不同，但是一般而言，PSNR 值越大，圖型的品質保持得就越好。

（2）歸一化相關係數。為定量地評價提取的浮水印與原始浮水印訊號的相似性，可採用歸一化相關係數作為評價標準。

14.5 浮水印技術案例分析

前面介紹了浮水印技術的理論基礎、原理和典型的演算法，下面直接透過一個例子來演示利用 Python 實現浮水印技術。程式為：

```
import time
import os
try:
    from PIL import Image, ImageDraw, ImageFont, ImageEnhance
except ImportError:
    import Image, ImageDraw, ImageFont, ImageEnhance

fontpath = "hey.ttf"
waterfontpath = "WeiRuanYaHei-1.ttf"
out_file = "/img/"
```

```python
def text_watermark(img, text, out_file, angle=23, opacity=0.50):
    '''''
    增加一個文字浮水印，做成透明浮水印的模樣，應該是 png 圖層合併
    '''
    watermark = Image.new('RGBA', img.size, (0, 0, 0,0))   # 有一層白色的膜，
去掉 (255,255,255) 這個參數就好了
    FONT = waterfontpath
    size = 70
    n_font = ImageFont.truetype(FONT, size)   # 得到字型
    n_width, n_height = n_font.getsize(text)
    n_font = ImageFont.truetype(FONT, size=size)
    # watermark = watermark.resize((text_width,text_height), Image.ANTIALIAS)
    draw = ImageDraw.Draw(watermark, 'RGBA')   # 在浮水印層加畫筆
    #左 3
    draw.text((watermark.size[0] - 1100, watermark.size[1] - 1850),text,
font=n_font, fill="#ccc")
    draw.text((watermark.size[0] - 1250, watermark.size[1] - 1400), text,
font=n_font, fill="#ccc")
    draw.text((watermark.size[0] - 1400, watermark.size[1] - 950), text,
font=n_font, fill="#ccc")
    #右 3
    draw.text((watermark.size[0] - 650, watermark.size[1] - 1600), text,
font=n_font, fill="#ccc")
    draw.text((watermark.size[0] - 800, watermark.size[1] - 1150), text,
font=n_font, fill="#ccc")
    draw.text((watermark.size[0] - 950, watermark.size[1] - 700), text,
font=n_font, fill="#ccc")
    watermark = watermark.rotate(angle, Image.BICUBIC)
    alpha = watermark.split()[3]
    alpha = ImageEnhance.Brightness(alpha).enhance(opacity)
    watermark.putalpha(alpha)
    out_file = out_file + time.strftime("%Y%m%d%H%M%S") + ".jpg"
    Image.composite(watermark, img, watermark).save(out_file, 'JPEG')
    print(" 文字浮水印成功 ")
    return out_file

def image_to_text():
    out_file_path = text_watermark(im, ' 數位浮水印技術 ', out_file)
```

```python
    targetimg = Image.open(out_file_path)
    # 將 img 增加到畫布
    imgdraw = ImageDraw.Draw(targetimg)
    # 設定需要繪製的字型參數：字型名，字型大小
    imgfont = ImageFont.truetype(fontpath, size=22)
    # 字型顏色
    fillcolor = "black"
    # 獲取 img 的寬和高
    # imgw,imgh = img.size
    # 開始將文字內容繪製到 img 的畫布上參數：座標，繪製內容，填充顏色，字型
    imgdraw.text((20, 20)," 測試 ", fill=fillcolor, font=imgfont)
    imgdraw.text((0, 0), " 測試 ", fill=fillcolor, font=imgfont)
    # 開始保存
    targetimg.save(out_file_path, "png")
    # 返回保存結果
    return out_file_path

if __name__ == "__main__":
    sourceimg1 = "123.jpg"
    im = Image.open(sourceimg1)   # image 物件
    result = image_to_text()
    sourceimg2 = "124.jpg"
    im = Image.open(sourceimg2)   # image 物件
    result = image_to_text()
    sourceimg3 = "125.jpg"
    im = Image.open(sourceimg3)   # image 物件
    result = image_to_text()
    sourceimg4 = "126.jpg"
    im = Image.open(sourceimg4)   # image 物件
    result = image_to_text()
    print(result)
```

Memo

大腦影像分析

醫學影像具有很強的時效性和科學性，是臨床診斷的重要參考依據。隨著影像分割技術的不斷發展，湧現出大量的分割演算法，很多已結合醫學診斷的實際需求得以應用和發展。在實際應用過程中，影像分割作為診斷分析中最常使用的模組之一，發揮著越來越大的作用。區域生成分割是一種經典的影像分割演算法，以串列區域為基礎的思想，提取具有相同特徵的連通區域，得到完整的物件邊緣，從而實現分割效果。

15.1　閾值分割

閾值分割演算法是最常見的影像分割方法之一。常見的閾值分割演算法包括大津法、最小誤差法、最大類別差異法和最大熵法等。但是，醫學影像一般包含多個不同類型的區域，如何從中選取合適的閾值進行分割，仍然是醫學影像閾值分割的一大難題。

閾值分割的一般流程：透過判斷圖型中每一個像素點的特徵屬性是否滿足閾值的要求，來確定圖型中的該像素點是屬於目的地區域還是背景區域，從而將一幅灰階圖型轉換成二值圖型。

用數學運算式來表示，則可設原始圖型為 $f(x, y)$，T 為閾值，分割圖型時則滿足下式：

$$g(x, y) = \begin{cases} 1, & f(x, y) \geq T \\ 0, & f(x, y) < T \end{cases}$$

閾值分割法計算簡單，而且總能用封閉且連通的邊界定義不交疊的區域，對物件與背景有較強比較的圖型可以得到較好的分割效果。但是，關鍵問題來了，如何獲得一個最佳閾值呢？

以下是幾種最佳閾值的選擇方法：

（1）人工經驗選擇法

人工經驗選擇法也就是我們自己根據需要處理的圖型的先驗知識，對圖型中的物件與背景進行分析。透過對像素的判斷，圖型的分析，選擇出閾值值所在的區間，並透過實驗進行比較，最後選擇出比較好的閾值。這種方法雖然能用，但是效率較低且不能實現自動的閾值選取。對於樣本圖片較少時，可以選用。

（2）利用長條圖

利用長條圖進行分析，並根據長條圖的波峰和波谷之間的關係，選擇出一個較好的閾值。這樣方法，準確性較高，但是只對於存在一個物件和一個背景的，且兩者比較明顯的圖型，且長條圖是雙峰的那種最有價值。

（3）最大類間方差法（OTSU）

最大類間方差法（OTSU）是一種使用最大類間方差的自動確定閾值的方法。是一種以全域為基礎的二值化演算法，它是根據圖型的灰階特性，將圖型分為前景和背景兩個部分。當取最佳閾值時，兩部分之間的差別應該是最大的，在 OTSU 演算法中所採用的衡量差別的標準就是較為常見的最大類間方差。前景和背景之間的類間方差如果越大，就說明組成圖型的兩個部分之間的差別越大，當部分物件被錯分為背景或部分背景被錯分為目標，都會導致兩部分差別變小，當所取閾值的分割使類間方差最大時就表示錯分機率最小。

記 T 為前景與背景的分割閾值，前景點數佔圖型比例為 w_0，平均灰階為 u_0；背景點數佔圖型比例為 w_1，平均灰階為 u_1，圖型的總平均灰階為 u，前景和背景圖型的方差 g，則有：

$$u = w_0 \times u_0 + w_1 + u_1$$
$$g = w_0 \times (u_0 - u)^2 + w_1 \times (u_1 - u)^2$$

聯立上式得：

$$g = w_0 \times w_1 \times (u_0 - u_1)^2$$

或：

$$g = \frac{w_0}{1 - w_0} \times (u_0 - u)^2$$

當方差 g 最大時，可以認為此時前景和背景差異最大，此時的灰階 T 是最佳閾值。

（4）自我調整閾值法

上面的最大類間方差閾值分割法在分割過程中對圖型上的每個像素都使用了相等的閾值。但在實際情況中，當照明不均勻、有突發雜訊或背景變化較大時，整幅圖型分割時將沒有合適的單一閾值，如果仍採用單一的閾值去處理每一個像素，可能會將物件和背景區域錯誤劃分。而自我調整閾值分割的思想，是將圖型中每個像素設定可能不一樣的閾值。

15.2 區域生長

區域生長（Region Growing）法本質上是對種子像素或子區域透過預先定義的相似度計算規則進行合併以獲得更大區域的過程。首先，選擇種子像素或子區域作為物件位置；然後，將符合相似度條件的相鄰像素或區域合併到物件位置，循環實現區域的逐步增長；最後，如果沒有可以繼續合併的點或小區域，則停止並輸出。其中，相似度計算規則可以包括灰階值、紋理、顏色等資訊。

區域生長法在缺乏先驗知識的情況下，透過規則合併策略來尋求最佳分割的可能，具有簡潔、高效的特點。但是，區域生長法一般要求以人工的方式選擇種子或子區域，容易缺少客觀性；而且，區域生長法對雜訊較為敏感，可能帶來分割結果上的孔洞、雜訊等問題。

15.3 以閾值預分割為基礎的區域生長

大腦影像直接應用閾值分割演算法，容易產生過分割問題，即分割出大量與大腦連接的其他區域。如果直接應用區域生長演算法，則需要人工選擇種子點，且在分割結果中容易包含孔洞、雜訊等問題。所以，可透過閾值分割預先定位大腦的大致區域，並依據大腦的預設位置來選擇種子點，對經過區域生長分割後的二值影像再進行形態學後處理，最終得到完整的大腦物件並實現分割效果。該演算法的步驟為：

（1）讀取影像並進行對比度增強。

（2）閾值分割，定位出物件的大致區域。

（3）提取物件左上區域的某位置作為種子點。

（4）以區域生長法進行影像分割。

（5）形態學後區域，去除孔洞、雜訊等。

（6）提取邊緣並標記輸出。

15.4 區域生長分割大腦影像案例分析

前面對幾種區域生長法的相關概念進行了介紹，下面直接透過例子來演示利用區域生長分對大腦圖型進行分割處理。

```
# 區域生長
from PIL import Image
import matplotlib.pyplot as plt # plt 用於顯示圖片
import numpy as np

im = Image.open('Marker.png') # 讀取圖片
```

```
im_array = np.array(im)
print(im_array)
[m,n]=im_array.shape

a = np.zeros((m,n)) # 建立等大小空矩陣
a[70,70]=1 # 設立種子點
k = 40 # 設立區域判斷生長閾值

flag=1 # 設立是否判斷的小紅旗
while flag==1:
    flag=0
    lim = (np.cumsum(im_array*a)[-1])/(np.cumsum(a)[-1])
    for i in range(2,m):
        for j in range(2,n):
            if a[i,j]==1:
                for x in range(-1,2):
                    for y in range(-1,2):
                        if a[i+x,j+y]==0:
                            if (abs(im_array[i+x,j+y]-lim)<=k) :
                                flag = 1
                                a[i+x,j+y]=1

data = im_array*a # 矩陣相乘獲取生長圖型的矩陣
new_im = Image.fromarray(data) #data矩陣轉化為二維圖片
# 畫圖展示
plt.subplot(1,2,1)
plt.imshow(im,cmap='gray')
plt.axis('off') # 不顯示座標軸
plt.show()

plt.subplot(1,2,2)
plt.imshow(new_im,cmap='gray')
plt.axis('off') # 不顯示座標軸
plt.show()
```
運行程式，輸出如下，效果如圖 15-1 所示。
```
[[ 4   712 ...121110]
 [121111 ...13  8  9]
 [1211  8 ...10  9  9]
```

```
...
[ 7   8   9 ...101217]
[ 8   8   7 ...121114]
[ 5   7   8 ...111216]]
```

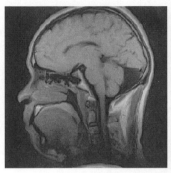 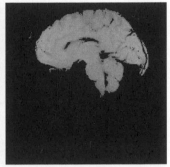

(a) 原始圖型   (b) 分割圖型

圖 15-1 區域生長分割效果

Memo

自動駕駛應用

隨著電腦視覺和深度學習技術的迅速發展，自動駕駛技術也逐漸進入新的發展階段。著名的交通網路公司 Uber 已在美國舊金山開通了自動駕駛汽車服務，Alphabet（Google）母公司也對外宣佈將自動駕駛專案從 Google X 實驗室拆分出來獨立營運，美國聯邦政府已著手對自動駕駛汽車制定官方的產業規範。透過這一系列訊息，可以發現自動駕駛距離廣大普通消費者的生活越來越近。此外，世界各國的交通主管部門大多宣導「防禦駕駛」的概念。防禦駕駛是一種預測危機並協助遠離危機的機制，要求駕駛人除了遵守交通規則，也要防範其他因自身疏忽或違規而發生的交通意外。因此，各大汽車廠商與駕駛人多主動在車輛上安裝各種先進的駕駛輔助系統（Advanced Driver Assistance System，ADAS），以降低肇事機率。

自動駕駛汽車是典型的高新技術綜合應用，包含場景感知、最佳化計算、多等級輔助駕駛等功能，運用了電腦視覺、感測器、資訊融合、資訊通訊、高性能計算、人工智慧及自動控制等技術。在這些技術中，電腦視覺作為資料處理的直接入口，是自動駕駛不可缺的一部分。

16.1 理論基礎

自動駕駛是以多項高新技術為基礎的綜合應用，其關鍵模組可歸納為環境感知、行為決策、路徑規則和運動控制，如圖 16-1 所示。

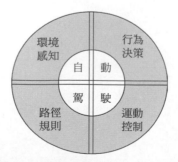

圖 16-1 自動駕駛關鍵技術示意圖

16.2 環境感知

自動駕駛面臨的首要問題就是如何對週邊的環境資料及車輛的內部資料進行有效擷取和快速處理，這也是自動駕駛的基礎資料支撐，具有重要的意義。自動駕駛一般透過感測器進行，常見的有攝影機、雷射雷達、車載測距儀、智慧加速度感測器等，涉及視訊圖型獲取、車道線檢測、車輛檢測、行人檢測、高性能計算等技術。

實際上，由於不同的感測器在設計和功能上的差別，單類型的感測器在資料獲取和處理上也具有一定的局限性，難以實現對環境的感知和處理。因此，自動駕駛的環境感知技術不僅能透過增加攝影機、雷達等感測器裝置來實現，還涉及對多類型感測器的融合處理技術。目前，國內外的不同廠商在自動駕駛環境感知技術模組方面的主要差距集中在多感測器融合方面。

16.3 行為決策

自動駕駛在獲取到環境感知資料後，需要進一步對駕駛行為進行分析和計算，這就涉及行為決策模組。所謂行為決策，是指自動駕駛汽車根據已知的路網資料、交通規則資料、擷取的週邊環境及車輛的內部資料，透過一系列資料獲得合理駕駛決策的過程。這在本質上是透過一定的感知計算選擇合理的工作模型，獲得合理的控制邏輯，並下發指令給車輛進行對應的動作。

在自動駕駛過程中往往會涉及前後車距保持、車道線偏離預警、路障告警、斑馬線穿越等實際問題，這就需要行為決策模組對本車與其他車輛、車道、路障、行人等在未來一段時間內的狀態進行計算並預測，獲得合理的行為控制。常見的決策理論有模糊推理、強化學習、神經網路和貝氏預測等。

16.4 路徑規則

自動駕駛透過環境感知和行為決策，獲取了車輛的週邊環境資料、車輛狀態資料、車輛位置及路線資料，而以最佳化搜尋演算法進行路徑規則為基礎，進而實現自動駕駛的智慧導航功能。

自動駕駛的路徑規劃模組以資料獲取為基礎的實際情況可以分為全域和局部兩種類別，即以已獲取為基礎的完整環境資訊的全域路徑規則方法和以動態感測器即時獲取環境資訊為基礎的局部路徑規則方法。全域路徑規則主要以已獲取為基礎的完整資料，從全域來計算出推薦的路徑，例如透過計算從台北到高雄的路徑規劃得到的推薦路線；局部路徑規則主要以即時獲取為基礎的環境資料，從局部來計算對路上遇到的車輛、路障等情況如何避開或調整車道等。

16.5 運動控制

自動駕駛經過環境感知、行為決策、路徑規則後，透過對行駛軌跡和速度的計算並結合當前位置和狀態，來得到對汽車方向盤、油門、 車和擋位的控制指令，這就是運動控制模組的主要內容。根據控制目標的不同，運動控制可以分為水平控制和垂直控制兩個類別。水平控制是指設定一個速度並透過方向盤控制來使車輛以預定為基礎的行駛；垂直控制是指在配合水平控制達到正常行駛的同時，滿足人們對於安全、穩定和舒適的要求。

自動駕駛涉及特別複雜的控制邏輯，存在水平、垂直及橫垂直的耦合關係，這也讓人們提出了車輛的協作控制要求，也是控制技術的困難所在。其中，水平控制作為基本的控制需求，是研究熱點之一，常用的方法包括模糊控制、神經網路控制、最佳控制、自我調整控制等。

16.6 自動駕駛案例分析

下面我們來看一下強化學習領域中的常用學習演算法，稱為 Q 學習（Q-learning）。Q 學習用於在一個指定的有限馬可夫決策過程中得到最佳的動作選擇策略。一個馬可夫決定過程（Markov decision process）由以下幾項定義：狀態空間 S、動作空間 A、立即獎勵集合 R、從當前狀態 $S^{(t)}$ 到下一個狀態 $S^{(t+1)}$ 的機率、當前的動作 $a^{(t)}$、$P(S^{(t+1)}/S^{(t)}; r^{(t)})$ 和一個折扣因數 γ。

深度 Q 學習方法的問題，目標 Q 值和預測 Q 值都是以相同為基礎的網路參數 W 來估計的，由於預測的 Q 值和目標 Q 值兩者有很強的相關性，這兩者在訓練的每個步驟都會發生偏移（shift），從而引起訓練震盪（osillation）。

為了解決這個問題，可以在訓練過程中，每隔幾次迭代才將基本神經網路的參數拷貝過來作為目標神經網路，用於目標 Q 值的估計。這種深度 Q 學習網路的變種被稱為「深度雙 Q 學習（double deep Q learning）」，一般能讓訓練過程穩定下來

現在透過深度 Q 實現一個無人駕駛車。在這個問題中，駕駛員和車將對應智慧體，跑道及四周對應環境。這裡直接使用 OpenAI Gym CarRacing-v0 的資料作為環境，這個環境對智慧體返回狀態和獎勵。在車上安裝前置攝影機，拍攝得到的圖型作為狀態。環境可以接受的動作是一個三維向量 $a \in R^3$，三個維度分別對應如何左轉、如何向前和如何右轉。智慧體與環境互動並將互動結果以 $(s, a, r, s')_{i=1}^m$ 元組的形式進行保存，作為無人駕駛的訓練資料。其實現步驟為：

1. 深度雙 Q 值網路實現

由於狀態是一系列圖型，深度雙 Q（Double Deep Q network，DQN）採用 CNN 架構來處理狀態圖片並輸出所有可能動作的 Q 值。實現程式為

（DQN.py）：

```python
import keras
from keras import optimizers
from keras.layers import Convolution2D
from keras.layers import Dense, Flatten, Input, concatenate, Dropout
from keras.models import Model
from keras.utils import plot_model
from keras import backend as K
import numpy as np
''' 深度雙 Q 網路實現 '''
learning_rate = 0.0001
BATCH_SIZE = 128
class DQN:
    def __init__(self,num_states,num_actions,model_path):
        self.num_states = num_states
        print(num_states)
        self.num_actions = num_actions
        self.model  = self.build_model()  # 基本模型
        self.model_ = self.build_model()  # 目標模型（基本模型的備份）
        self.model_chkpoint_1 = model_path +"CarRacing_DDQN_model_1.h5"
        self.model_chkpoint_2 = model_path +"CarRacing_DDQN_model_2.h5"
        save_best = keras.callbacks.ModelCheckpoint(self.model_chkpoint_1,
                                                    monitor='loss',
                                                    verbose=1,
                                                    save_best_only=True,
                                                    mode='min',
                                                    period=20)
        save_per = keras.callbacks.ModelCheckpoint(self.model_chkpoint_2,
                                                    monitor='loss',
                                                    verbose=1,
                                                    save_best_only=False,
                                                    mode='min',
                                                    period=400)
        self.callbacks_list = [save_best, save_per]
    # 接受狀態並輸出所有可能動作的 Q 值的卷積神經網路
    def build_model(self):
        states_in = Input(shape=self.num_states,name='states_in')
```

```
    x = Convolution2D(32,(8,8),strides=(4,4),activation='relu')
(states_in)
    x = Convolution2D(64,(4,4), strides=(2,2), activation='relu')(x)
    x = Convolution2D(64,(3,3), strides=(1,1), activation='relu')(x)
    x = Flatten(name='flattened')(x)
    x = Dense(512,activation='relu')(x)
    x = Dense(self.num_actions,activation="linear")(x)
    model = Model(inputs=states_in, outputs=x)
    self.opt = optimizers.Adam(lr=learning_rate, beta_1=0.9,
beta_2=0.999, epsilon=None,decay=0.0, amsgrad=False)
    model.compile(loss=keras.losses.mse,optimizer=self.opt)
    plot_model(model,to_file='model_architecture.png',show_shapes=True)
    return model
# 訓練功能
def train(self,x,y,epochs=10,verbose=0):
    self.model.fit(x,y,batch_size=(BATCH_SIZE), epochs=epochs,
verbose=verbose, callbacks=self.callbacks_list)

# 預測功能
def predict(self,state,target=False):
    if target:
        # 從目標網路中返回指定狀態的動作的 Q 值
        return self.model_.predict(state)
    else:
        # 從原始網路中返回指定狀態的動作的 Q 值
        return self.model.predict(state)
# 預測單例函數
def predict_single_state(self,state,target=False):
    x = state[np.newaxis,:,:,:]
    return self.predict(x,target)
# 使用基本模型權重更新目標模型
def target_model_update(self):
    self.model_.set_weights(self.model.get_weights())
```

從上述程式中可以看到，兩個模型中的模型是另外一個模型的拷貝。
基本網路和目標網路分別被儲存為 GarRacing_DDQN_model_1.h5 和
CarRacing_DDQN_model_2.h5。

透過呼叫 target_model_update 函數來更新目標網路，使其與基本網路擁有相同的權值。

2. 智慧體設計

在某個指定狀態下，智慧體與環境互動的過程中，智慧體會嘗試採取最佳的動作。這裡動作的隨機程度由 epsilon 的值來決定。最初，epsilon 的值被設定為 1，動作完全隨機化。當體有了一定的訓練樣本後，epsilon 的值一步步減少，動作的隨機程度隨之降低。這種用 epsilon 的值來控制動作隨機化程度的框架被稱為 Epsilon 貪婪演算法。此處可定義兩個智慧體：

- Agent：指定一個具體的狀態，根據 Q 值來採取動作。
- RandomAgent：執行隨機的動作。

智慧體有 3 個功能：

- act：智慧體以狀態決定採取哪個動作為基礎。
- observe：智慧體捕捉狀態和目標 Q 值。
- replay：智慧體以觀察資料訓練模型為基礎。

實現智慧體的程式為（Agents.py）：

```python
import math
from Memory import Memory
from DQN import DQN
import numpy as np
import random
from helper_functions import sel_action,sel_action_index
# 智慧體和隨機智慧體的實現
max_reward = 10
grass_penalty = 0.4
action_repeat_num = 8
max_num_episodes = 1000
memory_size = 10000
max_num_steps = action_repeat_num * 100
gamma = 0.99
```

```python
max_eps = 0.1
min_eps = 0.02
EXPLORATION_STOP = int(max_num_steps*10)
_lambda_ = - np.log(0.001) / EXPLORATION_STOP
UPDATE_TARGET_FREQUENCY = int(50)
batch_size = 128
class Agent:
    steps = 0
    epsilon = max_eps
    memory = Memory(memory_size)
    def __init__(self, num_states,num_actions,img_dim,model_path):
        self.num_states = num_states
        self.num_actions = num_actions
        self.DQN = DQN(num_states,num_actions,model_path)
        self.no_state = np.zeros(num_states)
        self.x = np.zeros((batch_size,)+img_dim)
        self.y = np.zeros([batch_size,num_actions])
        self.errors = np.zeros(batch_size)
        self.rand = False
        self.agent_type = 'Learning'
        self.maxEpsilone = max_eps

    def act(self,s):
        print(self.epsilon)
        if random.random() < self.epsilon:
            best_act = np.random.randint(self.num_actions)
            self.rand=True
            return sel_action(best_act), sel_action(best_act)
        else:
            act_soft = self.DQN.predict_single_state(s)
            best_act = np.argmax(act_soft)
            self.rand=False
            return sel_action(best_act),act_soft

    def compute_targets(self,batch):
        # 0：當前狀態索引
        # 1：指數的動作
        # 2：獎勵索引
        # 3：下一狀態索引
```

```
        states = np.array([rec[1][0]for rec in batch])
        states_ = np.array([(self.no_state if rec[1][3] is None else
rec[1][3]) for rec in batch])
        p = self.DQN.predict(states)
        p_ = self.DQN.predict(states_,target=False)
        p_t = self.DQN.predict(states_,target=True)
        act_ctr = np.zeros(self.num_actions)

        for i in range(len(batch)):
            rec = batch[i][1]
            s = rec[0]; a = rec[1]; r = rec[2]; s_ = rec[3]
            a = sel_action_index(a)
            t = p[i]
            act_ctr[a] += 1
            oldVal = t[a]
            if s_ is None:
                t[a] = r
            else:
                t[a] = r + gamma * p_t[i][ np.argmax(p_[i])]   # DDQN

            self.x[i] = s
            self.y[i] = t

            if self.steps % 20 == 0 and i == len(batch)-1:
                print('t',t[a], 'r: %.4f'% r,'mean t',np.mean(t))
                print ('act ctr: ', act_ctr)
            self.errors[i] = abs(oldVal - t[a])
        return (self.x, self.y,self.errors)

    def observe(self,sample):  # in (s, a, r, s_) format
        _,_,errors = self.compute_targets([(0,sample)])
        self.memory.add(errors[0], sample)
        if self.steps % UPDATE_TARGET_FREQUENCY == 0:
            self.DQN.target_model_update()
        self.steps += 1
        self.epsilon = min_eps + (self.maxEpsilone - min_eps) * np.exp(-1*_
lambda_ * self.steps)

    def replay(self):
```

```
        batch = self.memory.sample(batch_size)
        x, y,errors = self.compute_targets(batch)
        for i in range(len(batch)):
            idx = batch[i][0]
            self.memory.update(idx, errors[i])
        self.DQN.train(x,y)

class RandomAgent:
    memory = Memory(memory_size)
    exp = 0
    steps = 0
    def __init__(self, num_actions):
        self.num_actions = num_actions
        self.agent_type = 'Learning'
        self.rand = True
    def act(self, s):
        best_act = np.random.randint(self.num_actions)
        return sel_action(best_act), sel_action(best_act)
    def observe(self, sample):   # (s, a, r, s_) 格式
        error = abs(sample[2])# 獎勵
        self.memory.add(error, sample)
        self.exp += 1
        self.steps += 1
    def replay(self):
        pass
```

3. 自動駕駛車的環境

自動駕駛車的環境採用 OpenAI Gym 中的 GarRacing-v0 資料集，因此智慧體從環境得到的狀態是 CarRacing-v0 中的車前窗圖型。在指定狀態下，環境能根據智慧體採取的動作返回一個獎勵。為了讓訓練過程更加穩定，所有獎勵值被歸一化到（-1,1）。實現環境的程式為（environment.py）：

```
import gym
from gym import envs
import numpy as np
from helper_functions import rgb2gray,action_list,sel_action,sel_action_index
```

```
from keras import backend as K

seed_gym = 3
action_repeat_num = 8
patience_count = 200
epsilon_greedy = True
max_reward =  10
grass_penalty = 0.8
max_num_steps = 200
max_num_episodes = action_repeat_num*100
''' 智慧體互動環境 '''
class environment:
    def __init__(self, environment_name,img_dim,num_stack,num_actions,
render,lr):
        self.environment_name = environment_name
        print(self.environment_name)
        self.env = gym.make(self.environment_name)
        envs.box2d.car_racing.WINDOW_H = 500
        envs.box2d.car_racing.WINDOW_W = 600
        self.episode = 0
        self.reward = []
        self.step = 0
        self.stuck_at_local_minima = 0
        self.img_dim = img_dim
        self.num_stack = num_stack
        self.num_actions = num_actions
        self.render = render
        self.lr = lr
        if self.render == True:
            print(" 顯示 proeprly 資料集 ")
        else:
            print(" 顯示問題 ")

    # 執行任務的智慧體
    def run(self,agent):
        self.env.seed(seed_gym)
        img = self.env.reset()
        img =  rgb2gray(img, True)
        s = np.zeros(self.img_dim)
```

```python
# 收集狀態
for i in range(self.num_stack):
    s[:,:,i] = img
s_ = s
R = 0
self.step = 0
a_soft = a_old = np.zeros(self.num_actions)
a = action_list[0]
while True:
    if agent.agent_type == 'Learning':
        if self.render == True :
            self.env.render("human")

    if self.step % action_repeat_num == 0:
        if agent.rand == False:
            a_old = a_soft
        # 智慧體的輸出指令
        a,a_soft = agent.act(s)
        # 智慧體的局部最小值
        if epsilon_greedy:
            if agent.rand == False:
                if a_soft.argmax() == a_old.argmax():
                    self.stuck_at_local_minima += 1
                    if self.stuck_at_local_minima >= patience_count:
                        print(' 陷入局部最小值，重置學習速率 ')
                        agent.steps = 0
                        K.set_value(agent.DQN.opt.lr,self.lr*10)
                        self.stuck_at_local_minima = 0
                else:
                    self.stuck_at_local_minima = max(self.stuck_
at_local_minima -2, 0)
                    K.set_value(agent.DQN.opt.lr,self.lr)
        # 對環境執行操作
        img_rgb, r,done,info = self.env.step(a)
        if not done:
            # 創建下一狀態
            img = rgb2gray(img_rgb, True)
            for i in range(self.num_stack-1):
                s_[:,:,i] = s_[:,:,i+1]
```

```
                    s_[:,:,self.num_stack-1] = img
                else:
                    s_ = None
                # 累積獎勵追蹤
                R += r
                # 對獎勵值進行歸一化處理
                r = (r/max_reward)
                if np.mean(img_rgb[:,:,1]) > 185.0:
                # 如果汽車在草地上，就要處罰
                    r -= grass_penalty
                # 保持智慧體值的範圍在 [-1,1] 之間
                r = np.clip(r, -1 ,1)
                #Agent 有一個完整的狀態、動作、獎勵和下一個狀態可供學習
                agent.observe( (s, a, r, s_))
                agent.replay()
                s = s_
            else:
                img_rgb, r, done, info = self.env.step(a)
                if not done:

                    img =  rgb2gray(img_rgb, True)
                    for i in range(self.num_stack-1):
                        s_[:,:,i] = s_[:,:,i+1]
                    s_[:,:,self.num_stack-1] = img
                else:
                    s_ = None
                R += r
                s = s_
            if (self.step % (action_repeat_num * 5)== 0) and (agent.agent_
type=='Learning'):
                print('step:', self.step, 'R: %.1f'% R, a, 'rand:', agent.
rand)

            self.step += 1

            if done or (R <-5) or (self.step > max_num_steps) or np.mean
(img_rgb[:,:,1]) > 185.1:
                self.episode += 1
                self.reward.append(R)
```

```
                print('Done:', done, 'R<-5:', (R<-5), 'Green >185.1:',np.
mean(img_rgb[:,:,1]))break
        print(" 集 ",self.episode,"/", max_num_episodes,agent.agent_type)
        print(" 平均集獎勵 :", R/self.step, " 總獎勵 :", sum(self.reward))


    def test(self,agent):
        self.env.seed(seed_gym)
        img= self.env.reset()
        img = rgb2gray(img, True)
        s = np.zeros(self.img_dim)
        for i in range(self.num_stack):
            s[:,:,i] = img
        R = 0
        self.step = 0
        done = False
        while True :
            self.env.render('human')
            if self.step % action_repeat_num == 0:
                if(agent.agent_type == 'Learning'):
                    act1 = agent.DQN.predict_single_state(s)
                    act = sel_action(np.argmax(act1))
                else:
                    act = agent.act(s)
                if self.step <= 8:
                    act = sel_action(3)
                img_rgb, r, done,info = self.env.step(act)
                img = rgb2gray(img_rgb, True)
                R += r
                for i in range(self.num_stack-1):
                    s[:,:,i] = s[:,:,i+1]
                s[:,:,self.num_stack-1] = img
            if(self.step % 10) == 0:
                print('Step:', self.step, 'action:',act, 'R: %.1f'% R)
                print(np.mean(img_rgb[:,:,0]), np.mean(img_rgb[:,:,1]),
np.mean(img_rgb[:,:,2]))
            self.step += 1

            if done or (R<-5) or (agent.steps >max_num_steps) or
np.mean(img_rgb[:,:,1]) > 185.1:
```

```
                    R = 0
                    self.step = 0
                    print('Done:', done, 'R<-5:', (R<-5), 'Green> 185.1:',np.
mean(img_rgb[:,:,1]))
                    break
```

上述程式中，函數 run 實現了智慧體在環境中的所有行為。

4. 連接所有程式

指令稿 main.py 將環境、深度雙 Q 學習網路和智慧體的程式按照邏輯整合在一起，實現基本增強學習的無人駕車。程式為：

```
import sys
from gym import envs
from Agents import Agent,RandomAgent
from helper_functions import action_list,model_save
from environment import environment
import argparse
import numpy as np
import random
from sum_tree import sum_tree
from sklearn.externals import joblib
''' 這是訓練和測試賽車應用的主要模組 '''
if __name__ == "__main__":
    # 定義用於訓練模型的參數
    parser = argparse.ArgumentParser(description='arguments')
    parser.add_argument('--environment_name',default='CarRacing-v0')
    parser.add_argument('--model_path',help='model_path')
    parser.add_argument('--train_mode',type=bool,default=True)
    parser.add_argument('--test_mode',type=bool,default=False)
    parser.add_argument('--epsilon_greedy',default=True)
    parser.add_argument('--render',type=bool,default=True)
    parser.add_argument('--width',type=int,default=96)
    parser.add_argument('--height',type=int,default=96)
    parser.add_argument('--num_stack',type=int,default=4)
    parser.add_argument('--lr',type=float,default=1e-3)
    parser.add_argument('--huber_loss_thresh',type=float,default=1.)
```

```
    parser.add_argument('--dropout',type=float,default=1.)
    parser.add_argument('--memory_size',type=int,default=10000)
    parser.add_argument('--batch_size',type=int,default=128)
    parser.add_argument('--max_num_episodes',type=int,default=500)
    args = parser.parse_args()
    environment_name = args.environment_name
    model_path = args.model_path
    test_mode = args.test_mode
    train_mode = args.train_mode
    epsilon_greedy  = args.epsilon_greedy
    render = args.render
    width = args.width
    height = args.height
    num_stack = args.num_stack
    lr = args.lr
    huber_loss_thresh = args.huber_loss_thresh
    dropout = args.dropout
    memory_size = args.memory_size
    dropout = args.dropout
    batch_size = args.batch_size
    max_num_episodes = args.max_num_episodes
    max_eps = 1
    min_eps = 0.02
    seed_gym = 2   # 隨機狀態
    img_dim = (width,height,num_stack)
    num_actions = len(action_list)

if __name__ == '__main__':
    environment_name = 'CarRacing-v0'   # 應用 CarRacing-v0 環境資料
    env = environment(environment_name,img_dim,num_stack,num_
actions,render,lr)
    num_states  = img_dim
    print(env.env.action_space.shape)
    action_dim = env.env.action_space.shape[0]
    assert action_list.shape[1] == action_dim,"length of Env action space
does not match action buffer"
    num_actions = action_list.shape[0]
    # 設定 python 和 numpy 內建的隨機種子
    random.seed(901)
```

```
np.random.seed(1)
agent = Agent(num_states, num_actions,img_dim,model_path)
randomAgent = RandomAgent(num_actions)
print(test_mode,train_mode)

try:
    # 訓練智慧體
    if test_mode:
        if train_mode:
            print("初始化隨機智慧體，填滿記憶")
            while randomAgent.exp < memory_size:
                env.run(randomAgent)
                print(randomAgent.exp, "/", memory_size)
            agent.memory = randomAgent.memory
            randomAgent = None
            print("開始學習")
            while env.episode < max_num_episodes:
                env.run(agent)
            model_save(model_path, "DDQN_model.h5", agent, env.reward)

        else:
            # 載入訓練模型
            print('載入預先訓練好的智慧體並學習')
            agent.DQN.model.load_weights(model_path+"DDQN_model.h5")
            agent.DQN.target_model_update()
            try :
                agent.memory = joblib.load(model_path+"DDQN_model.
h5"+"Memory")
                Params = joblib.load(model_path+"DDQN_model.h5"+"agent_
param")
                agent.epsilon = Params[0]
                agent.steps = Params[1]
                opt = Params[2]
                agent.DQN.opt.decay.set_value(opt['decay'])
                agent.DQN.opt.epsilon = opt['epsilon']
                agent.DQN.opt.lr.set_value(opt['lr'])
                agent.DQN.opt.rho.set_value(opt['rho'])
                env.reward = joblib.load(model_path+"DDQN_model.
```

```
h5"+"Rewards")
                    del Params, opt
            except:
                print(" 載入無效 DDQL_Memory_.csv")
                print(" 初始化隨機智慧體, 填滿記憶 ")
                while randomAgent.exp < memory_size:
                    env.run(randomAgent)
                    print(randomAgent.exp, "/", memory_size)
                agent.memory = randomAgent.memory
                randomAgent = None
                agent.maxEpsilone = max_eps/5
            print(" 開始學習 ")
            while env.episode < max_num_episodes:
                env.run(agent)
            model_save(model_path, "DDQN_model.h5", agent, env.reward)
    else:
        print(' 載入和播放智慧體 ')
        agent.DQN.model.load_weights(model_path+"DDQN_model.h5")
        done_ctr = 0
        while done_ctr < 5 :
            env.test(agent)
            done_ctr += 1
        env.env.close()
# 退出
except KeyboardInterrupt:
    print(' 使用者中斷,gracefule 退出 ')
    env.env.close()
    if test_mode == False:
        # Prompt for Model save
        print(' 保存模型 : Y or N?')
        save = input()
        if save.lower() == 'y':
            model_save(model_path, "DDQN_model.h5", agent, env.reward)
        else:
            print(' 不保存模型 ')
```

5. 幫助函數

下面是一些增強學習用到的幫助函數，用於訓練過程中的動作選擇、觀察資料儲存、狀態圖型的處理以及訓練模型的權重保存（helper_functions.py）：

```python
from keras import backend as K
import numpy as np
import shutil, os
import numpy as np
import pandas as pd
from scipy import misc
import pickle
import matplotlib.pyplot as plt
from sklearn.externals import joblib
huber_loss_thresh = 1
action_list = np.array([
                    [0.0, 0.0, 0.0],# 車
                    [-0.6, 0.05, 0.0],#左急轉
                    [0.6, 0.05, 0.0],#右急轉
                    [0.0, 0.3, 0.0]])   #直行
rgb_mode = True
num_actions = action_list.shape[0]
def sel_action(action_index):
    return action_list[action_index]
def sel_action_index(action):
    for i in range(num_actions):
        if np.all(action == action_list[i]):
            return i
    raise ValueError(' 選擇的動作不在列表中 ')
def huber_loss(y_true,y_pred):
    error = (y_true - y_pred)
    cond = K.abs(error) <= huber_loss_thresh
    if cond == True:
        loss = 0.5 * K.square(error)
    else:
```

```python
        loss = 0.5 *huber_loss_thresh**2 + huber_loss_thresh*(K.abs(error)-
huber_loss_thresh)
    return K.mean(loss)
def rgb2gray(rgb,norm=True):
    gray = np.dot(rgb[...,:3], [0.299, 0.587, 0.114])
    if norm:
        # 歸一化
        gray = gray.astype('float32') / 128 - 1
    return gray
def data_store(path,action,reward,state):
    if not os.path.exists(path):
        os.makedirs(path)
    else:
        shutil.rmtree(path)
        os.makedirs(path)
    df = pd.DataFrame(action, columns=["Steering", "Throttle", "Brake"])
    df["Reward"] = reward
    df.to_csv(path +'car_racing_actions_rewards.csv', index=False)
    for i in range(len(state)):
        if rgb_mode == False:
            image = rgb2gray(state[i])
        else:
            image = state[i]
    misc.imsave( path + "img" + str(i)+".png", image)
def model_save(path,name,agent,R):
    ''' 在資料路徑中保存動作、獎勵和狀態 ( 圖型 )'''
    if not os.path.exists(path):
        os.makedirs(path)
    agent.DQN.model.save(path + name)
    print(name, "saved")
    print('...')
    joblib.dump(agent.memory,path+name+'Memory')
    joblib.dump([agent.epsilon,agent.steps,agent.DQN.opt.get_config()],
path+name+'AgentParam')
    joblib.dump(R,path+name+'Rewards')
    print('Memory pickle dumped')
```

6. 訓練結果

剛開始，無人駕駛車常會出錯，一段時間後，無人駕駛車透過訓練不斷從錯誤中學習，自動駕駛的能力越來越好。圖 16-2 和圖 16-3 分別展示了在訓練初及訓練後的行為。

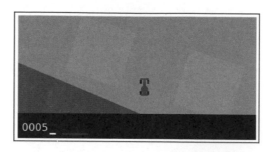

圖 16-2　初始階段的無人駕駛（跑到草地上）

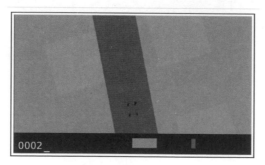

圖 16-3　訓練後的無人駕駛（在道路上）

物件辨識

分類辨識用於判斷輸入圖型的類別，一般透過對類別建立機率向量並計算最大機率索引號對應的類別標籤作為輸出，在形式上具有單輸入、單輸出的特點。

物件辨識用於定位輸入圖型中人們感興趣的物件，一般透過輸出候選區域座標的方式來確定物件的位置和大小，特別是在面臨多物件定位時會輸出區域清單，具有較高的複雜度，也是電腦視覺的重要應用之一。但是，在自然條件下拍攝的物體往往受光源、遮擋等因素的影響，且在不同的角度下，同類的物件在外觀、形狀上也有可能存在較大的差別，這也是困難所在。

傳統的物件辨識方法一般是透過多種形式的圖型分割、特徵提取、分類判別等來實現的，對圖型的精細化分割和特徵提取的技巧提出了很高的要求，計算複雜度較高，生成的檢測模型一般要求在相近的場景下才能應用，難以實現通用。隨著巨量資料及深度神經網路的不斷發展，人們透過圖型巨量資料和深度網路聯合訓練的方法使得物件辨識演算法不斷最佳化，實現了多個場景下的落地與應用。目前主流的物件辨識演算法主要包括以 RCNN 為代表的 Two-Stage 演算法及以 YOLO 為代表的 One-Stage 演算法，透過對目的地區域的回歸計算進行物件定位。此外，也出現了很多其他演算法框架，部分演算法框架透過與傳統分割演算法融合、加速等來提高檢測性能，共同推動了物件辨識演算法的落地與應用。

17.1　RCNN 系列

17.1.1　RCNN 演算法的概述

RCNN 系列演算法是以區域滑動 + 分類辨識為基礎的流程，採用兩步法進行物件定位。首先，對圖型建立子區域搜尋策略，採用深度神經網路提取子區域的特徵向量；然後，利用分類器判斷物件類別，將所處區域的資訊儲存到該類別所對應的候選框列表中；最後，對得到的候選框列表進行非極大抑制分析，透過回歸計算進行位置修正，輸出目標位置。

（1）區域搜尋

對輸入圖型採用子區域搜尋策略生成數千個候選框，將這些候選框作為目標的潛在位置，得到一系列子圖。

（2）特徵提取

遍歷得到的子圖列表，利用深度神經網路分別計算其特徵向量，得到統一維度的特徵向量集合。

（3）分類判別

對應到物件類別建立多個 SVM 分類器，將特徵向量集合分別呼叫 SVM 分類器進行分類判斷，確定對應的子區域是否存在目標，進而得到候選框列表。

（4）位置修正

對候選框列表進行非極大抑制分析，並透過回歸分析進行位置修正，輸出目標位置。

由此可見，透過對圖型進行子區域的 CNN 特徵提取和 SVM 分類判別，能夠得到以深度特徵為基礎的物件判斷方法，進而充分融合深度神經網路強大的特徵抽象能力，從整體的結構表徵來提高物件辨識的準確度，如圖 17-1 所示。

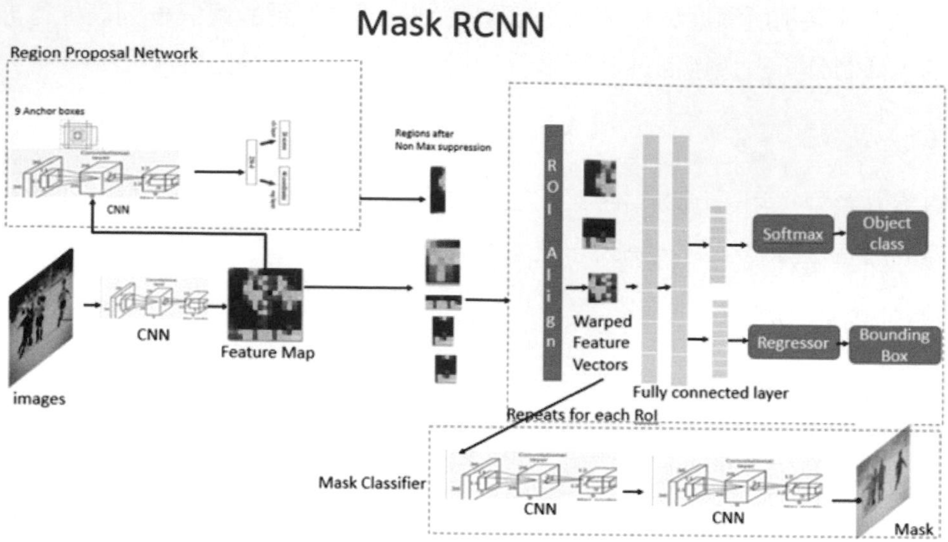

圖 17-1 RCNN 的詳細演算法流程圖，圖為 Mask RCNN（來源：https://towardsdatascience.com/computer-vision-instance-segmentation-with-mask-r-cnn-7983502fcad1)

由此可見，透過對圖型進行了區域的 CNN 特徵提取和 SVM 分類判別，能夠得到以深度特徵為基礎的物件判斷方法，進而充分融合深度神經網路強大的特徵抽象能力，從整體的結構表徵來提高物件辨識的準確度。但是，這種方法採用滑動視窗策略生成了數千個候選區域，帶來了大量的矩陣計算消耗，中間過程採用的特徵提取及分類判別也需要耗費較大的儲存空間，因此在提高了物件辨識效果的同時帶來了更多的時間複雜度和空間複雜度。

RCNN 透過子區域進行搜尋判斷、大小變換等流程，為了解決其資源消耗嚴重和精度損失較多的缺陷，Fast-RCNN 應運而生。Fast-RCNN 對資源進行了池化操作，透過對子區域進行多尺度的池化，得到固定的輸出維度，解決了特徵圖在不同維度下的空間尺度變化問題。

但是，Fast-RCNN 在本質上依然需要設定多個候選區域，並分別進行特徵提取和分類判別，具有一定的局限性。Fast-RCNN 的提出解決了這個問題，它將區域提取方法帶入深度神經網路中，採用 RNN 網路來產生候選區域，透過與物件辨識網路共用參數來減少計算量。透過深度神經網路進行候選區域的計算並抽象圖型的結構化特徵，實現了點對點的物件辨識過程，提高了物件定位的準確率。

可以看出，RCNN 系列融合了深度神經網路優秀的特徵提取能力和分類器的判別能力，實現了點對點的物件辨識框架，但整體上依然採用了「區域＋檢測」的二階段過程，屬於 Two-Stage 演算法，難以達到對物件進行即時檢測的要求。另外，以 YOLO 為代表的 One-Stage 演算法不需要設定候選區域，可直接一步輸出定位結果，下節對它介紹。

17.1.2 RCNN 的資料集實現

下面利用 Python 實現巨量資料集的訓練。其實現步驟為：

（1）大訓練集預訓練

```
# 建立 'AlexNet' 網路
def create_alexnet(num_classes):
    network = input_data(shape=[None, config.IMAGE_SIZE, config.IMAGE_SIZE, 3])
        # 四維輸入張量，卷積核心個數，卷積核心尺寸，步進值
    network = conv_2d(network, 96, 11, strides=4, activation='relu')
    network = max_pool_2d(network, 3, strides=2)
    # 資料歸一化
    network = local_response_normalization(network)
    network = conv_2d(network, 256, 5, activation='relu')
    network = max_pool_2d(network, 3, strides=2)
    network = local_response_normalization(network)
    network = conv_2d(network, 384, 3, activation='relu')
    network = conv_2d(network, 384, 3, activation='relu')
    network = conv_2d(network, 256, 3, activation='relu')
    network = max_pool_2d(network, 3, strides=2)
    network = local_response_normalization(network)
    network = fully_connected(network, 4096, activation='tanh')
    network = dropout(network, 0.5)
    network = fully_connected(network, 4096, activation='tanh')
    network = dropout(network, 0.5)
    network = fully_connected(network, num_classes, activation='softmax')
    momentum = tflearn.Momentum(learning_rate=0.001, lr_decay=0.95, decay_
step=200)
    network = regression(network, optimizer=momentum,
                         loss='categorical_crossentropy')
    return network

""" 定義 alexnet 網路，這裡 num_classes 是大訓練集對應的分類數量 """
def load_data(datafile, num_class, save=False, save_path='dataset.pkl'):
    fr = codecs.open(datafile, 'r', 'utf-8')
    train_list = fr.readlines()
    labels = []
    images = []
    # 對每一個訓練樣本
    for line in train_list:
        tmp = line.strip().split('')
```

```
        fpath = tmp[0]
        img = cv2.imread(fpath)
        # 樣本 resize 到 227x227，轉為矩陣保存
        img = prep.resize_image(img, config.IMAGE_SIZE, config.IMAGE_SIZE)
        np_img = np.asarray(img, dtype="float32")
        images.append(np_img)

        index = int(tmp[1])
        label = np.zeros(num_class)
        label[index] = 1
        labels.append(label)
    if save:
        # 序列化保存
        pickle.dump((images, labels), open(save_path, 'wb'))
    fr.close()
    return images, labels

""" 樣本前置處理，所有樣本 resize 後轉矩陣保存 """
def train(network, X, Y, save_model_path):
    # 訓練
    model = tflearn.DNN(network, checkpoint_path='model_alexnet',
                        max_checkpoints=1, tensorboard_verbose=2,
tensorboard_dir='output')
    if os.path.isfile(save_model_path + '.index'):
        model.load(save_model_path)
        print('load model...')

    model.fit(X, Y, n_epoch=200, validation_set=0.1, shuffle=True,
            show_metric=True, batch_size=64, snapshot_step=200,
            snapshot_epoch=False, run_id='alexnet_oxflowers17')#epoch = 1000
    # 保存模型
    model.save(save_model_path)
    print('save model...')
```

訓練模型，X、Y 為樣本，迭代次數為 200 次，訓練集中取出 10% 作為驗證集（用來計算模型預測正確率），每次迭代訓練 64 個樣本。

（2）小資料集微調

```python
# 使用一個已經訓練過的 alexnet 與最後一層重新設計
def create_alexnet(num_classes, restore=False):
    # 創建 'AlexNet'
    network = input_data(shape=[None, config.IMAGE_SIZE, config.IMAGE_SIZE, 3])
    network = conv_2d(network, 96, 11, strides=4, activation='relu')
    network = max_pool_2d(network, 3, strides=2)
    network = local_response_normalization(network)
    network = conv_2d(network, 256, 5, activation='relu')
    network = max_pool_2d(network, 3, strides=2)
    network = local_response_normalization(network)
    network = conv_2d(network, 384, 3, activation='relu')
    network = conv_2d(network, 384, 3, activation='relu')
    network = conv_2d(network, 256, 3, activation='relu')
    network = max_pool_2d(network, 3, strides=2)
    network = local_response_normalization(network)
    network = fully_connected(network, 4096, activation='tanh')
    network = dropout(network, 0.5)
    network = fully_connected(network, 4096, activation='tanh')
    network = dropout(network, 0.5)
    # 不還原此層
    network = fully_connected(network, num_classes, activation='softmax',
restore=restore)
    network = regression(network, optimizer='momentum',
                         loss='categorical_crossentropy',
                         learning_rate=0.001)
    return network


""" 定義新的 alexnet，這裡的 num_classes 改為小訓練集的分類數量 """
def fine_tune_Alexnet(network, X, Y, save_model_path, fine_tune_model_path):
    # 訓練
    model = tflearn.DNN(network, checkpoint_path='rcnn_model_alexnet',
                        max_checkpoints=1, tensorboard_verbose=2,
tensorboard_dir='output_RCNN')
    if os.path.isfile(fine_tune_model_path + '.index'):
        print(" 載入微調模型 ")
        model.load(fine_tune_model_path)
        # 載入預訓練好的模型參數
```

```
    elif os.path.isfile(save_model_path + '.index'):
        print(" 載入 alexnet")
        model.load(save_model_path)
    else:
        print(" 沒有檔案載入，錯誤 ")
        return False

    model.fit(X, Y, n_epoch=3, validation_set=0.1, shuffle=True,
                show_metric=True, batch_size=64, snapshot_step=200,
                snapshot_epoch=False, run_id='alexnet_rcnnflowers2')
    # 保存模型
    model.save(fine_tune_model_path)
```

先載入巨量資料集中預訓練好的網路參數，再用小訓練集的樣本訓練新的
alexnet，進行資料微調。

（3）訓練 svm 分類器和 boundingbox 回歸。

```
""" 讀取資料並為 Alexnet 保存資料 """
def load_train_proposals(datafile, num_clss, save_path, threshold=0.5, is_
svm=False, save=False):
    fr = open(datafile, 'r')
    train_list = fr.readlines()
    for num, line in enumerate(train_list):
        labels = []
        images = []
        rects = []
        tmp = line.strip().split('')
        img_path = tmp[0]
        img = cv2.imread(tmp[0])
        # 選擇搜尋得到候選框
        img_lbl, regions = selective_search(img_path, neighbor=8, scale=500,
sigma=0.9, min_size=20)
        candidates = set()
        ref_rect = tmp[2].split(',')
        ref_rect_int = [int(i) for i in ref_rect]
        Gx = ref_rect_int[0]
        Gy = ref_rect_int[1]
```

```
        Gw = ref_rect_int[2]
        Gh = ref_rect_int[3]
        for r in regions:
            # 不包括相同的矩形（包含不同的段）
            if r['rect'] in candidates:
                continue
            # 不包括小區域
            if r['size'] < 220:
                continue
            if (r['rect'][2] * r['rect'][3]) < 500:
                continue
            # 截取目的地區域
            proposal_img, proposal_vertice = clip_pic(img, r['rect'])
            # 刪除空陣列
            if len(proposal_img) == 0:
                continue
            # 忽略包含 0 或非 C 連續陣列的內容
            x, y, w, h = r['rect']
            if w == 0 or h == 0:
                continue
            # 檢查是否存在任何 0 維
            [a, b, c] = np.shape(proposal_img)
            if a == 0 or b == 0 or c == 0:
                continue
            # resize 到 227*227
            resized_proposal_img = resize_image(proposal_img, config.IMAGE_
SIZE, config.IMAGE_SIZE)
            candidates.add(r['rect'])
            img_float = np.asarray(resized_proposal_img, dtype="float32")
            images.append(img_float)

            iou_val = IOU(ref_rect_int, proposal_vertice)
            # x,y,w,h 作差，用於 boundingbox 回歸
            rects.append([(Gx-x)/w, (Gy-y)/h, math.log(Gw/w), math.log(Gh/h)])
            index = int(tmp[1])
            if is_svm:
                # iou 小於閾值，為背景，0
                if iou_val < threshold:
                    labels.append(0)
```

```
                    elif  iou_val > 0.6: # 0.85
                        labels.append(index)
                    else:
                        labels.append(-1)
                else:
                    label = np.zeros(num_clss + 1)
                    if iou_val < threshold:
                        label[0] = 1
                    else:
                        label[index] = 1
                    labels.append(label)
        if is_svm:
            ref_img, ref_vertice = clip_pic(img, ref_rect_int)
            resized_ref_img = resize_image(ref_img, config.IMAGE_SIZE,
config.IMAGE_SIZE)
            img_float = np.asarray(resized_ref_img, dtype="float32")
            images.append(img_float)
            rects.append([0, 0, 0, 0])
            labels.append(index)
        tools.view_bar("processing image of %s" % datafile.split('\\')[-1].
strip(), num + 1, len(train_list))

        if save:
            if is_svm:
                # strip() 去除首位空格
                np.save((os.path.join(save_path, tmp[0].split('/')[-1].
split('.')[0].strip())+ '_data.npy'), [images, labels, rects])
            else:
                # strip() 去除首位空格
                np.save((os.path.join(save_path, tmp[0].split('/')[-1].
split('.')[0].strip())+ '_data.npy'), [images, labels])
    print('')
    fr.close()

# 減去 softmax 輸出層，獲得圖片的特徵
def create_alexnet():
    # Building 'AlexNet'
    network = input_data(shape=[None, config.IMAGE_SIZE, config.IMAGE_SIZE, 3])
```

```
    network = conv_2d(network, 96, 11, strides=4, activation='relu')
    network = max_pool_2d(network, 3, strides=2)
    network = local_response_normalization(network)
    network = conv_2d(network, 256, 5, activation='relu')
    network = max_pool_2d(network, 3, strides=2)
    network = local_response_normalization(network)
    network = conv_2d(network, 384, 3, activation='relu')
    network = conv_2d(network, 384, 3, activation='relu')
    network = conv_2d(network, 256, 3, activation='relu')
    network = max_pool_2d(network, 3, strides=2)
    network = local_response_normalization(network)
    network = fully_connected(network, 4096, activation='tanh')
    network = dropout(network, 0.5)
    network = fully_connected(network, 4096, activation='tanh')
    network = regression(network, optimizer='momentum',
                        loss='categorical_crossentropy',
                        learning_rate=0.001)
    return network
```

樣本處理函數不是用於 svm 和 boundingbox 回歸時，而是根據 groundtruth
的 iou<threshold，來進行標籤和保存；當用於 svm 和 boundingbox 回歸
時，iou>0.6 的為正樣本，iou<threshold 的為負樣本（背景），並且把
groundtruth 也作為正樣本加入訓練集。

```
""" 減去 softmax 輸出層，獲得圖片的特徵 """
def create_alexnet():
    # 創建 'AlexNet'
    network = input_data(shape=[None, config.IMAGE_SIZE, config.IMAGE_SIZE, 3])
    network = conv_2d(network, 96, 11, strides=4, activation='relu')
    network = max_pool_2d(network, 3, strides=2)
    network = local_response_normalization(network)
    network = conv_2d(network, 256, 5, activation='relu')
    network = max_pool_2d(network, 3, strides=2)
    network = local_response_normalization(network)
    network = conv_2d(network, 384, 3, activation='relu')
    network = conv_2d(network, 384, 3, activation='relu')
    network = conv_2d(network, 256, 3, activation='relu')
```

```
network = max_pool_2d(network, 3, strides=2)
network = local_response_normalization(network)
network = fully_connected(network, 4096, activation='tanh')
network = dropout(network, 0.5)
network = fully_connected(network, 4096, activation='tanh')
network = regression(network, optimizer='momentum',
                     loss='categorical_crossentropy',
                     learning_rate=0.001)
return network
```

定義新的 alexnet，這裡去掉之前完整的 alexnet 的 softmax 層，用來提取圖片的 4096 維特徵向量。

```
""" 建構串聯支持向量機 """
def train_svms(train_file_folder, model):
    files = os.listdir(train_file_folder)
    svms = []
    train_features = []
    bbox_train_features = []
    rects = []
    for train_file in files:
        if train_file.split('.')[-1] == 'txt':
            pred_last = -1
            pred_now = 0
            X, Y, R = generate_single_svm_train(os.path.join(train_file_
folder, train_file))
            Y1 = []
            features1 = []
            Y_hard = []
            features_hard = []
            for ind, i in enumerate(X):
                # extract features 提取特徵
                feats = model.predict([i])
                train_features.append(feats[0])
                # 所有正負樣本加入 feature1,Y1
                if Y[ind]>=0:
                    Y1.append(Y[ind])
                    features1.append(feats[0])
```

```
                        # 對與 groundtruth 的 iou>0.6 的加入 boundingbox 訓練集
                        if Y[ind]>0:
                            bbox_train_features.append(feats[0])
                            rects.append(R[ind])
                    # 剩下作為測試集
                    else:
                        Y_hard.append(Y[ind])
                        features_hard.append(feats[0])
                    tools.view_bar("extract features of %s" % train_file, ind + 1,
len(X))

                # 難負例採擷
                clf = SVC(probability=True)
                # 訓練直到準確率不再提高
                while pred_now > pred_last:
                    clf.fit(features1, Y1)
                    features_new_hard = []
                    Y_new_hard = []
                    index_new_hard = []
                    # 統計測試正確數量
                    count = 0
                    for ind, i in enumerate(features_hard):
                        if clf.predict([i.tolist()])[0] == 0:
                            count += 1
                        # 如果被誤判為正樣本，加入難負例集合
                        elif clf.predict([i.tolist()])[0] > 0:
                            # 找到被誤判的難負例
                            features_new_hard.append(i)
                            Y_new_hard.append(clf.predict_proba([i.tolist()])
[0][1])
                            index_new_hard.append(ind)
                    # 如果難負例樣本過少，停止迭代
                    if len(features_new_hard)/10<1:
                        break
                    pred_last = pred_now
                    # 計算新的測試正確率
                    pred_now = count / len(features_hard)
                    # 難負例樣本根據分類機率排序，取前 10% 作為負樣本加入訓練集
                    sorted_index = np.argsort(-np.array(Y_new_hard)).tolist()
```

```
[0:int(len(features_new_hard)/10)]
                for idx in sorted_index:
                    index = index_new_hard[idx]
                    features1.append(features_new_hard[idx])
                    Y1.append(0)
                    # 測試集中刪除這些作為負樣本加入訓練集的樣本。
                    features_hard.pop(index)
                    Y_hard.pop(index)

            print('')
            print(" 特徵維數 ")
            print(np.shape(features1))
            svms.append(clf)
            # 將 clf 序列化，保存 svm 分類器
            joblib.dump(clf, os.path.join(train_file_folder, str(train_file.
split('.')[0])+ '_svm.pkl'))
        # 保存 boundingbox 回歸訓練集
        np.save((os.path.join(train_file_folder, 'bbox_train.npy')),
                [bbox_train_features, rects])
        return svms
```

在以上程式中，需要注意兩點：

- 對於選擇搜尋得到的所有候選框，resize 到 227x227，與 groundtruth 的 iou>0.6 和 iou<0.1 的，加入訓練集，透過新的 alexnet 提取特徵向量，訓練 svm 分類器。剩下的加入測試集。將 iou>0.6 加入 boundingbox 訓練集，並保存。

- 在 svm 測試集中進行難負例採擷，把誤判為正的測試樣本中得分 10% 的，作為負樣本加入訓練集，迭代訓練 svm 分類器，直到在測試集中的分類正確率不再提升為止。

```
# 訓練 boundingbox 回歸
def train_bbox(npy_path):
    features, rects = np.load((os.path.join(npy_path, 'bbox_train.npy')))
    # 不能直接 np.array()，應該把元素全部取出放入空串列中。因為 features 和 rects
建立時用的 append，導致其中元素結構不能直接轉換成矩陣
```

```
    X = []
    Y = []
    for ind, i in enumerate(features):
        X.append(i)
    X_train = np.array(X)

    for ind, i in enumerate(rects):
        Y.append(i)
    Y_train = np.array(Y)

    # 線性回歸模型訓練
    clf = Ridge(alpha=1.0)
    clf.fit(X_train, Y_train)
    # 序列化，保存 bbox 回歸
    joblib.dump(clf, os.path.join(npy_path,'bbox_train.pkl'))
    return clf
```

訓練 boundingbox 線性回歸模型。輸入為樣本對應的特徵向量，輸出為經過處理的 [tx,ty,tw,th]。

（4）實現主函數

```
if __name__ == '__main__':
    train_file_folder = config.TRAIN_SVM
    img_path = '123.jpg'
    image = cv2.imread(img_path)
    im_width = image.shape[1]
    im_height = image.shape[0]
    # 提取 region proposal
    imgs, verts = image_proposal(img_path)
    tools.show_rect(img_path, verts)

    # 建立模型，網路
    net = create_alexnet()
    model = tflearn.DNN(net)
    # 載入微調後的 alexnet 網路參數
    model.load(config.FINE_TUNE_MODEL_PATH)
    # 載入 / 訓練 svm 分類器和 boundingbox 回歸器
```

```
svms = []
bbox_fit = []
# boundingbox 回歸器是否有存檔
bbox_fit_exit = 0
# 載入 svm 分類器和 boundingbox 回歸器
for file in os.listdir(train_file_folder):
    if file.split('_')[-1] == 'svm.pkl':
        svms.append(joblib.load(os.path.join(train_file_folder, file)))
    if file == 'bbox_train.pkl':
        bbox_fit = joblib.load(os.path.join(train_file_folder, file))
        bbox_fit_exit = 1
if len(svms) == 0:
    svms = train_svms(train_file_folder, model)
if bbox_fit_exit == 0:
    bbox_fit = train_bbox(train_file_folder)

print(" 做合適的支援向量機 ")
features = model.predict(imgs)
print(" 預測圖型 :")
results = []
results_label = []
results_score = []
count = 0
for f in features:
    for svm in svms:
        pred = svm.predict([f.tolist()])
        # 沒有背景
        if pred[0] != 0:
            # boundingbox 回歸
            bbox = bbox_fit.predict([f.tolist()])
            tx, ty, tw, th = bbox[0][0], bbox[0][1], bbox[0][2], bbox[0][3]
            px, py, pw, ph = verts[count]
            gx = tx * pw + px
            gy = ty * ph + py
            gw = math.exp(tw) * pw
            gh = math.exp(th) * ph
            if gx<0:
                gw = gw - (0 - gx)
                gx = 0
```

```
                if gx+gw > im_width:
                    gw = im_width - gx
                if gy<0:
                    gh = gh - (0-gh)
                    gy = 0
                if gy+gh > im_height:
                    gh = im_height - gy
                results.append([gx,gy,gw,gh])
                results_label.append(pred[0])
                results_score.append(svm.predict_proba([f.tolist()])[0][1])
        count += 1

results_final = []
results_final_label = []
# 非極大抑制
# 刪除得分小於 0.5 的候選框
delete_index1 = []
for ind in range(len(results_score)):
    if results_score[ind]<0.5:
        delete_index1.append(ind)
num1 = 0
for idx in delete_index1:
    results.pop(idx - num1)
    results_score.pop(idx - num1)
    results_label.pop(idx - num1)
    num1 += 1

while len(results) > 0:
    # 找到列表中得分最高的
    max_index = results_score.index(max(results_score))
    max_x, max_y, max_w, max_h = results[max_index]
    max_vertice = [max_x, max_y, max_x+max_w, max_y+max_h, max_w, max_h]
    # 該候選框加入最終結果
    results_final.append(results[max_index])
    results_final_label.append(results_label[max_index])
    # 從 results 中刪除該候選框
    results.pop(max_index)
    results_label.pop(max_index)
```

```
        results_score.pop(max_index)
        # 刪除與得分最高候選框 iou>0.5 的其他候選框
        delete_index = []
        for ind, i in enumerate(results):
            iou_val = IOU(i, max_vertice)
            if iou_val>0.5:
                delete_index.append(ind)
        num = 0
        for idx in delete_index:
            results.pop(idx-num)
            results_score.pop(idx-num)
            results_label.pop(idx-num)
            num += 1
    print(" 結果 :")
    print(results_final)
    print(" 結果標籤 :")
    print(results_final_label)
    tools.show_rect(img_path, results_final)
```

其中，在以上程式中實現了：

① 測試圖片選擇搜尋得到候選框進行篩選，並且 resize 為 227×227。

② 所有候選框經過 alexnet，提取全連接層輸出的 4096 維特徵向量。

③ 特徵向量透過 svm 分類，保留其中包含物件的。

④ 包含物件的特徵向量，boundingbox 回歸後範圍處理得到精確位置。

⑤ 剩下的特徵向量進行非極大抑制，得到最終結果。

17.2 YOLO 檢測

YOLO（You Only Look Once）以單一為基礎的物件辨識網路，透過多網格劃分、多目標包圍框預測等方法進行快速物件辨識。YOLO 是真正意義上的點對點的網路，檢測速度近乎即時，且具有良好的堅固性，因此應用廣泛。

17.2.1　概述

人類瞥了一眼圖型，立即知道圖型中的物體，它們在哪裡以及它們如何相互作用。人類視覺系統快速而準確，使我們能夠執行複雜的任務，比如汽車駕駛。

傳統的物件辨識系統利用分類器來執行檢測。為了檢測物件，這些系統在測試圖片的不同位置不同尺寸大小採用分類器評估。如物件辨識系統採用 deformable parts models（DPM）方法，透過滑動框方法提出目的地區域，然後採用分類器來實現辨識。近期的 R-CNN 類方法採用 region proposal methods，首先生成潛在的 bounding boxes，然後採用分類器辨識這些 bounding boxes 區域。最後透過 post-processing 來去除重複 bounding boxes 來進行最佳化。這類方法流程複雜，存在速度慢和訓練困難的問題。

我們將物件辨識問題轉為直接從圖型中提取 bounding boxes 和類別機率的單一回歸問題，只需一眼（YOLO）即可檢測物件類別和位置。

YOLO 演算法採用單一卷積神經網路來預測多個 bounding boxes 和類別機率。與傳統的物體檢測方法相比，這種統一模型具有以下優點：

- 非常快。YOLO 預測流程簡單，速度很快。我們的基礎版在 Titan X GPU 上可以達到 45 幀 /s；快速版可以達到 150 幀 /s。因此，YOLO 可以實現即時檢測。

- YOLO 採用全圖資訊來進行預測。與滑動視窗方法和 region proposal-based 方法不同，YOLO 在訓練和預測過程中可以利用全圖資訊。Fast R-CNN 檢測方法會錯誤地將背景中的斑塊檢測為物件，原因在於 Fast R-CNN 在檢測中無法看到全域圖型。相對於 Fast R-CNN，YOLO 背景預測錯誤率低一半。

- YOLO 可以學習到物件的概括資訊（generalizable representation），具有一定普適性。我們採用自然圖片訓練 YOLO，然後採用藝術圖型來預測。

- YOLO 比其他物件辨識方法（DPM 和 R-CNN）準確率高很多。

在準確性上，YOLO 演算法仍然落後於最先進的檢測系統。雖然它可以快速辨識圖型中的物件，但它很難精確定位某些物件，特別是小物件。

17.2.2 統一檢測

我們將物件辨識統一到一個神經網路，網路即使用整個圖型中的特徵來預測每個邊界框，它也是同時預測圖型的所有類的所有邊界框。這表示我們的網路學習到的是完整圖型和圖中所有的物件。YOLO 設計可實現點對點訓練和即時的速度，同時保持較高的平均精度。

- YOLO 首先將圖型分為 S×S 的網格。如果一個物件的中心落入網格，該網格就負責檢測該物件。每一個網格中預測 B 個 Bounding box 和置信值（confidence score）。這些置信度分數反映了該模型對盒子是否包含物件的信心，以及它預測盒子的準確程度。然後，我們定義置信值為：

$$P_r(\text{Object}) * \text{IOU}_{\text{pred}}^{\text{truth}}$$

如果沒有物件，置信值為零。另外，我們希望置信度分數等於預測框與真實值之間聯合部分的交集（IOU）。

- 每一個 bounding box 包含 5 個值：x, y, w, h 和 confidence。(x, y) 座標表示邊界框相對於網格單元邊界框的中心。寬度和高度是相對於整張圖型預測的。confidence 表示預測的 box 與實際邊界框之間的 IOU。每個網格單元還預測 C 個條件類別機率：

$$P_r(\text{Class}_i | \text{Object})$$

- 在測試時，我們乘以條件類機率和單一 bounding box 的置信度預測：

$$P_r(\text{Class}_i | \text{Object}) * P_r(\text{Object}) * \text{IOU}_{\text{pred}}^{\text{truth}} = P_r(\text{Class}_i) * \text{IOU}_{\text{pred}}^{\text{truth}}$$

這些分數編碼了該類出現在框中的機率以及預測框擬合物件的程度。在 PASCAL VOC 資料集上評價時,我們採用 S=7,B=2,C=20(該資料集包含 20 個類別),最終預測結果為 7×7×30(B×5+C) 的 tensor。

1. 網路模型

使用卷積神經網路來實現 YOLO 演算法,並在 Pascal VOC 檢測資料集上進行評估。網路的初始卷積層(Conv Layer)從圖型中提取特徵,而全連接層用來預測輸出機率和座標。

網路架構受到 GoogLeNet 圖型分類模型的啟發。網路有 24 個卷積層,後面是 2 個全連接層。使用 1×1 降維層,後面是 3×3 卷積層。我們在 ImageNet 分類任務上以一半的解析度(224×224 的輸入圖型)預訓練卷積層,然後將解析度加倍來進行檢測。完整的網路如圖 17-2 所示。

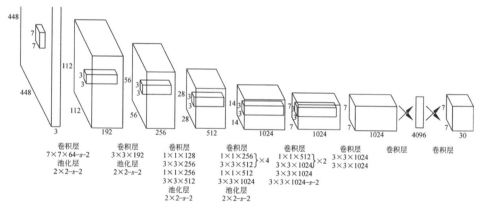

圖 17-2 YOLO 的網路結構

我們的檢測網路有 24 個卷積層,其次是 2 個全連接層。交替 1×1 卷積層減少了前面的特徵空間。在 ImageNet 分類任務上以一半的解析度(224×224 的輸入圖型)預訓練卷積層,然後將解析度加倍來進行檢測。

2. 訓練

在 ImageNet 1000 類競賽資料集上預訓練卷積層。對於預訓練,使用上圖中的前 20 個卷積層,外加平均池化層和全連接層。對這個網路進行了大約一周的訓練,並且在 ImageNet 2012 驗證集上獲得了單一裁剪圖型 88% 的 top-5 準確率,與 Caffe 模型池中的 GoogLeNet 模型相當。使用 Darknet 框架進行所有的訓練和推斷,然後我們轉換模型來執行檢測。預訓練網路中增加卷積層和連接層可以提高性能。

最後一層用於預測類機率和邊界框座標。透過圖型寬度和高度來規範邊界框的寬度和高度,使它們落在 0 和 1 之間。將邊界框 x 和 y 座標參數化為特定網格單元位置的偏移量,所以它們邊界也在 0 和 1 之間。

對最後一層使用線性啟動函數,所有其他層使用下面的式子修正線性啟動:

$$\phi(x) = \begin{cases} x, & x > 0 \\ 0.1x, & \text{其他} \end{cases}$$

分類誤差與定位誤差的權重是一樣的,這可能並不理想。另外,在每張圖型中,許多網格單元不包含任何物件。將會這些儲存格的「置信度」分數推向零,通常壓倒了包含物件的儲存格的梯度。這可能導致模型不穩定,從而導致訓練早期發散。

為了改善這一點,增加了邊界框座標預測損失,並減少了不包含物件邊界框的置信度預測損失。

YOLO 每個網格單元預測多個邊界框。在訓練時,每個物件我們只需要一個邊界框預測器來負責。我們指定一個預測器「負責」,根據哪個預測與真實值之間具有當前最高的 IOU 來預測物件。這導致邊界框預測器之間的專業化。每個預測器可以更進一步地預測特定大小,方向角,或物件的類別,從而改善整體召回率。

3. 預測

就像在訓練中一樣，預測測試圖型的檢測只需要一次網路評估。在 Pascal VOC 上，每張圖型上網路預測 98 個邊界框和每個框的類別機率。YOLO 在測試時非常快，因為它只需要一次網路評估，不像以分類器為基礎的方法。

網格設計強化了邊界框預測中的空間多樣性。通常很明顯一個物件落在哪一個網格單元中，而網路只能為每個物件預測一個邊界框。然而，一些大的物件或接近多個網格單元邊界的物件可以被多個網格單元極佳地定位。非極大值抑制可以用來修正這些多重檢測。對於 R-CNN 或 DPM 而言，性能不是關鍵的，非最大抑制會增加 2%-3% 的 mAP。

4. YOLO 的限制

YOLO 的每一個網格只預測兩個邊界框，一種類別。這導致模型對相鄰目標預測準確率下降。因此，YOLO 對成佇列的物件（如一群鳥）辨識準確率較低。

由於我們的模型學習從資料中預測邊界框，因此它很難泛化到新的、不常見角度的物件。我們的模型使用相對較粗糙的特徵來預測邊界框，因為我們的架構具有來自輸入圖型的多個下取樣層。

YOLO 的損失函數會同樣地對待小邊界框與大邊界框的誤差。大邊界框的小誤差通常是良性的，但小邊界框的小誤差對 IOU 的影響要大得多。我們的主要錯誤來源是不正確的定位。

17.2.3 以 OpenCV 為基礎實現自動檢測案例分析

下面將使用在 COCO 資料集上預訓練好的 YOLOv3 模型。COCO 資料集包含 80 類，有 people（人），bicycle（自行車），car（汽車）......，詳細類別可查看連結：https://github.com/pjreddie/darknet/blob/master/data/coco.names。

下面利用 OpenCV 來快速實現 YOLO 物件辨識，在此將其封裝成一個叫 yolo_detect() 的函數，其使用說明可參考函數內部的註釋。

```python
# -*- coding: utf-8 -*-
# 載入所需函數庫
import cv2
import numpy as np
import os
import time

def yolo_detect(pathIn='',
                pathOut=None,
                label_path='./cfg/coco.names',
                config_path='./cfg/yolov3_coco.cfg',
                weights_path='./cfg/yolov3_coco.weights',
                confidence_thre=0.5,
                nms_thre=0.3,
                jpg_quality=80):
    '''
    pathIn：原始圖片的路徑
    pathOut：結果圖片的路徑
    label_path：類別標籤檔案的路徑
    config_path：模型設定檔的路徑
    weights_path：模型權重檔案的路徑
    confidence_thre：0-1，置信度（機率／評分）閾值，即保留機率大於這個值的邊界框，
預設為 0.5
    nms_thre：非極大值抑制的閾值，預設為 0.3
    jpg_quality：設定輸出圖片的品質，範圍為 0 到 100，預設為 80，越大品質越好
    '''
    # 載入類別標籤檔案
    LABELS = open(label_path).read().strip().split("\n")
    nclass = len(LABELS)

    # 為每個類別的邊界框隨機比對對應顏色
    np.random.seed(42)
    COLORS = np.random.randint(0, 255, size=(nclass, 3), dtype='uint8')
    # 載入圖片並獲取其維度
    base_path = os.path.basename(pathIn)
    img = cv2.imread(pathIn)
```

```
    (H, W) = img.shape[:2]
    # 載入模型設定和權重檔案
    print(' 從硬碟載入 YOLO......')
    net = cv2.dnn.readNetFromDarknet(config_path, weights_path)
    # 獲取 YOLO 輸出層的名字
    ln = net.getLayerNames()
    ln = [ln[i[0]- 1]for i in net.getUnconnectedOutLayers()]
    # 將圖片建構成一個 blob，設定圖片尺寸，然後執行一次
    #YOLO 前饋網路計算，最終獲取邊界框和對應機率
    blob = cv2.dnn.blobFromImage(img, 1 / 255.0, (416, 416), swapRB=True,
crop=False)
    net.setInput(blob)
    start = time.time()
    layerOutputs = net.forward(ln)
    end = time.time()
    # 顯示預測所花費時間
    print('YOLO 模型花費 {:.2f} 秒來預測一張圖片 '.format(end - start))
    # 初始化邊界框，置信度（機率）以及類別
    boxes = []
    confidences = []
    classIDs = []
    # 迭代每個輸出層，總共三個
    for output in layerOutputs:
        # 迭代每個檢測
        for detection in output:
            # 提取類別 ID 和置信度
            scores = detection[5:]
            classID = np.argmax(scores)
            confidence = scores[classID]
            # 只保留置信度大於某值的邊界框
            if confidence > confidence_thre:
                # 將邊界框的座標還原至與原圖片相符合，記住 YOLO 返回的是
                # 邊界框的中心座標以及邊界框的寬度和高度
                box = detection[0:4] * np.array([W, H, W, H])
                (centerX, centerY, width, height) = box.astype("int")
                # 計算邊界框的左上角位置
                x = int(centerX - (width / 2))
                y = int(centerY - (height / 2))
```

```
            # 更新邊界框,置信度(機率)以及類別
            boxes.append([x, y, int(width), int(height)])
            confidences.append(float(confidence))
            classIDs.append(classID)
    # 使用非極大值抑制方法抑制弱、重疊邊界框
    idxs = cv2.dnn.NMSBoxes(boxes, confidences, confidence_thre, nms_thre)
    # 確保至少一個邊界框
    if len(idxs) > 0:
        # 迭代每個邊界框
        for i in idxs.flatten():
            # 提取邊界框的座標
            (x, y) = (boxes[i][0], boxes[i][1])
            (w, h) = (boxes[i][2], boxes[i][3])
            # 繪製邊界框以及在左上角增加類別標籤和置信度
            color = [int(c) for c in COLORS[classIDs[i]]]
            cv2.rectangle(img, (x, y), (x + w, y + h), color, 2)
            text = '{}: {:.3f}'.format(LABELS[classIDs[i]], confidences[i])
            (text_w, text_h), baseline = cv2.getTextSize(text, cv2.FONT_
HERSHEY_SIMPLEX, 0.5, 2)
            cv2.rectangle(img, (x, y-text_h-baseline), (x + text_w, y),
color, -1)
            cv2.putText(img, text, (x, y-5), cv2.FONT_HERSHEY_SIMPLEX, 0.5,
(0, 0, 0), 2)
    # 輸出結果圖片
    if pathOut is None:
        cv2.imwrite('with_box_'+base_path, img, [int(cv2.IMWRITE_JPEG_
QUALITY), jpg_quality])
    else:
        cv2.imwrite(pathOut, img, [int(cv2.IMWRITE_JPEG_QUALITY), jpg_
quality])
將函數封裝好後進行測試:
pathIn = './test_imgs/test1.jpg'
pathOut = './result_imgs/test1.jpg'
yolo_detect(pathIn,pathOut)
>>> 從硬碟載入 YOLO......
>>> YOLO 模型花費 3.63 秒來預測一張圖片
```

測試效果如圖 17-3 所示。

圖 17-3　YOLO 物件辨識效果

從運行結果可知，在CPU上，檢測一張圖片所花的時間大概也就3到4秒。如果使用 GPU，完全可以即時對視訊 / 攝影機進行物件辨識。

人機互動

前面章節介紹了利用 Python 實現各種視覺效果，本章將介紹怎樣利用 Python 實現人機互動。

18.1 Tkinter GUI 程式設計元件

本小節介紹的 GUI 函數庫是 Tkinter，它是 Python 附帶的 GUI 函數庫，無須進行額外的下載安裝，只要匯入 tkinter 套件即可使用。

使用 Tkinter 進行 GUI 程式設計與其他語言的 GUI 程式設計基本相似，都是使用不同的「積木塊」來堆出各種各樣的介面。因此，學習 GUI 程式設計的整體步驟大致可為三步。

（1）了解 GUI 函數庫大致包含哪些元件，就相當於熟悉每個積木塊到底是些什麼。

（2）掌握容器及視窗對元件進行佈局的方法，就相當於掌握拼圖的「底板」，以及底板怎麼固定積木塊的方法。

（3）一個一個掌握各元件的用法，則相當於深入掌握每個積木塊的功能和用法。

下面直接透過一個簡單的例子來創建一個視窗。

```
from tkinter import *
# 創建 Tk 物件，Tk 代表視窗
root = Tk()
# 設定視窗標題
root.title(' 視窗標題 ')
# 創建 Label 物件，第一個參數指定該 Label 放入 root
w = Label(root, text="Hello Tkinter!")
# 呼叫 pack 進行佈局
w.pack()
# 啟動主視窗的訊息循環
root.mainloop()
```

程式中主要創建了兩個物件：Tk 和 Label。其中 Tk 代表頂級視窗，Label 代表一個簡單的文字標籤，因此需要指定將該 Label 放在哪個容器內。上面程式在創建 Label 時第一個參數指定了 root，表明該 Label 要放入 root 視窗內。

運行程式，效果如圖 18-1 所示。

圖 18-1　簡單視窗

此外，還有一種方式是不直接使用 Tk，只要創建 Frame 的子類別，它的子類別就會自動創建 Tk 物件作為視窗。例如：

```
from tkinter import *
# 定義繼承 Frame 的 Application 類別
class Application(Frame):
    def __init__(self, master=None):
        Frame.__init__(self, master)
        self.pack()
        # 呼叫 initWidgets() 方法初始化介面
        self.initWidgets()
    def initWidgets(self):
        # 創建 Label 物件，第一個參數指定該 Label 放入 root
        w = Label(self)
        # 創建一個點陣圖
        bm = PhotoImage(file = 'images/a.png')
        # 必須用一個不會被釋放的變數引用該圖片，否則該圖片會被回收
        w.x = bm
        # 設定顯示的圖片是 bm
        w['image'] = bm
        w.pack()
        # 創建 Button 物件，第一個參數指定該 Button 放入 root
        okButton = Button(self, text=" 確定 ")
```

```
        okButton.configure(background='red')
        okButton.pack()
# 創建 Application 物件
app = Application()
#Frame 有個預設的 master 屬性，該屬性值是 Tk 物件（視窗）
print(type(app.master))
# 透過 master 屬性來設定視窗標題
app.master.title(' 視窗標題 ')
# 啟動主視窗的訊息循環
app.mainloop()
```

程式中創建了 Frame 的子類別：Application，並在該類別的構造方法中呼叫了 initWidgets() 方法 —— 這個方法可以是任意方法名稱，程式在 initWidgets() 方法中創建了兩個元件，即 Label 和 Button。

在程式中只創建了 Application 的實例（Frame 容器的子類別），並未創建 Tk 物件（視窗），那麼這個程式有視窗嗎？答案是肯定的。如果程式在創建任意 Widget 元件（甚至 Button）時沒有指定 master 屬性（即創建 Widget 元件時第一個參數傳入 None），那麼程式會自動為該 Widget 元件創建一個 Tk 視窗，因此 Python 會自動為 Application 實例創建 Tk 物件來作為它的 master。

該程式與上一個程式的差別在於：程式在創建 Label 和 Button 後，對 Label 進行了設定，設定了 Label 顯示的背景圖片；也對 Button 進行了設定，設定了 Button 的背景顏色。

對於這行程式：

```
w.x=bm
```

實現為 w 的 x 屬性設定值。這行程式有什麼作用呢？因為程式在 initWidgets() 方法中創建了 PhotoImage 物件，這是一個圖片物件。當該方法結束時，如果該物件沒有被其他變數引用，這個圖片可能會被系統回

收,此處由於 w(Label 物件)需要使用該圖片,因此程式就讓 w 的 x 屬
性引用該 PhotoImage 物件,阻止系統回收 PhotoImage 的圖片。

運行程式,得到如圖 18-2 所示的效果圖。

圖 18-2 設定 Label 和 Button 效果圖

體會上面程式碼中的 initWidgets() 方法的程式,雖然看上去程式量大,但
實際上只有 3 行程式。

• 創建 GUI 元件。相當於創建「積木塊」。

• 增加 GUI 元件,此處使用 pack() 方法增加。相當於把「積木塊」增加
  進去。

• 設定 GUI 元件。

其中創建 GUI 元件的程式很簡單,與創建其他 Python 物件並沒有任何區
別,但通常至少要指定一個參數,用於設定該 GUI 元件屬於哪個容器(Tk
組合例外,因為該元件代表頂級視窗)。

設定 GUI 元件有兩個時機。

• 在創建 GUI 元件時去關鍵字參數的方式設定。例如 Button(self,text="
  確定 "),其中 text=" 確定 " 就指定了該按鈕上的文字是「確定」。

- 在創建完成後，以字典語法進行設定。例如 okButton['background']= 'red'，這種語法使得 okButton 看上去就像一個字典，它用於設定 okButton 的 background 屬性，從而改變該按鈕的顏色。

上面兩種方式完全可以切換。比如可以在創建按鈕之後設定該按鈕上的文字，例如：

```
okButton['text']= ' 確定 '
```

這行程式其實是呼叫 configure() 方法的簡化寫法。也就是說，這樣程式等於：

```
okButton.configure(text=' 確定 ')
```

也可以在創建按鈕時就設定它的文字和背景顏色，例如：

```
# 創建 Button 物件，在創建時就設定它的文字和背景顏色
okButton=Button(self,text=' 確定 ',background='red')
```

這裡又產生了一個疑問：除可設定 background、image 等選項外，GUI 元件還可設定哪些選項呢？可以透過該元件的構造方法的說明文件來查看。舉例來說，查看 Button 的構造方法的說明文件，可以看到以下輸出結果。

```
>>> import tkinter
>>> help(tkinter.Button.__init__)
Help on function __init__ in module tkinter:

__init__(self, master=None, cnf={}, **kw)
    Construct a button widget with the parent MASTER.

    STANDARD OPTIONS

        activebackground, activeforeground, anchor,
        background, bitmap, borderwidth, cursor,
        disabledforeground, font, foreground
```

```
        highlightbackground, highlightcolor,
        highlightthickness, image, justify,
        padx, pady, relief, repeatdelay,
        repeatinterval, takefocus, text,
        textvariable, underline, wraplength

 WIDGET-SPECIFIC OPTIONS

        command, compound, default, height,
        overrelief, state, width
```

上面的說明文件指出，Button 支援兩組選項：標準選項（STANDARD OPTIONS）和元件特定選項（WIDGET-SPECIFIC OPTIONS）。至於這些選項的含義，基本上透過它們的名字就可猜出來。

18.2 佈局管理器

GUI 程式設計就相當於搭積木塊，每個積木塊應該放在哪裡，每個積木塊顯示為多大，也就是對人小和位置都需要進行管理，而佈局管理器正是負責管理各元件的大小和位置。

18.2.1 Pack 佈局管理器

如果使用 Pack 佈局，那麼當程式在容器中增加元件時，這些元件會依次向後排列，排列方向既可是水平的，也可是垂直的。

下面程式生成一個 Listbox 元件並將它填充到 root 視窗中：

```
import tkinter as tk
# 創建視窗並設定視窗標題
root = tk.Tk()
root.title('Pack 佈局 ')
listbox = tk.Listbox(root)
listbox.pack(fill="both", expand=True)
```

```
for i in range(10):
        listbox.insert("end", str(i))
root.mainloop()
```

運行程式，效果如圖 18-3 所示：

圖 18-3 Listbox 元件

程式中，fill 選項是告訴視窗管理器該元件將填充整個分配給它的空間，"both" 表示同時水平和垂直擴充，"x" 表示水平，"y" 表示垂直；expand 選項是告訴視窗管理器將父元件的額外空間也填滿。

預設下，pack 是將增加的元件依次垂直排列：

```
import tkinter as tk

root = tk.Tk()
root.title('Pack 佈局 ')
tk.Label(root, text="Red", bg="red", fg="white").pack(fill="x")
tk.Label(root, text="Green", bg="green", fg="black").pack(fill="x")
tk.Label(root, text="Blue", bg="blue", fg="white").pack(fill="x")
root.mainloop()
```

運行程式，效果如圖 18-4 所示。

圖 18-4 元件依次垂直排列效果

如果想要元件水平逐一排放，可以使用 side 選項：

```
import tkinter as tk
root = tk.Tk()
root.title('Pack 佈局 ')
tk.Label(root, text="Red", bg="red", fg="white").pack(side="left")
tk.Label(root, text="Green", bg="green", fg="black").pack(side="left")
tk.Label(root, text="Blue", bg="blue", fg="white").pack(side="left")

root.mainloop()
```

運行程式，效果如圖 18-5 所示。

圖 18-5 元件依次水平排列效果

實際上，呼叫 pack() 方法時可傳入多個選項。舉例來說，透過 help(tkinter.Label.pack) 命令來查看 pack() 方法支援的選項，可以看到以下輸出結果。

```
>>> help(tkinter.Label.pack)
Help on function pack_configure in module tkinter:

pack_configure(self, cnf={}, **kw)
    Pack a widget in the parent widget. Use as options:
    after=widget - pack it after you have packed widget
    anchor=NSEW (or subset) - position widget according to
```

```
                          given direction
      before=widget - pack it before you will pack widget
      expand=bool - expand widget if parent size grows
      fill=NONE or X or Y or BOTH - fill widget if widget grows
      in=master - use master to contain this widget
      in_=master - see 'in'option description
      ipadx=amount - add internal padding in x direction
      ipady=amount - add internal padding in y direction
      padx=amount - add padding in x direction
      pady=amount - add padding in y direction
      side=TOP or BOTTOM or LEFT or RIGHT -  where to add this widget.
```

從上面的顯示資訊可以看出，pack() 方法通常可支援以下選項。

- anchor：當可用空間大於元件所需求的大小時，該選項決定元件被放置在容器的何處。該選項支援 N（北，代表上）、E（東，代表右）、S（南，代表下）、W（西，代表左）、NW（西北，代表左上）、NE（東北，代表右上）、SW（西南，代表左下）、SE（東南，代表右下）、CENTER（中，預設值）這些值。

- expand：bool 值的指定用於當父容器增大時是否伸展元件。

- fill：設定元件是否沿水平或垂直方向填充。該選項支援 NONE、X、Y、BOTH四個值，其中NONE表示不填充，BOTH 表示沿著兩個方向填充。

- ipadx：指定元件在 x 方向（水平）上的內部留白（padding）。

- ipady：指定元件在 y 方向（水平）上的內部留白（padding）。

- padx：指定元件在 x 方向（水平）上與其他元件的間距。

- pady：指定元件在 y 方向（水平）上與其他元件的間距。

- side：設定元件的增加位置，可以設定為 TOP、BOTTOM、LEFT 或RIGHT 這四個值的其中之一。

當程式介面比較複雜時，就需要使用多個容器（Frame）分開佈局，然後再將 Frame 增加到視窗中。例如以下程式。

```python
from tkinter import *
class App:
    def __init__(self, master):
        self.master = master
        self.initWidgets()
    def initWidgets(self):
        # 創建第一個容器
        fm1 = Frame(self.master)
        # 該容器放在左邊排列
        fm1.pack(side=LEFT, fill=BOTH, expand=YES)
        # 在 fm1 中增加 3 個按鈕
        # 設定按鈕從頂部開始排列，且按鈕只能在垂直 (X) 方向填充
        Button(fm1, text=' 第一個 ').pack(side=TOP, fill=X, expand=YES)
        Button(fm1, text=' 第二個 ').pack(side=TOP, fill=X, expand=YES)
        Button(fm1, text=' 第三個 ').pack(side=TOP,  fill=X, expand=YES)
        # 創建第二個容器
        fm2 = Frame(self.master)
        # 該容器放在左邊排列，就會挨著 fm1
        fm2.pack(side=LEFT, padx=10, fill=BOTH, expand=YES)
        # 在 fm2 中增加 3 個按鈕
        # 設定按鈕從右邊開始排列
        Button(fm2, text=' 第一個 ').pack(side=RIGHT, fill=Y, expand=YES)
        Button(fm2, text=' 第二個 ').pack(side=RIGHT, fill=Y, expand=YES)
        Button(fm2, text=' 第三個 ').pack(side=RIGHT, fill=Y, expand=YES)
        # 創建第三個容器
        fm3 = Frame(self.master)
        # 該容器放在右邊排列，就會挨著 fm1
        fm3.pack(side=RIGHT, padx=10, fill=BOTH, expand=YES)
        # 在 fm3 中增加 3 個按鈕
        # 設定按鈕從底部開始排列，且按鈕只能在垂直 (Y) 方向填充
        Button(fm3, text=' 第一個 ').pack(side=BOTTOM, fill=Y, expand=YES)
        Button(fm3, text=' 第二個 ').pack(side=BOTTOM, fill=Y, expand=YES)
        Button(fm3, text=' 第三個 ').pack(side=BOTTOM, fill=Y, expand=YES)
root = Tk()
root.title("Pack 佈局 ")
display = App(root)
root.mainloop()
```

在程式中，創建了 3 個 Frame 容器，其中第一個容器內包含 3 個從頂部
（Top）開始排列的按鈕，這表示這 3 個按鈕會從上到下依次排列，且這
3 個按鈕能在水平（x）方向上填充；第二個 Frame 容器內包含 3 個從右
邊（Right）開始排列的按鈕，這表示這 3 個按鈕會從右向左依次排列；
第 3 個 Frame 容器內包含 3 個從底部（Bottom）開始排列的按鈕，這表
示這 3 個按鈕會從下到上依次排列，且這 3 個按鈕能在垂直（y）方向上
填充。

運行程式，效果如圖 18-6 所示。

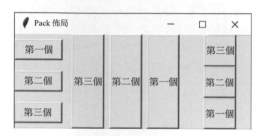

圖 18-6　多個 Pack 佈局

從圖 18-6 中可以看到，為程式效果增加了 3 個框，分別代表 fm1、fm2 和
fm3（實際上容器是看不到的），此時可以看到 fm1 內的 3 個按鈕從上到
下排列，並且可以在水平上填充；fm3 內的三個按鈕從下到上排列，並且
可以在垂直方向上填充。

有的讀者會有疑問：fm2 內的 3 個按鈕也都設定了 fill=Y,expand=YES，
這說明它們也能在垂直方向上填充，為什麼看不到呢？仔細發現 fm2.pac
k(side=LEFT,padx=10,expand=YES) 這行程式這說明了 fm2 本身不在任何
方向上填充，因此 fm2 內的三個按鈕都不能填充。

如果希望看到 fm2 內的三個按鈕也能在垂直方向上填充，則可將 fm2 的
pack() 方法修改如下：

```
fm2.pack(side=LEFT,padx=10,fill=BOTH,expand=YES)
```

對打算使用 Pack 佈局的開發者來說，首先要做的事情是將程式介面進行分解，分解成水平排列的容器和垂直排列的容器——有時候甚至要容器巢狀結構容器，然後使用多個 Pack 佈局的容器將它們組合在一起。

【**例 18-1**】利用 Pack 佈局，製作鋼琴按鍵佈局。

```
from tkinter import *
root = Tk();root.geometry("700x220")
root.title(' 製作鋼琴按鍵佈局 ')
#Frame 是一個矩形區域，就是用來防止其他子元件
f1 = Frame(root)
f1.pack()
f2 = Frame(root);f2.pack()
btnText = (" 流行風 "," 中國風 "," 倫敦風 "," 古典風 "," 輕音樂 ")
for txt in btnText:
        Button(f1,text=txt).pack(side="left",padx="10")
        for i in range(1,20):
            Button(f2,width=5,height=10,bg="black" if i%2==0 else "white").
pack(side="left")
root.mainloop()
```

運行程式，效果如圖 18-7 所示。

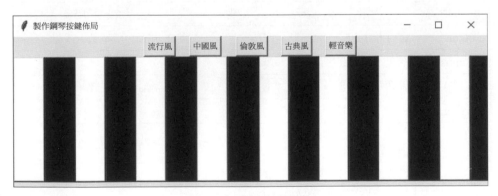

圖 18-7 製作鋼琴按鈕

18.2.2 Grid 佈局管理器

很多時候 Tkinter 介面程式設計都會優先考慮使用 Pack 佈局,但實際上 Tkinter 後來引入的 Grid 佈局不僅簡單好用,而且管理元件也非常方便。

Grid 把元件空間分解成一個網格進行維護,即按照行、列的方式排列元件,元件位置由其所在的行號和列號決定:行號相同而列號不同的幾個元件會被依次上下排列,列號相同而行號不同的幾個元件會被依次左右排列。

可見,在很多場景下,Grid 是最好用的佈局方式,相比之下,Pack 佈局在控制細節方面反而顯得有些力不從心。

使用 Grid 佈局的過程就是為各個元件指定行號和列號的過程,不需要為每個網格都指定大小,Grid 佈局會自動為它們設定合適的大小。

程式呼叫元件的 grid() 方法就進行 Grid 佈局,在呼叫 grid() 方法時可傳入多個選項,該方法提供的選項如表 18-1 所示。

表 18-1 grid() 方法提供的選項

選項	說明	設定值範圍
column	儲存格的列號	從 0 開始的正整數
columnspan	跨列,跨越的列數	正整數
row	儲存格的行號	從 0 開始的正整數
rowspan	跨行,跨越的行數	正整數
ipadx,ipady	設定子元件之間的間隔,x 方向或 y 方向,預設單位為像素	非負浮點數,預設 0.0
padx,pady	與之並列的元件之間的間隔,x 方向或 y 方向,預設單位是像素	非負浮點數,預設為 0.0
sticky	元件接近所在儲存格的某一角,對應於東南西北中以及 4 個角	"n", "s", "w","e", "nw", "sw", "se", "ne", "center"(預設)

【例 18-2】使用 Grid 佈局來實現一個計算機介面。

```
from tkinter import *

class App:
    def __init__(self, master):
        self.master = master
        self.initWidgets()
    def initWidgets(self):
        # 創建一個輸入元件
        e = Entry(relief=SUNKEN, font=('Courier New', 24), width=25)
        # 對該輸入元件使用 Pack 佈局，放在容器頂部
        e.pack(side=TOP, pady=10)
        p = Frame(self.master)
        p.pack(side=TOP)
        # 定義字串的元組
        names = ("0" , "1" , "2" , "3"
            ,"4" , "5" , "6" , "7" , "8" , "9"
            ,"+" , "-" , "*" , "/" , "." , "=")
        # 遍歷字串元組
        for i in range(len(names)):
            # 創建 Button，將 Button 放入 p 元件中
            b = Button(p, text=names[i], font=('Verdana', 20), width=6)
            b.grid(row=i // 4, column=i % 4)
root = Tk()
root.title("Grid 佈局 ")
App(root)
root.mainloop()
```

運行程式，效果如圖 18-8 所示。

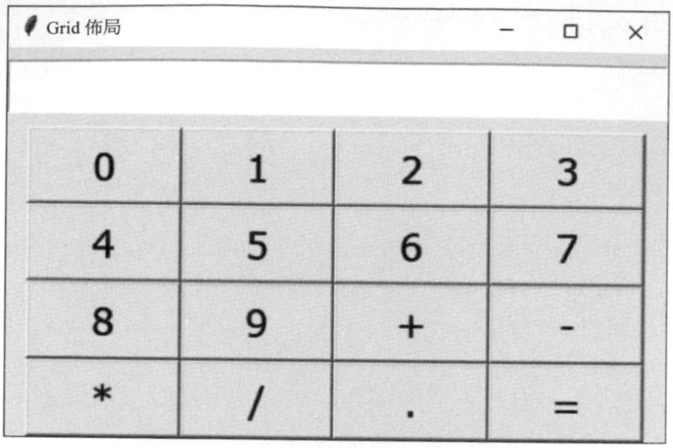

圖 18-8 計算機介面

【例 18-3】利用 Grid 佈局實現一個登入介面。

```python
from tkinter import *
from tkinter import messagebox
import random
class Application(Frame):
      def __init__(self, master=None):
            super().__init__(master) # super() 代表的是父類別的定義，而非父類別
物件
            self.master = master
            self.pack()
            self.createWidget()

      def createWidget(self):
          """ 透過 grid 佈局實現登入介面 """
          self.label01 = Label(self,text=" 用戶名 ")
          self.label01.grid(row=0,column=0)
          self.entry01 = Entry(self)
          self.entry01.grid(row=0,column=1)
          Label(self,text=" 用戶名為手機號 ").grid(row=0,column=2)
          Label(self, text=" 密碼 ").grid(row=1, column=0)
          Entry(self, show="*").grid(row=1, column=1)
          Button(self, text=" 登入 ").grid(row=2, column=1, sticky=EW)
          Button(self, text=" 取消 ").grid(row=2, column=2, sticky=E)
```

```
if __name__ == '__main__':
        root = Tk()
        root.geometry("400x90+200+300")
        app = Application(master=root)
root.title("Grid 佈局 ")
root.mainloop()
```

運行程式，效果如圖 18-9 所示。

圖 18-9　登入介面

18.2.3　Place 佈局管理器

Place 佈局就是其他 GUI 程式設計中的「絕對佈局」，這種佈局方式要求程式顯性指定每個元件的絕對位置或相對於其他元件的位置。

如果要使用 Place 佈局，呼叫對應元件的 place() 方法即可。在使用該方法時同樣支援一些詳細的選項，如表 18-2 所列。

表 18-2　place() 方法的選項

選項	說明	設定值範圍
x,y	元件左上角的絕對座標（相對於視窗）	非負整數 x 和 y 選項用於設定偏移（像素），如果同時設定 relx(rely) 和 x(y)，那麼 place 將優先計算 relx 和 rely，然後再實現 x 和 y 指定的偏移值
relx rely	元件左上角的座標（相對於父容器）	relx 是相對父元件的位置。0 是最左邊，0.5 是正中間，1 是最右邊 rely 是相對父元件的位置。0 是最上邊，0.5 是正中間，1 是最下邊

width, height	元件的寬度和高度	非負整數
relwidth, relhei	元件的寬度和高度（相對於父容器）	與 relx、rely 設定值類似，但是相對於父元件的尺寸

當使用 Place 佈局管理器中的元件時，需要設定元件的 x、y 或 relx、rely 選項，Tkinter 容器內的座標系統的原點（0,0）在左上角，其中 X 軸向右延伸，Y 軸向下延伸，如圖 18-10 所示。

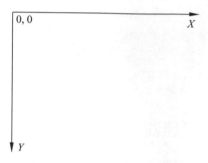

圖 18-10 Tkinter 容器座標系

如果透過 x、y 指定座標，單位就是 pixel（像素）；如果透過 relx、rely 指定座標，則以整個父容器的寬度、高度為 1。不管透過哪種方式指定座標，透過圖 18-10 不難發現，透過 x 指定的座標值越大，該元件就越靠右；透過 y 指定的座標值越大，該元件就越靠下。

【例 18-4】使用 Place 佈局實現動態計算各 Label 的大小和位置，並透過 place() 方法設定各 Label 的大小和位置。

```python
from tkinter import *
import random
class App:
    def __init__(self, master):
        self.master = master
        self.initWidgets()
    def initWidgets(self):
```

```
# 定義字串元組
books = ('Tkinter 函數庫 ', ' 三大佈局 ','Pack 佈局 ', 'Grid 佈局 ',\
    'Place 佈局 ')
for i in range(len(books)):
    # 生成 3 個隨機數
    ct = [random.randrange(256) for x in range(3)]
    grayness = int(round(0.299*ct[0]+ 0.587*ct[1]+ 0.114*ct[2]))
    # 將元組中 3 個隨機數格式化成 16 進位數，轉成顏色格式
    bg_color = "#%02x%02x%02x" % tuple(ct)
    # 創建 Label，設定背景顏色和前景顏色
    lb = Label(root,
        text=books[i],
        fg = 'White'if grayness < 120 else 'Black',
        bg = bg_color)
    # 使用 place() 設定該 Label 的大小和位置
    lb.place(x = 20, y = 36 + i*36, width=180, height=30)
root = Tk()
root.title("Place 佈局 ")
# 設定視窗的大小和位置
# width x height + x_offset + y_offset
root.geometry("250x250+30+30")
App(root)
root.mainloop()
```

運行程式，效果如圖 18-11 所示。

圖 18-11 使用 Place 佈局

為了增加一些趣味性，上面程式使用隨機數計算了 Label 元件的背景顏色，並根據背景顏色的灰階值來計算 Label 元件的前景顏色；如果 grayness 小於 125，則說明背景較深，前景顏色使用白色；否則說明背景顏色較淺，前景顏色使用黑色。

18.3 事件處理

前面介紹了如何放置各種元件，從而獲得了豐富多彩的圖形介面，但這些介面還不能回應使用者的任何操作。比如點擊視窗上的按鈕，該按鈕並不會提供任何回應。這是因為程式沒有為這些元件綁定任何事件處理的原因。

18.3.1 簡單的事件處理

簡單的事件處理可透過 command 選項來綁定，該選項綁定為一個函數或方法，當使用者點擊指定按鈕時，透過該 command 選項綁定的函數或方法就會被觸發。

【例 18-5】演示為按鈕的 command 綁定事件處理方法。

```
#coding=utf-8
 import tkinter
def handler(event, a, b, c):
    ''' 事件處理函數 '''
    print(event)
    print ("handler", a, b, c)
def handlerAdaptor(fun, **kwds):
    ''' 事件處理函數的介面卡，相當於仲介，那個 event 是從哪裡來的呢，我也納悶，這也許
就是 python 的偉大之處吧 '''
    return lambda event,fun=fun,kwds=kwds: fun(event, **kwds)
if __name__ =='__main__':
    root = tkinter.Tk()
    btn = tkinter.Button(text=u' 按鈕 ')
```

```
# 透過仲介函數 handlerAdaptor 進行事件綁定
btn.bind("<Button-1>", handlerAdaptor(handler, a=1, b=2, c=3))
btn.pack()
root.mainloop()
```

運行程式,效果如圖 18-12 所示,當點擊介面中的「按鈕」即在命令視窗
中輸出對應的內容,如下所示。

圖 18-12 command 綁定事件

```
<ButtonPress event state=Mod1 num=1 x=21 y=14>
handler 12 3
<ButtonPress event state=Mod1 num=1 x=4 y=10>
handler 12 3
```

18.3.2 事件綁定

上面這種簡單的事件綁定方式雖然簡單,但它存在較大的局限性。

• 程式無法為具體事件(比如滑鼠移動、按鍵事件)綁定事件處理方法。

• 程式無法獲取事件相關資訊。

為了彌補這種不足,Python 提供了更靈活的事件綁定方式,所有 Widget
元件都提供了一個 bind() 方法,該方法可以為「任意」事件綁定事件處理
方法。

【例 18-6】演示按 Esc 鍵綁定事件處理方法。

```
import tkinter as tk
# 事件
def sys_out(even):
```

```
    from tkinter import messagebox
    if messagebox.askokcancel('Exit','Confirm to exit?'):
        root.destroy()
root = tk.Tk()
root.geometry('300x200')
# 綁定事件到 Esc 鍵，當按下 Esc 鍵就會呼叫 sys_out 函數，彈出對話方塊
root.bind('<Escape>',sys_out)
root.mainloop()
```

運行程式，當按 Esc 鍵時，彈出對應的對話方塊，如圖 18-13 所示。

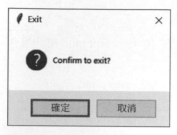

圖 18-13 bind 綁定事件處理

其中，Tkinter 事件的字串大致遵循以下格式：

```
<modifier-type-detai>
```

其中 type 是事件字串的關鍵部分，用於描述事件的種類，比如滑鼠事件、鍵盤事件等；modifer 則代表事件的修飾部分，比如點擊、雙擊等；detail 用於指定事件的詳情，比如指定滑鼠左鍵、右鍵、滾輪等。

【例 18-7】演示圓圈隨滑鼠而移動，並根據按鍵位置改變，輸出鍵盤鍵值。

```
from tkinter import *
""" 自訂函數 """
def init(data):
    # 資料從 run 函數中預置寬度和高度
    data.circleSize = min(data.width, data.height)/10
```

```
        data.circleX = data.width/2
        data.circleY = data.height/2
        data.charText = ""
        data.keysymText = ""
""" 追蹤並回應滑鼠點擊 """
def mousePressed(event, data):
        data.circleX = event.x
        data.circleY = event.y
""" 追蹤和回應按鍵 """
def keyPressed(event, data):
        data.charText = event.char
        data.keysymText = event.keysym
""" 通常使用 redrawAll 繪製圖形 """
def redrawAll(canvas, data):
        canvas.create_oval(data.circleX - data.circleSize,
                           data.circleY - data.circleSize,
                           data.circleX + data.circleSize,
                           data.circleY + data.circleSize)
        if data.charText != "":
            canvas.create_text(data.width/10, data.height/3,
                               text="char: " + data.charText)
        if data.keysymText != "":
            canvas.create_text(data.width/10, data.height*2/3,
                               text="keysym: " + data.keysymText)
""" 按原樣使用 run 函數 """
def run(width=300, height=300):
        def redrawAllWrapper(canvas, data):
            canvas.delete(ALL)
            canvas.create_rectangle(0, 0, data.width, data.height,
                                    fill='white', width=0)
            redrawAll(canvas, data)
            canvas.update()
        def mousePressedWrapper(event, canvas, data):
            mousePressed(event, data)
            redrawAllWrapper(canvas, data)
        def keyPressedWrapper(event, canvas, data):
            keyPressed(event, data)
            redrawAllWrapper(canvas, data)
        # 設定資料並呼叫 init
```

```
        class Struct(object): pass
        data = Struct()
        data.width = width
        data.height = height
        root = Tk()
        init(data)
        # 創建根和畫布
        canvas = Canvas(root, width=data.width, height=data.height)
        canvas.pack()
        # 設定事件
        root.bind("<Button-1>", lambda event:
                            mousePressedWrapper(event, canvas, data))
        root.bind("<Key>", lambda event:
                            keyPressedWrapper(event, canvas, data))
        redrawAll(canvas, data)
        # 然後啟動應用程式
        root.mainloop()    # 區塊，直到視窗關閉
        print("bye!")
run(400, 200)
```

運行程式，效果如圖 18-14 所示。

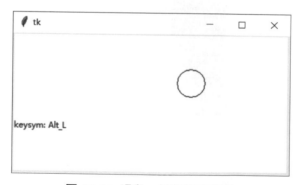

圖 18-14 滑鼠、鍵盤綁定事件

至此，回顧到前面例 18-2，讀者對那個徒有其表的計算機感到很失望，下面程式將為該計算機的按鈕綁定事件處理方法，從而使它們真正可運行的計算機。

【例 18-8】 為計算機綁定事件。

```python
from tkinter import *

class App:
    def __init__(self, master):
        self.master = master
        self.initWidgets()
        self.expr = None
    def initWidgets(self):
        # 創建一個輸入元件
        self.show = Label(relief=SUNKEN, font=('Courier New', 24),\
            width=25, bg='white', anchor=E)
        # 對該輸入元件使用 Pack 佈局，放在容器頂部
        self.show.pack(side=TOP, pady=10)
        p = Frame(self.master)
        p.pack(side=TOP)
        # 定義字串的元組
        names = ("0" , "1" , "2" , "3"
            ,"4" , "5" , "6" , "7" , "8" , "9"
            ,"+" , "-" , "*" , "/" , "." , "=")
        # 遍歷字串元組
        for i in range(len(names)):
            # 創建 Button，將 Button 放入 p 元件中
            b = Button(p, text=names[i], font=('Verdana', 20), width=6)
            b.grid(row=i // 4, column=i % 4)
            # 為滑鼠左鍵的點擊事件綁定事件處理方法
            b.bind('<Button-1>', self.click)
            # 為滑鼠左鍵的雙擊事件綁定事件處理方法
            if b['text'] == '=': b.bind('<Double-1>', self.clean)
    def click(self, event):
        # 如果使用者點擊的是數字鍵或點號
        if(event.widget['text'] in ('0', '1', '2', '3',\
            '4', '5', '6', '7', '8', '9', '.')):
            self.show['text'] = self.show['text'] + event.widget['text']
        # 如果使用者點擊了運算子
        elif(event.widget['text'] in ('+', '-', '*', '/')):
            # 如果當前運算式為 None，直接用 show 元件的內容和運算子進行連接
            if self.expr is None:
                self.expr = self.show['text'] + event.widget['text']
```

```
            # 如果當前運算式不為 None，用運算式、show 元件的內容和運算子進行連接
            else:
                self.expr = self.expr + self.show['text'] + event.
widget['text']
            self.show['text'] = ''
        elif(event.widget['text'] == '='and self.expr is not None):
            self.expr = self.expr + self.show['text']
            print(self.expr)
            # 使用 eval 函數計算運算式的值
            self.show['text'] = str(eval(self.expr))
            self.expr = None
    # 雙擊 = 按鈕時，程式清空計算結果、將運算式設為 None
    def clean(self, event):
        self.expr = None
        self.show['text'] = ''
root = Tk()
root.title(" 計算機 ")
App(root)
root.mainloop()
```

運行程式，效果如圖 18-15 所示。

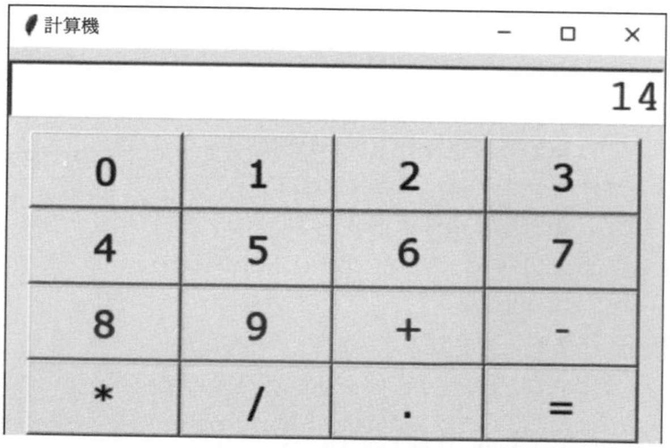

圖 18-15 計算機

在以上程式中，為「＝」號按鈕的雙擊事件綁定了處理方法，當使用者雙擊該按鈕時，程式會清空計算結果，重新開始計算。

18.4 **Tkinter 常用元件**

掌握了如何管理 GUI 元件的大小、位置後，接下來就需要進一步掌握各詳細用法了，下面對各個常用元件進行詳細介紹。

18.4.1 ttk 元件

前面使用的都 tkinter 模組下的 GUI 元件，這些元件看上去不美觀，為了彌補不足，Tkinter 後來引入了一個 ttk 元件作為補充，並使用功能更強大的 Combobox 取代了原來的 listbox，且新增了 LabeledScale（帶標籤的 Scale）、Notbook（多文件視窗）、Progressbar（進度指示器）、Treeview（樹）等元件。

ttk 作為一個模組被放在 tkinter 套件下，使用 ttk 元件與使用普通的 Tkinter 元件並沒有太多的區別，只要匯入 ttk 模組即可。

【例 18-9】演示如何使用 ttk 元件。

```python
import tkinter as tk
from tkinter import ttk

win = tk.Tk()
win.title("Python 圖形介面 ") # 增加標題
label1=ttk.Label(win, text=" 選擇數字 ")
label1.grid(column=1, row=0)        # 增加一個標籤，並將其列設定為 1，行設定為 0

#button 被點擊之後會被執行
def clickMe(): # 當 acction 被點擊時，該函數則生效（顯示當前選擇的數）

    print(numberChosen.current())# 輸出下所選的索引

    if numberChosen.current()==0 :# 判斷列表當前所選
        label1.config(text=" 選了 1")# 注意，上面的 label1 如果直接 .grid 會出錯
    if numberChosen.current()==1 :
        label1.config(text=" 選了 6")
```

```
        if numberChosen.current()==2 :
            label1.config(text=" 選了第 "+ str(numberChosen.current()+1)+" 個 ")
# 按鈕
action = ttk.Button(win, text=" 點擊我 ", command=clickMe)   # 創建一個按鈕，
text：顯示按鈕上面顯示的文字， command：當這個按鈕被點擊之後會呼叫 command 函數
action.grid(column=2, row=1) # 設定其在介面中出現的位置 ,column 代表列 ,row 代表行
# 創建一個下拉式選單
number = tk.StringVar()
numberChosen = ttk.Combobox(win, width=12, textvariable=number)
numberChosen['values'] = (1, 6, 3)      # 設定下拉式選單的值
# 設定其在介面中出現的位置 ,column 代表列 ,row 代表行
numberChosen.grid(column=1, row=1)
# 設定下拉式選單預設顯示的值，0 為 numberChosen['values'] 的索引值
numberChosen.current(0)
win.mainloop()           # 當呼叫 mainloop() 時，視窗才會顯示出來
```

運行程式，效果如圖 18-16 所示。

圖 18-16 ttk 元件運行介面

18.4.2 Variable 類別

Tkinter 支援將很多 GUI 元件與變數進行雙向綁定，執行這種雙向綁定後
程式設計非常方便。

• 如果程式改變變數的值，GUI 元件的顯示內容或值會隨之改變。

• 當 GUI 元件的內容發生改變時（比如使用者輸入），變數的值也會隨
之改變。

為了讓 Tkinter 元件與變數進行雙向綁定，只要為這些元件指定 variable 屬性即可。但這種雙向綁定有一個限制，就是 Tkinter 不允許將元件和普通變數進行綁定，只能和 tkinter 套件下 Variable 類別的子類別進行綁定。該類別包含以下幾個子類別：

• StringVar()：用於包裝 str 值的變數。

• IntVar()：用於包裝整數值的變數。

• DoubleVar()：用於包裝浮點值的變數。

• BooleanVar()：用於包裝 bool 值的變數。

對於 Variable 變數而言，如果要設定其保存的變數值，則使用它的 set() 方法；如果要得到其保存的變數值，則使用它的 get() 方法。

【例 18-10】實現在 GUI 介面中有一個 Entry 輸入框和一個按鈕，每當使用者按下按鈕時都會將輸入框中的值透過 messagebox.showinfo 訊息方塊顯示出來。

```
from tkinter import Tk, Variable, Entry, Button
from tkinter.messagebox import showinfo
tk = Tk()
a = Variable(tk, value='123')
e = Entry(tk, textvariable=a)
b = Button(tk, command=lambda *args: showinfo(message=a.get()),
           text=" 獲取 ")
e.pack()
b.pack()
tk.mainloop()
```

運行程式，效果如圖 18-17 所示。

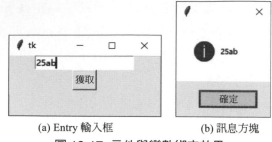

(a) Entry 輸入框　　　　(b) 訊息方塊

圖 18-17 元件與變數綁定效果

18.4.3 compound 選項

程式可以為按鈕或 Label 等元件同時指定 text 和 image 兩個選項,其中 text 用於指定該元件上的文字;image 用於顯示該元件上的圖片,當同時指定兩個選項時,通常 image 會覆蓋 text。但在某些時候,程式希望該元件能同時顯示文字和圖片,此時就需要透過 compound 選項進行控制。

compound 選項支援以下屬性值:

- None:圖片覆蓋文字。
- LEFT 常數(值為 'left' 字串):圖片在左、文字在右。
- RIGHT 常數(值為 'right' 字串):圖片在右,文字在左。
- TOP 常數(值為 'top' 字串):圖片在上,文字在下。
- BOTTOM 常數(值為 'bottom' 字串):圖片在底,文字在上。
- CENTER 常數(值為 'center' 字串):文字在圖片上方。

【例 18-11】實現在圖片上顯示文字 fg 字型顏色 font 字型大小。

```
from tkinter import *
def main():
    root = Tk()  # 注意 Tk 的大小寫
    photo = PhotoImage(file='house.png')
    the_label = Label(root,
                      text=' 古典建築 ',
```

```
                    justify=LEFT,   # 字串進行左對齊
                    image=photo,
                    compound=CENTER,   # 混合模式，文字在圖片的正上方顯示
                    font=(" 方正粗黑宋簡體 ", 24),   # 字型和大小
                    fg='red'# 前景顏色，就是字型顏色
                    )

    the_label.pack()   # 這句不可少呀
    mainloop()
if __name__ == '__main__':
    main()
```

運行程式，效果如圖 18-18 所示。

圖 18-18 compound 選項效果圖

18.4.4 Entry和 Text 元件

Entry 和 Text 元件都是可接收使用者輸入的輸入框元件，區別在於：Entry 是單行輸入框元件，Text 是多行輸入框元件，而且 Text 可以為不同的部分增加不同格式，甚至回應事件。

不管是 Entry 還是 Text 元件，程式都提供了 get() 方法來獲取文字標籤中的內容；但如果程式要改變文字標籤中的內容，則需要呼叫二者的insert() 方法來實現。

如果要刪除 Entry 或 Text 元件中的部分內容，則可透過 delete(self,first,last=None) 方法實現，該方法指定刪除從 first 到 last 之間的內容。

關於 Entry 和 Text 支援的索引需要說明一下，由於 Entry 是單行文字標籤元件，因此它的索引很簡單，比如要指定第 5 個字元到第 8 個字元，索引指定為（4,8）即可。但 Text 是多行文字標籤元件，因此它的索引需要同時指定行號和列號，比如 1.0 代表第 1 行、第 1 列（行號從 1 開始，列號從 0 開始），如果要指定第 2 行第 3 個字元到第 3 行第 7 個字元，索引應指定為（2.2,3.6）。

此外，Entry 支援雙向綁定，程式可以將 Entry 與變數綁定在一起，這樣程式就可以透過該變數來改變、獲取 Entry 元件中的內容，例 18-10 所示。

【例 18-12】實現密碼框的用星號代替實際內容，可以透過 Entry 的 show 參數來實現。

```python
from tkinter import *
root = Tk()
Label(root, text=' 帳號：').grid(row=0, column=0)
Label(root, text=' 密碼：').grid(row=1, column=0)
v1 = StringVar()    # 輸入框裡是字串類型，因此用 Tkinter 的 StringVar 類型來存放
v2 = StringVar()    # 需要兩個變數來存放帳號和密碼
e1 = Entry(root, textvariable=v1)
e2 = Entry(root, textvariable=v2, show='*')  # 想要顯示什麼就輸入什麼
e1.grid(row=0, column=1, padx=10, pady=5)
e2.grid(row=1, column=1, padx=10, pady=5)
def show():
    print(" 帳號：%s" % e1.get())
    print("密碼：%s" % e2.get())
Button(root, text=' 獲取資訊 ', width=10, command=show)\
            .grid(row=3, column=0, sticky=W, padx=10, pady=5)
```

```
Button(root, text=' 退出 ', width=10, command=root.quit)\
            .grid(row=3, column=1, sticky=E, padx=10, pady=5)
mainloop()
```

運行程式，效果如圖 18-19 所示。

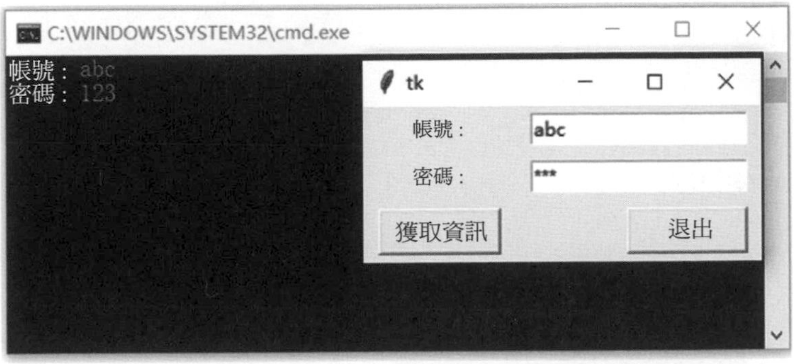

圖 18-19 Entry 元件顯示資訊效果

Text 實際上是一個功能強大的「豐富文字」編輯元件，這表示使用 Text 不僅可以插入文字內容，還可以插入圖片，可透過 image_create(self,index,cnf={},**kw) 方法水插入。

Text 也可以設定被插入文字內容的格式，此時就需要為 insert(self,index,chars,*args) 方法的最後一個參數傳入多個 tag 進行控制，這樣就可以使用 Text 元件實現圖文並茂的效果。

此外，當 Text 內容較多時就需要對該元件使用捲軸，以便該 Text 能實現捲動顯示。為了讓捲軸控制 Text 元件內容的捲動，實際上就是將它們進行雙向連結。這裡需要兩步操作。

（1）將 Scrollbar 的 command 設為目標群元件的 xview 或 yview，其中 xview 用於水平捲軸控制目標群元件水平捲動；yview 用於垂直捲動條控制目標群元件垂直捲動。

（2）將目標群元件的 xscrollcommand 或 yscrollcommand 屬性設為 Scrollbar 的 set 方法。

18-33

【例 18-13】下面實現在 Text 插入圖型。

```
from tkinter import *
root = Tk()
text1 = Text(root,width=100,height=30)
text1.pack()
photo = PhotoImage(file='bg1.gif')
def show():
    # 增加圖片用 image_create
    text1.image_create(END,image=photo)
b1 = Button(text1,text=' 點我點我 ',command=show)
    # 增加外掛程式用 window_create
text1.window_create(INSERT,window=b1)
mainloop()
```

運行程式,效果如圖 18-20 所示。

圖 18-20 文字標籤中插入圖型

18.4.5 Radiobutton 和 Checkbutton 元件

Radiobutton 元件代表選項按鈕,該元件可以綁定一個方法或函數,當選項按鈕被選擇時,該方法或函數將被觸發。

為了將多個 Radiobutton 編為一組，程式需要將多個 Radiobutton 綁定到同一個變數，當這組 Radiobutton 的其中一個選項按鈕被選中時，該變數會隨之改變；反過來，當該變數發生改變時，這組 Radiobutton 也會自動選中該變數值所對應的選項按鈕。

選項按鈕除了可以顯示文字，也可以顯示圖片，只要為其指定 image 選項即可。如果希望圖片和文字同時顯示也是可以的，只要透過 command 選項進行控制即可（如果不指定 command 選項，該選項預設為 None，這表示只顯示圖片）。

【例 18-14】創建選項按鈕，選項按鈕的內容是 text，內容對應的值是 value，g 根據 value 選擇。

```
from tkinter import *
root = Tk()
radio1 = Radiobutton(root,text=" 選擇 1",value=True)
radio1.grid()
radio2 = Radiobutton(root,text=" 選擇 2",value=False)
radio2.grid()
radio3 = Radiobutton(root,text=" 選擇 3",value=False)
radio3.grid()
root.mainloop()
```

運行程式，效果如圖 18-21所示。

圖 18-21 創建選項按鈕

Checkbutton 與 Radiobutton 很相似，只是 Checkbutton 允許選擇多項，而每組 Radiobutton 只能選擇一項。其他功能基本相似，同樣可以顯示文字和圖片，同樣可以綁定變數，同樣可以為選中事件綁定處理函數和處理方法。但由於 Checkbutton 可以同時選中多項，因此程式需要為每個 Checkbutton 都綁定一個變數。

Checkbutton 就像開關一樣，它支援兩個值：開關打開的值和開關關閉的值。因此，在創建 Checkbutton 時可同時設定 onvalue 和 offvalue 選項為打開和關閉分別指定值。如果不指定 onvalue 和 offvalue，則 onvalue 預設為 1，offvalue 預設為 0。

【例 18-15】使用 Checkbutton 來實現選項的選擇，並傳入回呼函數，使用普通按鍵 Button 用的控制項屬性。

```python
from tkinter import *
# 創建容器
tk=Tk()
tk.title(" 我的 GUI 介面學習 ")
# 主介面容器
mainfarm=Frame()
mainfarm.pack()

lab1=Label(mainfarm,text=" 你好，這是 Checkbutton 操作介面 ")
lab1.pack()
def button1back_handle():
    print("button1 down")
button2val=IntVar()
button2=Checkbutton(mainfarm,
                    text='BUTTON2',
                    variable=button2val,   #variable 為按鍵的狀態值
                    anchor="n",   # 按鍵文字位置為 n
                    bd=5,   # 將 borderwidth（邊框寬度）設定為 5
                    command=button1back_handle,   # 傳入回呼函數
                    justify="left",   # 按鍵文字為左對齊
                    cursor="right_ptr",   # 將游標移動至按鍵時的顯示修改為
# 設定按鍵的字型、大小、粗體、斜體
                    font=(" 宋體 ", 15, "bold", "italic"),
                    padx=5, pady=5,   # 指定按鍵文字或圖型距離邊框的距離
```

```
                    relief=RAISED,  # 指定按鍵的樣式
                    state=ACTIVE,  # 指定按鍵的狀態
                    width=10, height=5,  # 制定按鍵的寬、高
                    )
button2.pack()
# 為了看到按鍵值使用 Lable 控制項顯示下按鍵的值
Label(mainfarm,textvariable=button2val).pack()
mainloop()
```

運行程式，效果如圖 18-22 所示。

圖 18-22　Checkbutton 元件介面

18.4.6　Listbox 和 Combobox 元件

Listbox 代表一個列表方塊，使用者可透過列表方塊來選擇一個清單項。ttk 模組下的 Combobox 則是 Listbox 的改進版，它既提供了單行文字標籤讓使用者直接輸入（像 Entry 一樣），也提供了下拉式選單供使用者選擇（像 Listbox 一樣），因此它被稱為複合框。

創建 Listbox 需要兩步：

（1）創建 Listbox 物件，並為之執行各種選項。

（2）呼叫 Listbox 的 insert(self,index,*elements) 方法來增加選項。從最後一個參數可以看出，該方法既可每次增加一個選項，也可傳入多個參數，每次增加多個選項。index 參數指定選項的插入位置，它支持 END（結

尾處）、ANCHOR（當前位置）和 ACTIVE（選中處）等特殊索引。

Listbox 的 selectmode 支援的選項模式有以下幾種：

- 'browse'：單選模式，支援按住滑鼠滑動來改變選擇。
- 'multiple'：多項模式。
- 'single'：單選模式，必須透過滑鼠鍵點擊來改變選擇。
- 'extended'：擴充的多選模式，必須透過 Ctrl 或 Shift 鍵輔助實現多選。

【例 18-16】演示 Listbox 的基本用法。

```python
from tkinter import *
root=Tk()
# 單選
LB1=Listbox(root)
Label(root,text=' 單選：選擇你的課程 ').pack()
for item in ['Chinese','English','Math']:
    LB1.insert(END,item)
LB1.pack()
# 多選
LB2=Listbox(root,selectmode=EXTENDED)
Label(root,text=' 多選：你會幾種程式語言 ').pack()
for item in ['python','C++','C','Java','Php']:
    LB2.insert(END,item)
LB2.insert(1,'JS','Go','R')
LB2.delete(5,6)
LB2.select_set(0,3)
LB2.select_clear(0,1)
print (LB2.size())
print (LB2.get(3))
print(LB2.select_includes(3))
LB2.pack()
root.mainloop()
```

運行程式，效果如圖 18-23 所示。

圖 18-23 Listbox 元件介面

Combobox 的用法更加簡單，程式可透過 values 選項直接為它設定多個選項。該元件的 state 選項支援 'readonly' 狀態，該狀態代表 Combobox 的文字標籤不允許編輯，只能透過下拉式選單的清單項來改變。

Combobox 同樣可透過 textvariable 選項將它與指定變數綁定，這樣程式可透過該變數來獲取或修改 Combobox 元件的值。

Combobox 還可透過 postcommand 選項指定事件處理函數或方法：當使用者點擊 Combobox 的下拉箭頭時，程式就會觸發 postcommand 選項指定的事件處理函數或方法。

【例 18-17】演示 Combobox 元件的用法。

```python
import tkinter as tk
# 創建表單
from tkinter import ttk
window = tk.Tk()
window.title('Tk 介面 ')
# 設定表單大小
window.geometry('250x300')
```

```
# 用來顯示下拉式選單值的 Label
var = tk.StringVar()
la = tk.Label(window, textvariable=var)
la.grid(column=1, row=1)
def click():
    var.set(number.get())
number = tk.StringVar()
numberChosen = ttk.Combobox(window, width=12, textvariable=number)
numberChosen['values'] = (1, 2, 4, 42, 100) # 設定下拉式選單的值
numberChosen.grid(column=1, row=1) # 設定其在介面中出現的位置 column 代表列 row
代表行
numberChosen.current(0) # 置下拉式選單預設顯示的值，0 為 numberChosen['values']
的索引值
b1 = tk.Button(window, text=' 點擊 ', command=click)
b1.place(x=150, y=150, anchor=tk.NW)
window.mainloop()
```

運行程式，效果如圖 18-24 所示。

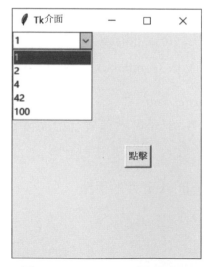

圖 18-24 Combobox 元件介面

18.4.7 Spinbox 元件

Spinbox 元件是一個帶有兩個小箭頭的文字標籤,使用者既可以透過兩個小箭頭上下調整該元件內的值,也可以直接在文字標籤內輸入內容為該元件的值。

Spinbox 本質上也相當於持有一個列表方塊,這一點類似於 Combobox,但 Spinbox 不會展開下拉式選單供使用者選擇。Spinbox 只能透過向上、向下箭頭來選擇不同的選項。

在使用 Spinbox 元件時,即可透過 from(由於 from 是關鍵字,實際使用時寫成 from_)、to、increment 選項來指定選項清單,也可透過 values 選項來指定多個清單項,該選項的值可以是 list 或 tuple。

Spinbox 同樣可透過 textvariable 選項將它與指定變數綁定,這樣程式既可透過該變數來獲取或修改 Spinbox 元件的值。

Spinbox 還可透過 command 選項指定事件處理函數或方法;當使用者點擊 Spinbox 的向上、向下箭頭時,程式就會觸發 command 選項指定的事件處理函數或方法。

【例 18-18】演示 Spinbox 元件的用法。

```python
from tkinter import *
# 匯入 ttk
from tkinter import ttk
class App:
    def __init__(self, master):
        self.master = master
        self.initWidgets()
    def initWidgets(self):
        ttk.Label(self.master, text=' 指定 from、to、increment').pack()
        # 透過指定 from_、to、increament 選項創建 Spinbox
        sb1 = Spinbox(self.master, from_ = 18,
            to = 50,
```

```
            increment = 5))
        sb1.pack(fill=X, expand=YES)
        ttk.Label(self.master, text=' 指定 values').pack()
        # 透過指定 values 選項創建 Spinbox
        self.sb2 = Spinbox(self.master,
            values=('Python', 'C++', 'Java', 'PHY'),
            command = self.press)# 透過 command 綁定事件處理方法
        self.sb2.pack(fill=X, expand=YES)
        ttk.Label(self.master, text=' 綁定變數 ').pack()
        self.intVar = IntVar()
        # 透過指定 values 選項創建 Spinbox，並為之綁定變數
        sb3 = Spinbox(self.master,
            values=list(range(18, 50, -4)),
            textvariable = self.intVar, # 綁定變數
            command = self.press)
        sb3.pack(fill=X, expand=YES)
        self.intVar.set(33) # 透過變數改變 Spinbox 的值
    def press(self):
        print(self.sb2.get())
root = Tk()
root.title("Spinbox 測試 ")
App(root)
root.mainloop()
```

運行程式，效果如圖 18-25 所示。

圖 18-25 Spinbox 元件介面

18.4.8 Scale 元件

Scale 元件代表一個滑桿，可以為該滑桿設定最小值和最大值，也可以設定滑桿每次調節的步進值。Scale 元件支援以下選項。

• from：設定該 Scale 的最小值。

• to：設定該 Scale 的最大值。

• resolution：設定該 Scale 滑動時的步進值。

• label：為 Scale 元件設定標籤內容。

• length：設定軌道的長度。

• width：設定軌道的寬度。

• troughcolor：設定軌道的背景顏色。

• sliderlength：設定滑動桿的長度。

• sliderrelief：設定滑動桿的立體樣式。

• showvalue：設定是否顯示當前值。

• orient：設定方向。該選項支援 VERTICAL 和 HORIZONTAL 兩個值。

• digits：設定有效數字至少要有幾位。

• variable：用於與變數進行綁定。

• command：用於為該 Scale 元件綁定事件處理函數或

【例 18-19】演示 Scale 元件的選項的功能和用法。

```
import tkinter as tk
window=tk.Tk()                  # 實例化一個視窗
window.title('Scale 元件 ')      # 定義視窗標題
window.geometry('400x600')      # 定義視窗大小
l=tk.Label(window,bg='yellow',width=20,height=2,text=' 未選擇 ')
l.pack()
def print_selection(V):
    l.config(text=' 你已選擇 '+V)
s=tk.Scale(window,label=' 進行選擇 ',from_=5,to=11,orient=tk.HORIZONTAL,leng
```

```
th=200,showvalue=1,tickinterval=3,resolution=0.01,command=print_selection)
s.pack() # 顯示名字，條方向；長度（像素），是否直接顯示值，標籤的單位長度，保留精度，
定義功能
window.mainloop()
```

運行程式，效果如圖 18-26 所示。

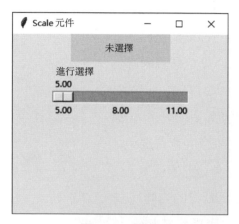

圖 18-26　滑桿

18.4.9　Labelframe 元件

Labelframe 是 Frame 容器的改進版，它允許為容器增加一個標籤，該標籤既可以是普通的文字標籤，也可以將任意 GUI 元件作為標籤。

為了給 Labelframe 設定文字標籤，只要為它指定 text 選項即可。

【例 18-20】創建一個容器 monty 將其他的部件的父容器改為 monty。

```
import tkinter as tk
from tkinter import ttk
from tkinter import scrolledtext # 匯入捲動文字標籤的模組
win = tk.Tk()
win.title("Python GUI") # 加標題
# 創建一個容器，
```

```
monty = ttk.LabelFrame(win, text=" Monty Python ") # 創建一個容器，其父容器為
win
monty.grid(column=0, row=0, padx=10, pady=10) # 該容器週邊需要留出的空餘空間
aLabel = ttk.Label(monty, text="A Label")
ttk.Label(monty, text="Chooes a number").grid(column=1, row=0) # 增加一個標
籤，並將其列設定為 1，行設定為 0
ttk.Label(monty, text="Enter a name:").grid(column=0, row=0, sticky='W')
# 設定其在介面中出現的位置，column 代表列，row 代表行
#button 被點擊之後會被執行
def clickMe():     # 當 acction 被點擊時，該函數則生效
  action.configure(text='Hello ' + name.get()+ ' ' + numberChosen.get()) # 設
定 button 顯示的內容
  print('check3 is %s %s' % (type(chvarEn.get()), chvarEn.get()))
# 創建一個按鈕，text：顯示按鈕上面顯示的文字，command：當這個按鈕被點擊之後會呼叫
command 函數
action = ttk.Button(monty, text="Click Me!", command=clickMe)
action.grid(column=2, row=1)# 設定其在介面中出現的位置，column 代表列，row 代表行
# 文字標籤
name = tk.StringVar()#StringVar 是 Tk 函數庫內部定義的字串變數類型
nameEntered = ttk.Entry(monty, width=12, textvariable=name) # 創建一個文字標
籤，定義長度為 12 個字元長度
nameEntered.grid(column=0, row=1, sticky=tk.W) # 設定其在介面中出現的位
置，column 代表列，row 代表行
nameEntered.focus()    # 當程式執行時期，游標預設會出現在該文字標籤中
# 創建一個下拉式選單
number = tk.StringVar()
numberChosen = ttk.Combobox(monty, width=12, textvariable=number, state=
'readonly')
numberChosen['values'] = (1, 2, 4, 42, 100)# 設定下拉式選單的值
numberChosen.grid(column=1, row=1) # 設定其在介面中出現的位置，column 代表列，row
代表行
numberChosen.current(0)# 設定下拉式選單預設顯示的值，0 為 numberChosen['values']
的索引值
# 核取方塊
chVarDis = tk.IntVar()# 用來獲取核取方塊是否被選取，其狀態值為 int 類型，選取為 1，
未選取為 0
#text 為該核取方塊後面顯示的名稱，variable 將該核取方塊的狀態設定值給一個變數，當
state='disabled' 時，該核取方塊為灰色，不能點的狀態
check1 = tk.Checkbutton(monty, text="Disabled", variable=chVarDis,
```

```
                   state='disabled')
check1.select()        # 該核取方塊是否選取，select 為選取，deselect 為不選取
check1.grid(column=0, row=4, sticky=tk.W) #sticky=tk.W(N：北／上對齊,S：南／
下對齊,W：西／左對齊,E：東／右對齊)
chvarUn = tk.IntVar()
check2 = tk.Checkbutton(monty, text="UnChecked", variable=chvarUn)
check2.deselect()
check2.grid(column=1, row=4, sticky=tk.W)
chvarEn = tk.IntVar()
check3 = tk.Checkbutton(monty, text="Enabled", variable=chvarEn)
check3.select()
check3.grid(column=2, row=4, sticky=tk.W)
# 選項按鈕
# 定義幾個顏色的全域變數
colors = ["Blue", "Gold", "Red"]
# 選項按鈕回呼函數，就是當選項按鈕被點擊會執行該函數
def radCall():
    radSel = radVar.get()
    if radSel == 0:
        win.configure(background=colors[0])# 設定整個介面的背景顏色
        print(radVar.get())
    elif radSel == 1:
        win.configure(background=colors[1])
    elif radSel == 2:
        win.configure(background=colors[2])
radVar = tk.IntVar()   # 透過 tk.IntVar()，獲取選項按鈕 value 參數對應的值
radVar.set(99)
for col in range(3):
  # 當該選項按鈕被點擊時，會觸發參數 command 對應的函數
  curRad = tk.Radiobutton(monty, text=colors[col], variable=radVar,
value=col, command=radCall)
  curRad.grid(column=col, row=5, sticky=tk.W)# 參數 sticky 對應的值參考核取方塊
的解釋
# 捲動文字標籤
scrolW = 30 # 設定文字標籤的長度
scrolH = 3 # 設定文字標籤的高度
#wrap=tk.WORD 這個值表示在行的尾端如果有一個單字跨行，會將該單字放到下一行顯示
scr = scrolledtext.ScrolledText(monty, width=scrolW, height=scrolH,
```

```
wrap=tk.WORD)
scr.grid(column=0, columnspan=3)
win.mainloop()# 當呼叫 mainloop() 時，視窗才會顯示出來
```

運行程式，效果如圖 18-27 所示。

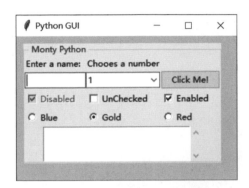

圖 18-27 Labelframe 元件介面

18.4.10 OptionMenu 元件

OptionMenu 元件用於建構一個帶選單的按鈕，該選單可以在按鈕的四個方向上展開——展開方向可透過 direction 選項控制。

使用 OptionMenu 比較簡單，直接呼叫它的以下構造函數即可。

```
__init__(self,master,variable,value,*values,**kwargs)
```

其中，master 參數的作用與所有的 Tkinter 元件一樣，指定將該元件放入哪個容器中。其他參數的含義如下。

- variable：指定該按鈕上的選單與哪個變數綁定。
- value：指定預設選擇選單中的哪一項。
- values：Tkinter 將收集為此參數傳入的多個值，為每個值創建一個選單項。

- kwargs：用於為 OptionMenu 設定選項。除前面介紹的正常選項外，還可透過 direction 選項控制選單的展開方向。

【例 18-21】利用 OptionMenu 創建下拉式選單，並在文字中顯示。

```
"""
測試 OptionMenu ( 選擇項 )
用來做多選一，選中的項在頂部顯示
"""
import tkinter
def show():
    varLabel.set(var.get())
root = tkinter.Tk()
tupleVar = ('python', 'java', 'C', 'C++', 'C#')
var = tkinter.StringVar()
var.set(tupleVar[0])
optionMenu = tkinter.OptionMenu(root, var, *tupleVar)
optionMenu.pack()
varLabel = tkinter.StringVar()
label = tkinter.Label(root, textvariable=varLabel, width=20, height=3,
bg='lightblue', fg='red')
label.pack()
button = tkinter.Button(root, text=' 列印 ', command=show)
button.pack()
root.mainloop()
```

運行程式，效果如圖 18-28 所示。

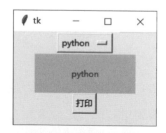

圖 18-28 下拉式選單

18.5　選單

Tkinter 為選單提供了 Menu 類別，該類別既可代表選單，還可代表右鍵選單（右鍵選單）。簡單來説，Menu 類別就可以搞定所有選單相關內容。

程式可呼叫 Menu 的構造方法來創建選單，在創建選單之後可透過以下方法增加選單項。

- add_command()：增加選單項。
- add_checkbutton()：增加核取方塊選單項。
- add_radiobutton：增加選項按鈕選單項。
- add_sparator()：增加選單分隔條。

上面的前三個方法都用於增加選單項，因此都支援以下常用選項。

- label：指定選單項的文字。
- command：指定為選單項綁定的事件處理方法。
- image：指定選單項的圖示。
- compound：指定在選單項中圖示位於文字的哪個方位。

有了選單項，接下來就是如何使用選單了。選單有兩種用法。

- 在視窗上方透過選單筆管理選單。
- 透過滑鼠右鍵觸發右鍵選單（右鍵選單）。

18.5.1　視窗選單

在創建選單之後，如果要將選單設定為視窗的選單筆（Menu 物件可被當成選單筆使用），則只要將該選單設為視窗的 menu 選項即可。例如：

```
self.master['menu']=menubar
```

如果要將選單增加到選單筆中，或增加為子功能表，則呼叫 Menu 的 add_cascade() 方法。

【**例 18-22**】利用 Menu 創建視窗選單。

```python
import tkinter as tk
window = tk.Tk()
window.title(' 視窗選單 ')
window.geometry('200x200')
l = tk.Label(window, text='', bg='blue')
l.pack()
counter = 0
def do_job():
    global counter
    l.config(text='do '+ str(counter))
    counter+=1

# 創建一個功能表列，這裡我們可以把他了解成一個容器，在視窗的上方
menubar = tk.Menu(window)
# 定義一個空選單單元
filemenu = tk.Menu(menubar, tearoff=0)
# 將上面定義的空選單命名為 `File`，放在功能表列中，就是載入那個容器中
menubar.add_cascade(label=' 檔案 ', menu=filemenu)
# 在 `File` 中加入 `New` 的小選單，即我們平時看到的下拉式功能表，每一個小選單對應命令
操作。
# 如果點擊這些單元，就會觸發 `do_job` 的功能
filemenu.add_command(label=' 新建 ', command=do_job)
# 同樣的在 ` 檔案 ` 中加入 ` 打開 ` 小選單
filemenu.add_command(label=' 打開 ', command=do_job)
# 同樣的在 ` 檔案 ` 中加入 ` 保存 ` 小選單
filemenu.add_command(label=' 保存 ', command=do_job)
filemenu.add_separator()# 這裡就是一條分割線
# 同樣的在 ` 檔案 ` 中加入 ` 編輯 ` 小選單，此處對應命令為 `window.quit`
filemenu.add_command(label=' 編輯 ', command=window.quit)

editmenu = tk.Menu(menubar, tearoff=0)
menubar.add_cascade(label=' 編輯 ', menu=editmenu)
editmenu.add_command(label=' 剪貼 ', command=do_job)
editmenu.add_command(label=' 複製 ', command=do_job)
editmenu.add_command(label=' 貼上 ', command=do_job)
# 和上面定義選單一樣，不過此處實在 ` 檔案 ` 上創建一個空的選單
submenu = tk.Menu(filemenu)
```

```
# 給放入的選單、子功能表、命名為、匯入、
filemenu.add_cascade(label=' 匯入 ', menu=submenu, underline=0)
# 這裡和上面也一樣，在、匯入、中加入一個小選單命令、子功能表 1、
submenu.add_command(label=" 子功能表 1", command=do_job)
window.config(menu=menubar)
window.mainloop()
```

運行程式，效果如圖 18-29 所示。

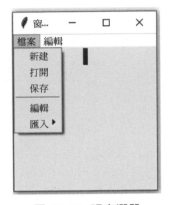

圖 18-29 視窗選單

18.5.2 右鍵選單

實現右鍵選單很簡單，程式只要先創建選單，然後為目標群元件的按右鍵
事件綁定處理函數，當使用者點擊滑鼠右鍵時，呼叫選單的 post() 方法即
可在指定位置彈出右鍵選單。

【例 18-23】創建右鍵選單，實現將文字等內容實現複製\剪貼、貼上操
作。

```
from tkinter import *
abc = Tk()
abc.title(' 創建文字標籤右鍵選單 ')
abc.resizable(False, False)
abc.geometry("300x100+200+20")
```

```
Label(abc, text=' 被生成的文字標籤 ').pack(side="top")
Label(abc).pack(side="top")
show = StringVar()
Entry = Entry(abc, textvariable=show, width="30")
Entry.pack()
class section:
    def onPaste(self):
        try:
            self.text = abc.clipboard_get()
        except TclError:
            pass
        show.set(str(self.text))

    def onCopy(self):
        self.text = Entry.get()
        abc.clipboard_append(self.text)

    def onCut(self):
        self.onCopy()
        try:
            Entry.delete('sel.first', 'sel.last')
        except TclError:
            pass
section = section()
menu = Menu(abc, tearoff=0)
menu.add_command(label=" 複製 ", command=section.onCopy)
menu.add_separator()
menu.add_command(label=" 貼上 ", command=section.onPaste)
menu.add_separator()
menu.add_command(label=" 剪貼 ", command=section.onCut)

def popupmenu(event):
    menu.post(event.x_root, event.y_root)
Entry.bind("<Button-3>", popupmenu)
abc.mainloop()
```

運行程式，效果如圖 18-30 所示。

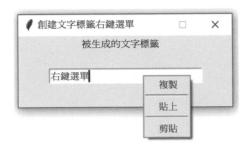

圖 18-30 創建右鍵選單

18.6 Canvas 繪圖

Tkinter 提供了 Canvas 元件來實現繪圖。程式既可在 Canvas 中繪製直線、矩形、橢圓等各種幾何圖形，也可以繪製圖片、文字、UI 元件（Button）等。Canvas 允許重新改變這些圖形項（Tkinter 將程式繪製的所有東西稱為 item）的屬性，比如改變其座標、外觀等。

Canvas 元件的用法與其他 GUI 元件一樣簡單，程式只要創建並增加 Canvas 元件，然後呼叫該元件的方法來繪製圖形即可。

【例 18-24】利用 Canvas 實現幾何圖形的繪圖。

```python
import tkinter
class mybutton:# 定義按鈕類別
        # 類別初始化 canvas1，label1 是 MyCanvals，mylabel 的實例，因此可以使用類
別中的方法
        def __init__(self,root,canvas1,label1,type):
            self.root=root# 保存引用值
            self.canvas1=canvas1
            self.label1=label1
            if type==0:# 根據類型創建按鈕
                button=tkinter.Button(root,text=' 畫線 ',command=self.DrawLine)
            elif type==1:
                button=tkinter.Button(root,text=' 畫扇形 ',command=self.DrawArc)
            elif type==2:
                button=tkinter.Button(root,text=' 畫矩形 ',command=self.DrawRec)
```

```
                    else:
                        button=tkinter.Button(root,text=' 畫橢圓 ',command=self.DrawOval)
                    button.pack(side='left')
            def DrawLine(self):#DrawLine 按鈕事件處理函數
                    self.label1.text.set(' 畫直線 ')
                    self.canvas1.SetStatus(0)# 把 status 設定值，便於根據 status 的值進
行畫圖
            def DrawArc(self):
                    self.label1.text.set(' 畫弧 ')
                    self.canvas1.SetStatus(1)
            def DrawRec(self):
                    self.label1.text.set(' 畫矩形 ')
                    self.canvas1.SetStatus(2)
            def DrawOval(self):
                    self.label1.text.set(' 畫橢圓 ')
                    self.canvas1.SetStatus(3)
class MyCanvals:
        def __init__(self,root):
                self.status=0
                self.draw=0
                self.root=root
            # 生成 canvas 元件
                self.canvas=tkinter.Canvas(root,bg='yellow',width=600,height=480)
                self.canvas.pack()
                self.canvas.bind('<ButtonRelease-1>',self.Draw)# 綁定事件到左鍵
                self.canvas.bind('<Button-2>',self.Exit)# 綁定事件到中鍵
                self.canvas.bind('<Button-3>',self.Del)# 綁定事件到右鍵
                self.canvas.bind_all('<Delete>',self.Del)# 綁定事件到 delete 鍵
                self.canvas.bind_all('<KeyPress-d>',self.Del)# 綁定事件到 d 鍵
                self.canvas.bind_all('<KeyPress-e>',self.Exit)# 綁定事件到 e 鍵
        def Draw(self,event):# 繪圖事件處理函數
            if self.draw==0:# 判斷是否繪圖，先記錄起始位置
                self.x=event.x
                self.y=event.y
                self.draw=1
            else:# 根據 self.status 繪製不同的圖形
                if self.status==0:
                        self.canvas.create_line(self.x,self.y,event.x,event.y)
                        self.draw=0
```

```
                    elif self.status==1:
                            self.canvas.create_arc(self.x,self.y,event.x,event.y)
                            self.draw=0
                    elif self.status==2:
                            self.canvas.create_rectangle(self.x,self.y,event.
x,event.y)
                            self.draw=0
                    else:
                            self.canvas.create_oval(self.x,self.y,event.x,event.y)
                            self.draw=0
        def Del(self,event):# 按下右鍵或 d 鍵刪除圖形
            items=self.canvas.find_all()
            for i in items:
                self.canvas.delete(i)
        def Exit(self,event):# 按下中鍵或 e 鍵退出
            self.root.quit()
        def SetStatus(self,status):# 設定繪製的圖形
            self.status=status
class mylabel:# 定義標籤類別
        def __init__(self,root):
            self.root=root
            self.canvas1=canvas1
            self.text=tkinter.StringVar()# 生成標籤引用變數
            self.text.set(' 畫線 ')
            self.label=tkinter.Label(root,textvariable=self.
text,fg='blue',width=50)# 生成標籤
            self.label.pack(side='left')
root=tkinter.Tk()# 生成主視窗
canvas1=MyCanvals(root)# 生成實例
label1=mylabel(root)# 生成實例
mybutton(root,canvas1,label1,0)
mybutton(root,canvas1,label1,1)
mybutton(root,canvas1,label1,2)
mybutton(root,canvas1,label1,3)
root.mainloop()# 進入訊息循環
```

運行程式，進行繪圖，效果如圖 18-31 所示。

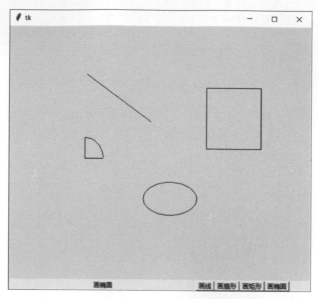

圖 18-31 繪製幾何圖

此外，還可以利用 Canvas 來繪製動畫。下面以一個簡單的桌面彈球遊戲來介紹使用 Canvas 繪製動畫。在遊戲介面上會有一個小球，該小球會在介面上捲動，遇到邊界或使用者擋板就會反彈。該程式涉及兩個動畫：

- 小球轉動：小球轉動是一個「逐頁框動畫」。程式會循環顯示多張轉動的小球圖片，這樣使用者就會看到小球轉動的效果。

- 小球移動：只要改變小球的座標程式就可以控制小球移動。

為了讓使用者控制擋板移動，程式還為 Canvas 的向左箭頭、向右箭頭綁定了事件處理函數。下面是桌面彈球遊戲的程式。

```
from tkinter import *
from tkinter import messagebox
import threading
import random
GAME_WIDTH = 450
GAME_HEIGHT = 650
```

```python
BOARD_X = 220
BOARD_Y = 600
BOARD_WIDTH = 80
BALL_RADIUS = 9

class App:
    def __init__(self, master):
        self.master = master
        # 記錄小球動畫的第幾幀
        self.ball_index = 0
        # 記錄遊戲是否失敗的旗標
        self.is_lose = False
        # 初始化記錄小球位置的變數
        self.curx = 260
        self.cury = 30
        self.boardx = BOARD_X
        self.init_widgets()
        self.vx = random.randint(3, 6)  #x 方向的速度
        self.vy = random.randint(5, 10)  #y 方向的速度
        # 透過計時器指定 0.1 秒之後執行 moveball 函數
        self.t = threading.Timer(0.1, self.moveball)
        self.t.start()
    # 創建介面元件
    def init_widgets(self):
        self.cv = Canvas(root, background='white',
            width=GAME_WIDTH, height=GAME_HEIGHT)
        self.cv.pack()
        # 讓畫布得到焦點，從而可以回應按鍵事件
        self.cv.focus_set()
        self.cv.bms = []
        # 初始化小球的動畫幀
        for i in range(8):
            self.cv.bms.append(PhotoImage(file='images/ball_'+ str(i+1)+
'.gif'))
        # 繪製小球
        self.ball = self.cv.create_image(self.curx, self.cury,
            image=self.cv.bms[self.ball_index])
        self.board = self.cv.create_rectangle(BOARD_X, BOARD_Y,
            BOARD_X + BOARD_WIDTH, BOARD_Y + 20, width=0, fill='lightblue')
```

```
        # 為向左箭頭按鍵綁定事件，擋板左移
        self.cv.bind('<Left>', self.move_left)
        # 為向右箭頭按鍵綁定事件，擋板右移
        self.cv.bind('<Right>', self.move_right)
    def move_left(self, event):
        if self.boardx <= 0:
            return
        self.boardx -= 5
        self.cv.coords(self.board, self.boardx, BOARD_Y,
            self.boardx + BOARD_WIDTH, BOARD_Y + 20)
    def move_right(self, event):
        if self.boardx + BOARD_WIDTH >= GAME_WIDTH:
            return
        self.boardx += 5
        self.cv.coords(self.board, self.boardx, BOARD_Y,
            self.boardx + BOARD_WIDTH, BOARD_Y + 20)
    def moveball(self):
        self.curx += self.vx
        self.cury += self.vy
        # 小球到了右邊牆壁，轉向
        if self.curx + BALL_RADIUS >= GAME_WIDTH:
            self.vx = -self.vx
        # 小球到了左邊牆壁，轉向
        if self.curx - BALL_RADIUS <= 0:
            self.vx = -self.vx
        # 小球到了上邊牆壁，轉向
        if self.cury - BALL_RADIUS <= 0:
            self.vy = -self.vy
        # 小球到了擋板處
        if self.cury + BALL_RADIUS >= BOARD_Y:
            # 如果在擋板範圍內
            if self.boardx <= self.curx <= (self.boardx + BOARD_WIDTH):
                self.vy = -self.vy
            else:
                messagebox.showinfo(title=' 失敗 ', message=' 您已經輸了 ')
                self.is_lose = True
        self.cv.coords(self.ball, self.curx, self.cury)
        self.ball_index += 1
```

```
        self.cv.itemconfig(self.ball, image=self.cv.bms[self.ball_index % 8])
        # 如果遊戲還未失敗，讓計時器繼續執行
        if not self.is_lose:
            # 透過計時器指定 0.1 秒之後執行 moveball 函數
            self.t = threading.Timer(0.1, self.moveball)
            self.t.start()
root = Tk()
root.title(" 彈球遊戲 ")
root.geometry('%dx%d'% (GAME_WIDTH, GAME_HEIGHT))
# 禁止改變視窗大小
root.resizable(width=False, height=False)
App(root)
root.mainloop()
```

運行程式，效果如圖 18-32 所示。

圖 18-32　彈球遊戲介面

Memo

深度學習的應用

傳統的機器學習一般依賴特徵工程來建構模式辨識框架，這要求工程具有較強的理論和工程經驗，並對特徵提取器進行細粒度的演算法分析，透過將來源資料抽象到特徵圖或特徵向量等進行特徵量化，最後將向量化的特徵輸入經典的辨識器（SVM、NeutralNet 等）中檢測、分類並輸出結果。這種方式對特徵設計、提取、訓練等都提出了較高的精細化要求，在處理原始的自然數據方面有很大的局限性，也難以在現實生活中得到廣泛應用。深度學習透過對大量資料進行特徵抽象化學習來建構共用權值的深度神經網路，形成一個能夠記憶複雜、多層次特徵的機器學習演算法應用，在其訓練過程中，巨量的神經元會進行自我調整調整，在不同的維度上抽象特徵，具有智慧應用的普適性。

CNN 最早被應用於圖型分類中，是經典的機器學習模型之一。近年來，隨著電腦硬體的發展，以及物聯網和巨量資料技術的廣泛應用，CNN 得以用更深的網路去訓練更多的資料。著名學者 Alex Krizhevsky 提出了深度卷積神經網路架構（AlexNet），利用圖型巨量資料（ImageNet）成功進行了訓練並大幅度提升了辨識率。

電腦視覺應用一般包括圖型分類、物件辨識、圖型分割三個方向，CNN 作為基礎的深度特徵提取分類器，已經成為各項應用的基礎支撐，透過將圖型抽象為不同層級的特徵表示，並引入多種處理策略來實現不同的應用研究。

（1）圖型分類是經典的電腦視覺應用。常見的方式指定一幅圖型，經過一系列的前置處理、特徵提取等過程，結合模式辨識判別器來輸出其所屬類別。

（2）物件辨識是電腦視覺分析的基礎，常見的物件辨識形式是在圖型中透過區域包圍盒（Bounding Box）對圖型進行標記。

（3）圖型分割是電腦視覺分析的細粒度應用，常見的圖型分割形式是在圖型中透過遮色片（Mark）進行區域標記，從分割的目標屬性上可以分為語義分割的實例分割。

19.1 理論部分

19.1.1 分類辨識

神經網路一般由輸入層、隱藏層、輸出層等模組成，其輸入一般是經過處理的資料向量，透過誤差傳遞的方式來訓練中間層的神經元。CNN 的輸入層可以是圖型矩陣，圖型矩陣從直觀上保持了圖型本身的結構約束，能夠反映圖型的視覺化特徵。根據顏色通道的不同，CNN 將灰階圖型輸入設定為二維神經元，將彩色圖型輸入設定為三維神經元，每個顏色通道都對應一個輸入矩陣。CNN 的隱藏層包括卷積層、池化層，可透過多組不同形式的卷積核心來掃描和提取圖型的結構特徵，並逐漸進行下取樣，形成不同層次的抽象化特徵圖，以更直觀地反映圖型的視覺特徵。

19.1.2 物件辨識

分類辨識用於判斷輸入圖型的類別，一般透過對類別建立機率向量並計算最大機率索引號對應的類別標籤作為輸出，在形式上具有單輸入、單輸出的特點。

物件辨識用於定位輸入圖型中人們感興趣的物件，一般透過輸出候選區域座標的方式來確定物件的位置和大小，特別是在面臨多物件定位時會輸出區域清單，具有較高的複雜度，也是電腦視覺的重要應用之一。但是，在自然條件下拍攝的物體往往受光源、遮擋等因素的影響，且在不同的角度下，同類的物件在外觀、形狀上也有可能存在較大的差別，這也是困難所在。

傳統的物件辨識方法一般是透過多種形式的圖型分割、特徵提取、分類判別等來實現的，對圖型的精細化分割和特徵提取的技巧提出了很高的要求，計算複雜度較高，生成的檢測模型一般要求在相近的場景下才能應用，難以實現通用。隨著巨量資料及深度神經網路的不斷發展，人們透過圖型巨量資料和深度網路聯合訓練的方法使得物件辨識演算法不斷最佳化，實現了多個場景下的落地與應用。物件主流的物件辨識演算法主要包括 RCNN 為代表的 Two-Stage 演算法以及 YOLO 為代表的 One-Stage 演算法，透過對目的地區域的回歸計算進行物件定位。

19.2 AlexNet 網路及案例分析

AlexNet 是 Hinton 的學生 Alex Krizhevsky 提出，主要是在最基本的卷積網路上採用了很多新的技術點，比如第一次將 relu 啟動函數、Dropout、LRN 等技巧應用到卷積神經網路中，並使用了 GPU 加速計算。

整個 AlexNet 有 8 層，前 5 層為卷積層，後 3 層為全連接層，如圖 19-1 所示。最後一層是有 1000 類輸出的 softmax 層用作分類。LRN 層出現在第一個及第二個卷積層後，而最大池化層出現在兩個 LRN 層及最後一個卷積層後。relu 啟動函數則應用在這 8 層每一層的後面。

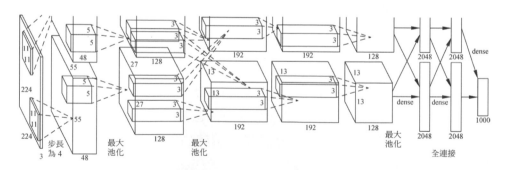

圖 19-1 AlexNet 的網路結構

AlexNet 中主要使用到的技巧有：

• 使用 relu 作為 CNN 的啟動函數，並驗證了其效果在較深的網路上超過了 sigmoid，成功解決了 sigmoid 在網路較深時的梯度彌散問題。

• 訓練時使用 Dropout 隨機忽略一部分神經元，以避免模型過擬合。

- 此前 CNN 中普遍使用平均池化，AlexNet 全部使用最大池化，避免平均池化的模糊化效果。並且 AlexNet 中提出讓步長比池化核心的尺寸小，這樣池化層的輸出之間會有重疊和覆蓋，提升了特徵的豐富性。

- 提出了 LRN 層，對局部神經元的活動創建競爭機制，使得其中響應比較大的值變得相對更大，並抑制其他回饋較小的神經元，增強了模型的泛化能力。

- 使用 CUDA 加速深度卷積網路的訓練，利用 GPU 強大的平行計算能力，處理神經網路訓練時大量的矩陣運算。

【例 19-1】本實例利用 AlexNet 對隨機圖片資料測試前饋和回饋計算的耗時。

```
import tensorflow as tf
import time
import math
from datetime import datetime
batch_size=32
num_batch=100
keep_prob=0.5
def print_architecture(t):
    """ 列印網路的結構資訊，包括名稱和大小 """
    print(t.op.name," ",t.get_shape().as_list())
def inference(images):
    """ 建構網路：5 個 conv+3 個 FC"""
    parameters=[]    # 儲存參數
    with tf.name_scope('conv1') as scope:
        """
        images:227*227*3
        kernel: 11*11 *64
        stride:4*4
        padding:name
        # 透過 with tf.name_scope('conv1') as scope 可以將 scope 內生成的
Variable 自動命名為 conv1/xxx
        便於區分不同卷積層的組建
        input: images[227*227*3]
        middle: conv1[55*55*96]
```

```
            output: pool1 [27*27*96]

            """
            kernel=tf.Variable(tf.truncated_normal([11,11,3,96],
                            dtype=tf.float32,stddev=0.1),name="weights")
            conv=tf.nn.conv2d(images,kernel,[1,4,4,1],padding='SAME')
            biases=tf.Variable(tf.constant(0.0, shape=[96],  dtype=tf.float32),
                            trainable=True,name="biases")
            bias=tf.nn.bias_add(conv,biases) # w*x+b
            conv1=tf.nn.relu(bias,name=scope) # reLu
            print_architecture(conv1)
            parameters +=[kernel,biases]
            # 增加 LRN 層和 max_pool 層
            """
            LRN 會讓前饋、回饋的速度大大降低（下降 1/3），但最終效果不明顯，所以只有
ALEXNET 用 LRN，其他模型都放棄了
            """            lrn1=tf.nn.lrn(conv1,depth_radius=4,bias=1,alpha=0.001/
9,beta=0.75,name="lrn1")
            pool1=tf.nn.max_pool(lrn1,ksize=[1,3,3,1],strides=[1,2,2,1],
                            padding="VALID",name="pool1")
            print_architecture(pool1)
        with tf.name_scope('conv2') as scope:
            kernel = tf.Variable(tf.truncated_normal([5, 5, 96, 256],
                                            dtype=tf.float32,
stddev=0.1), name="weights")
            conv = tf.nn.conv2d(pool1, kernel, [1, 1, 1, 1], padding='SAME')
            biases = tf.Variable(tf.constant(0.0, shape=[256], dtype=tf.float32),
                            trainable=True, name="biases")
            bias = tf.nn.bias_add(conv, biases)  # w*x+b
            conv2 = tf.nn.relu(bias, name=scope)  # reLu
            parameters += [kernel, biases]
            # 增加 LRN 層和 max_pool 層
            """
            LRN 會讓前饋、回饋的速度大大降低（下降 1/3），但最終效果不明顯，所以只有
ALEXNET 用 LRN，其他模型都放棄了
            """
            lrn2 = tf.nn.lrn(conv2, depth_radius=4, bias=1, alpha=0.001 / 9,
beta=0.75, name="lrn1")
            pool2 = tf.nn.max_pool(lrn2, ksize=[1, 3, 3, 1], strides=[1, 2, 2, 1],
```

```
                            padding="VALID", name="pool2")
        print_architecture(pool2)
    with tf.name_scope('conv3') as scope:
        kernel = tf.Variable(tf.truncated_normal([3, 3, 256, 384],
                                            dtype=tf.float32,
stddev=0.1), name="weights")
        conv = tf.nn.conv2d(pool2, kernel, [1, 1, 1, 1], padding='SAME')
        biases = tf.Variable(tf.constant(0.0, shape=[384], dtype=tf.float32),
                        trainable=True, name="biases")
        bias = tf.nn.bias_add(conv, biases)  # w*x+b
        conv3 = tf.nn.relu(bias, name=scope)  # reLu
        parameters += [kernel, biases]
        print_architecture(conv3)

    with tf.name_scope('conv4') as scope:
        kernel = tf.Variable(tf.truncated_normal([3, 3, 384, 384],
                                            dtype=tf.float32,
stddev=0.1), name="weights")
        conv = tf.nn.conv2d(conv3, kernel, [1, 1, 1, 1], padding='SAME')
        biases = tf.Variable(tf.constant(0.0, shape=[384], dtype=tf.float32),
                        trainable=True, name="biases")
        bias = tf.nn.bias_add(conv, biases)  # w*x+b
        conv4 = tf.nn.relu(bias, name=scope)  # reLu
        parameters += [kernel, biases]
        print_architecture(conv4)

    with tf.name_scope('conv5') as scope:
        kernel = tf.Variable(tf.truncated_normal([3, 3, 384, 256],
                                            dtype=tf.float32,
stddev=0.1), name="weights")
        conv = tf.nn.conv2d(conv4, kernel, [1, 1, 1, 1], padding='SAME')
        biases = tf.Variable(tf.constant(0.0, shape=[256], dtype=tf.float32),
                        trainable=True, name="biases")
        bias = tf.nn.bias_add(conv, biases)  # w*x+b
        conv5 = tf.nn.relu(bias, name=scope)  # reLu
        pool5 = tf.nn.max_pool(conv5, ksize=[1, 3, 3, 1], strides=[1, 2, 2, 1],
                            padding="VALID", name="pool5")
        parameters += [kernel, biases]
        print_architecture(pool5)
```

```
    # 全連接層 6
    with tf.name_scope('fc6') as scope:
        kernel = tf.Variable(tf.truncated_normal([6*6*256,4096],
                                                  dtype=tf.float32,
stddev=0.1), name="weights")
        biases = tf.Variable(tf.constant(0.0, shape=[4096], dtype=tf.float32),
                           trainable=True, name="biases")
        # 輸入資料變換
        flat = tf.reshape(pool5, [-1, 6*6*256] )  # 整形成 m*n, 列 n 為 7*7*64
        # 進行全連接操作
        fc = tf.nn.relu(tf.matmul(flat, kernel)+ biases,name='fc6')
        # 防止過擬合 nn.dropout
        fc6 = tf.nn.dropout(fc, keep_prob)
        parameters += [kernel, biases]
        print_architecture(fc6)
    # 全連接層 7
    with tf.name_scope('fc7') as scope:
        kernel = tf.Variable(tf.truncated_normal([4096, 4096],
                                                  dtype=tf.float32,
stddev=0.1), name="weights")
        biases = tf.Variable(tf.constant(0.0, shape=[4096], dtype=tf.float32),
                           trainable=True, name="biases")
        # 進行全連接操作
        fc = tf.nn.relu(tf.matmul(fc6, kernel)+ biases, name='fc7')
        # 防止過擬合 nn.dropout
        fc7 = tf.nn.dropout(fc, keep_prob)
        parameters += [kernel, biases]
        print_architecture(fc7)
    # 全連接層 8
    with tf.name_scope('fc8') as scope:
        kernel = tf.Variable(tf.truncated_normal([4096, 1000],
                                                  dtype=tf.float32,
stddev=0.1), name="weights")
        biases = tf.Variable(tf.constant(0.0, shape=[1000], dtype=tf.float32),
                           trainable=True, name="biases")
        # 進行全連接操作
        fc8 = tf.nn.xw_plus_b(fc7, kernel, biases, name='fc8')
        parameters += [kernel, biases]
        print_architecture(fc8)
```

```
    return fc8,parameters
def time_compute(session,target,info_string):
    num_step_burn_in=10   # 預熱輪數，頭幾輪迭代有顯示記憶體載入、cache 命中等問題
可以因此跳過
    total_duration=0.0    # 總時間
    total_duration_squared=0.0
    for i in range(num_batch+num_step_burn_in):
        start_time=time.time()
        _ = session.run(target)
        duration= time.time() -start_time
        if i>= num_step_burn_in:
            if i%10==0: # 每迭代 10 次顯示一次 duration
                print("%s: step %d,duration=%.5f "% (datetime.now(),i-num_
step_burn_in,duration))
            total_duration += duration
            total_duration_squared += duration *duration
    time_mean=total_duration /num_batch
    time_variance=total_duration_squared / num_batch - time_mean*time_mean
    time_stddev=math.sqrt(time_variance)
    # 迭代完成，輸出
    print("%s: %s across %d steps,%.3f +/- %.3f sec per batch "%
            (datetime.now(),info_string,num_batch,time_mean,time_stddev))
def main():
    with tf.Graph().as_default():
        """ 僅使用隨機圖片資料測試前饋和回饋計算的耗時 """
        image_size =224
        images=tf.Variable(tf.random_normal([batch_size,image_size,image_
size,3],
                                dtype=tf.float32,stddev=0.1 ) )
        fc8,parameters=inference(images)
        init=tf.global_variables_initializer()
        sess=tf.Session()
        sess.run(init)
        """
        AlexNet forward 計算的測評
        傳入的 target:fc8（即最後一層的輸出）
        最佳化目標：loss
        使用 tf.gradients 求相對於 loss 的所有模型參數的梯度
        AlexNet Backward 計算的測評
```

```
        """
        time_compute(sess,target=fc8,info_string="Forward")
        obj=tf.nn.l2_loss(fc8)
        grad=tf.gradients(obj,parameters)
        time_compute(sess,grad,"Forward-backward")
if __name__=="__main__":
    main()
```

運行程式，輸出如下：

```
conv1    [32, 56, 56, 96]
conv1/pool1    [32, 27, 27, 96]
conv2/pool2    [32, 13, 13, 256]
conv3    [32, 13, 13, 384]
conv4    [32, 13, 13, 384]
conv5/pool5    [32, 6, 6, 256]
fc6/dropout/mul    [32, 4096]
fc7/dropout/mul    [32, 4096]
fc8/fc8    [32, 1000]
2020-06-0909:45:35.200777: I T:\src\github\tensorflow\tensorflow\core\
platform\cpu_feature_guard.cc:140]Your CPU supports instructions that this
TensorFlow binary was not compiled to use: AVX2
2020-06-0909:45:48.237714: step 0,duration=1.03326
2020-06-0909:45:58.676795: step 10,duration=1.06914
2020-06-0909:46:09.487905: step 20,duration=1.15990
2020-06-0909:46:20.276077: step 30,duration=1.10505
2020-06-0909:46:30.945567: step 40,duration=1.07212
2020-06-0909:46:41.571177: step 50,duration=1.06815
2020-06-0909:46:52.406644: step 60,duration=1.05960
2020-06-0909:47:02.727125: step 70,duration=0.99817
2020-06-0909:47:13.065155: step 80,duration=1.02276
2020-06-0909:47:23.472045: step 90,duration=0.98894
2020-06-0909:47:32.708940: Forward across 100 steps,1.055 +/- 0.043 sec
per batch
2020-06-0909:48:38.239018: step 0,duration=6.07377
2020-06-0909:49:33.950146: step 10,duration=5.49033
2020-06-0909:50:29.876700: step 20,duration=5.52324
2020-06-0909:51:26.380708: step 30,duration=5.50928
```

```
2020-06-0909:52:23.873077: step 40,duration=5.43149
2020-06-0909:53:18.550966: step 50,duration=5.44744
2020-06-0909:54:15.137753: step 60,duration=5.41553
2020-06-0909:55:09.695962: step 70,duration=5.41653
2020-06-0909:56:04.232229: step 80,duration=5.45742
2020-06-0909:56:59.148482: step 90,duration=5.46240
2020-06-0909:57:48.486639: Forward-backward across 100 steps,5.563 +/-
0.186 sec per batch
```

19.3 CNN 拆分資料集案例分析

本節在 TensorFlow 框架下採用基礎的方法來演示如何對資料集進行拆分、
CNN 設計、訓練、測試等流程。

其實現步驟為：

（1）按比例生成訓練集、測試集，核心程式為：

```
def gen_db_folder(input_db):
        # 訓練集比例
    sub_db_list = os.listdir(input_db)
    rate = 0.8
    # 路徑檢查
    train_db = './train'
    test_db = './test'
    init_folder(train_db)
    init_folder(test_db)
    # 子資料夾
    for sub_db in sub_db_list:
        input_dbi = input_db + '/'+ sub_db + '/'
        # 目標
        train_dbi = train_db + '/'+ sub_db + '/'
        test_dbi = test_db + '/'+ sub_db + '/'
        mk_folder(train_dbi)
        mk_folder(test_dbi)
        # 遍歷
        fs = os.listdir(input_dbi)
```

```
random.shuffle(fs)
le = int(len(fs)* rate)
# 複製
for f in fs[:le]:
    shutil.copy(input_dbi + f, train_dbi)
for f in fs[le:]:
    shutil.copy(input_dbi + f, test_dbi)
```

運行程式後，將生成 train、test 資料夾。

（2）編寫 Python 函數 make_cnn() 進行網路定義，主要包括：

• tf.layers.conv2d：定義卷積層；

• tf.layers.max_pooling2d：定義池化層；

• tf.layers.relu：定義啟動層；

• tf.layers.dense：定義全連接層。

實現的核心程式為：

```
# 定義 CNN
def make_cnn(self):
    input_x = tf.reshape(self.X, shape=[-1, self.IMAGE_HEIGHT, self.
IMAGE_WIDTH, 1])

    # 第 1 層結構，使用 conv2d
    conv1 = tf.layers.conv2d(
        inputs=input_x,
        filters=32,
        kernel_size=[5, 5],
        strides=1,
        padding='same',
        activation=tf.nn.relu
    )
    # 使用 max_pooling2d
    pool1 = tf.layers.max_pooling2d(
        inputs=conv1,
        pool_size=[2, 2],
```

```
        strides=2
    )
    # 第 2 層結構，使用 conv2d
    conv2 = tf.layers.conv2d(
        inputs=pool1,
        filters=32,
        kernel_size=[5, 5],
        strides=1,
        padding='same',
        activation=tf.nn.relu
    )
    # 使用 max_pooling2d
    pool2 = tf.layers.max_pooling2d(
        inputs=conv2,
        pool_size=[2, 2],
        strides=2
    )
    # 全連接層
    flat = tf.reshape(pool2, [-1, 7 * 7 * 32])
    dense = tf.layers.dense(
        inputs=flat,
        units=1024,
        activation=tf.nn.relu
    )
    # 使用 dropout
    dropout = tf.layers.dropout(
        inputs=dense,
        rate=0.5
    )
    # 輸出層
    output_y = tf.layers.dense(
        inputs=dropout,
        units=self.MAX_VEC_LENGHT
    )
    return output_y
```

這裡設定兩個卷積、1 個全連接來基於 Python 定義一個簡單 CNN，設定訓練並進行模型保存。關鍵程式為：

```
with tf.Session(config=config) as sess:
    sess.run(tf.global_variables_initializer())
    step = 0
    while step < max_step:
        batch_x, batch_y = get_next_batch(64)
        _, loss_ = sess.run([optimizer, loss], feed_dict={X: batch_x,
Y: batch_y})
        # 每 100 步計算一次準確率
        if step % 100 == 0:
            batch_x_test, batch_y_test = get_next_batch(100, all_test_
files)
            acc = sess.run(accuracy, feed_dict={X: batch_x_test,
Y: batch_y_test})
            print('第 '+ str(step)+ ' 步，準確率為 ', acc)
        step += 1
    # 保存
    split_data.mk_folder('./models')
    saver.save(sess, './models/cnn_tf.ckpt')
```

程式運行的速度較快，大概半分鐘即可運行完畢。在運行後，將在 models
資料夾下自動保存當前的網路參數，方便載入和測試。

（3）網路測試

在訓練完畢後，透過檔案選擇、模型載入、字元辨識的方式進行網路測試，
這裡依然從基礎的函數出發進行評測。關鍵程式為：

```
# 載入模型
def sess_ocr(self, im):
    output = self.make_cnn()
    saver = tf.train.Saver()
    print(os.getcwd())
    with tf.Session() as sess:
        # 復原模型
        saver.restore(sess, tf.train.latest_checkpoint('./models'))
        predict= tf.argmax(tf.reshape(output, [-1, 1, self.MAX_VEC_
LENGHT]), 2)
```

```
            text_list = sess.run(predict, feed_dict={self.X: [im]})
            text = text_list[0]
        return text

    # 入口函數
    def ocr_handle(self, filename):
        X = tf.placeholder(tf.float32, [None, 28 * 28])
        image = self.get_image(filename)
        image = image.flatten() / 255
        predict_text = self.sess_ocr(image)
        return predict_text
```

這裡提供了對網路模型進行載入及對輸入的檔案名稱進行辨識的入口函數，下面進行 Python 的 GUI 架設，方便進行驗證和辨識。

（4）GUI 介面封裝

為了方便驗證，這是以 Python 為基礎的 tkinter 視覺化工具套件設計簡單的 GUI 介面進行互動式操作，關鍵程式為：

```
# 載入檔案
def choosepic():
    path_ = askopenfilename()
    if len(path_) < 1:
        return
    path.set(path_)
    global now_img
    now_img = file_entry.get()
    # 讀取並顯示
    img_open = Image.open(file_entry.get())
    img_open = img_open.resize((360, 270))
    img = ImageTk.PhotoImage(img_open)
    image_label.config(image=img)
    image_label.image = img
# 按鈕回呼函數
def btn():
    global now_img
    res = ocr_handle(now_img)
```

```
tkinter.messagebox.showinfo(' 提示 ', ' 辨識結果是：%s'%res)
exit(0)
```

運行程式，將彈出 GUI 介面，其中提供了「選擇圖片」「CNN」辨識按鈕，如圖 19-2 所示。

圖 19-2 GUI 介面

我們選擇某張測試圖型進行 CNN辨識。如圖 19-3 所示，可選擇手寫數字並進行辨識，程式會自動載入已保存的模型參數進行字元辨識並以彈窗顯示結果。

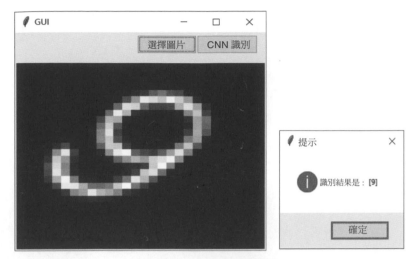

圖 19-3 選擇數字並辨識

Memo

視覺分析
綜合應用案例

前面章節內容介紹了在 Python 平台上，利用各種方法對電腦視覺進行研究，本章透過幾個綜合應用案例來演示電腦視覺的綜合應用。

20.1 越南大戰遊戲

越南大戰是一款早期風靡一時的射擊類遊戲，這款遊戲的節奏感非常強，讓大部分同胞充滿童年回憶。圖 20-1 顯示了越南大戰遊戲介面。

圖 20-1 越南大戰遊戲介面

這款遊戲的玩法很簡單，玩家控制角色不斷地向右前進，角色可透過跳躍來躲避敵人（也可統稱為怪物）發射的子彈和地上的炸彈，玩家也可控制角色發射子彈來打死右邊的敵人。完整的越南大戰遊戲會包含很多「關卡」，每個關卡都是一種地圖，每個關卡都包含了大量不同的怪物。但由於篇幅，本節只做一種地圖，而且這種地圖是無限循環的——也就是說，玩家只能一直向前消滅不同的怪物，無法實現「通關」。

20.1.1 遊戲介面元件

在開發遊戲前，首先需要來分析遊戲介面，並逐步實現遊戲介面上的各種元件。

1. 遊戲介面分析

對於圖 12-1 所示的遊戲介面，從普通玩家的角度來看，遊戲介面上有受玩家控制移動、跳躍、發射子彈的角色，還有不斷發射子彈的敵人，地上有炸彈，天空中有正在爆炸的飛機……乍看上去給人一種眼花繚亂的感覺。

如果從程式設計師的角度來看，遊戲介面大致可包含以下元件：

- 遊戲背景：只是一張靜止圖片。
- 角色：可以站立、走動、跳躍、射擊。
- 怪物：代表遊戲介面上所有的敵人，包括拿槍的敵人、地上的炸彈、天空中的飛機……雖然這些怪物的圖片不同、發射的子彈不同，攻擊力也可能不同，但這些只是實例與實例之間的差異，因此程式只要為怪物定義一個類別即可。
- 子彈：不管是角色發射的子彈還是怪物發射的子彈，都可歸納為子彈類別。雖然不同子彈的圖片不同，攻擊力不同，但這些只是實例與實例之間的差異，因此程式只要為子彈定義一個類別即可。

從上面的介紹可看出，開發之款遊戲，主要就是實現上面的角色、怪物和子彈 3 個類別。

2. 實現 "怪物" 類別

由於不同怪物之間會存在以下差異，因此需要為怪物類定義對應的執行個體變數來記錄這些差異。

- 怪物的類型。
- 代表怪物位置的 X、Y 座標。
- 標識怪物是否已經死亡的旗標。
- 繪製怪物圖片左上角的 X、Y 座標。
- 繪製怪物圖處右上角的 X、Y 座標。

- 怪物發射的所有子彈（有的怪物不會發射子彈）。
- 怪物未死亡時所有的動畫幀圖片和怪物死亡時所有的動畫幀圖片。

為了讓遊戲介面上的角色、怪物都能「動起來」，程式的實現想法是這樣的：透過 pygame 的計時器控制角色、怪物不斷地更換新的動畫幀圖片。因此，程式需要為怪物增加一個成員變數來記錄當前遊戲介面正在繪製怪物動畫的第幾幀，而 pygame 只不斷地呼叫怪物的繪製方法即可。實際上，該繪製方法每次只繪製一張靜態圖片（這張靜態圖片是怪物動畫的其中一幀）。

接著構造怪物類的建構元，該建構元程式（monster.py）負責初始化怪物類的成員變數。

```python
import pygame
import sys
from random import randint
from pygame.sprite import Sprite
from pygame.sprite import Group
from bullet import *
# 控制怪物動畫的速度
COMMON_SPEED_THRESHOLD = 10
MAN_SPEED_THRESHOLD = 8
# 定義代表怪物類型的常數（如果程式還需要增加更多怪物，只需在此處增加常數即可）
TYPE_BOMB = 1
TYPE_FLY = 2
TYPE_MAN = 3

class Monster(Sprite):
    def __init__ (self, view_manager, tp=TYPE_BOMB):
        super().__init__()
        # 定義怪物的種類
        self.type = tp
        # 定義怪物 x、y 座標的屬性
        self.x = 0
        self.y = 0
        # 定義怪物是否已經死亡的旗標
```

```
        self.is_die = False
        # 繪製怪物圖片的左上角的 X 座標
        self.start_x = 0
        # 繪製怪物圖片的左上角的 Y 座標
        self.start_y = 0
        # 繪製怪物圖片的右下角的 X 座標
        self.end_x = 0
        # 繪製怪物圖片的右下角的 Y 座標
        self.end_y = 0
        # 該變數控制用於控制動筆刷新的速度
        self.draw_count = 0
        # 定義當前正在繪製怪物動畫的第幾幀的變數
        self.draw_index = 0
        # 用於記錄死亡動畫只繪製一次，不需要重複繪製
        # 每當怪物死亡時，該變數會被初始化為等於死亡動畫的總幀數
        # 當怪物的死亡動畫幀播放完成時，該變數的值變為 0。
        self.die_max_draw_count = sys.maxsize
        # 定義怪物射出的子彈
        self.bullet_list = Group()
        """ 下面程式根據怪物類型來初始化怪物 X、Y 座標 """
        # 如果怪物是炸彈（TYPE_BOMB）或敵人（TYPE_MAN）
        # 怪物的 Y 座標與玩家控制的角色的 Y 座標相同
        if self.type == TYPE_BOMB or self.type == TYPE_MAN:
            self.y = view_manager.Y_DEFALUT
        # 如果怪物是飛機，根據螢幕高度隨機生成怪物的 Y 座標
        elif self.type == TYPE_FLY:
            self.y = view_manager.screen_height * 50 / 100 - randint(0, 99)
        # 隨機計算怪物的 X 座標。
        self.x = view_manager.screen_width + randint(0,
            view_manager.screen_width >> 1) - (view_manager.screen_width >> 2)
......
```

上面的成員變數可記錄該怪物實例的各種狀態。實際上，如果以後程式要升級，比如為怪物增加更多的特徵，如怪物可以拿不同的武器，怪物可以穿不同的衣服，怪物可以具有不同的攻擊力……則都可以考慮將這些定義成怪物的成員變數。

由以上程式可看到，怪物類的建構元可傳入一個 tp 參數，該參數用於告訴系統，該怪物是哪種類型。當前程式支援定義 3 種怪物，這 3 種怪物由程式中的 3 個常數來代表。

- TYPE_BOMB 代表炸彈的怪物。
- TYPE_FLY 代表飛機的怪物。
- TYPE_MAN 代表人的怪物。

從以上程式可看出，程式在創建怪物實例時，不僅負責初始化怪物的 type 成員變數，而且還會根據怪物類型來設定怪物的 X、Y 座標。

- 如果怪物是炸彈和拿槍的敵人（都在地面上），那麼它們的 Y 座標與角色預設的 Y 座標（在地面上）相同。如果怪物是飛機，那麼怪物的 Y 座標是隨機計算的。
- 不管什麼怪物，它的 X 座標都是隨機計算的。

程式將由 pygame 控制不斷地繪製怪物動畫的下一幀，但實際上每次繪製的只是怪物動畫的某一幀。下面是繪製怪物的方法（monster.py）：

```python
# 畫怪物的方法
def draw(self, screen, view_manager):
    # 如果怪物類型是炸彈，繪製炸彈
    if self.type == TYPE_BOMB:
        # 死亡的怪物用死亡圖片，活著的怪物用活著的圖片
        self.draw_anim(screen, view_manager, view_manager.bomb2_images
            if self.is_die else view_manager.bomb_images)
    # 如果怪物類型是飛機，繪製飛機
    elif self.type == TYPE_FLY:
        self.draw_anim(screen, view_manager, view_manager.fly_die_images
            if self.is_die else view_manager.fly_images)
    # 如果怪物類型是人，繪製人
    elif self.type == TYPE_MAN:
        self.draw_anim(screen, view_manager, view_manager.man_die_images
            if self.is_die else view_manager.man_images)
    else:
        pass
```

```python
# 根據怪物的動畫幀圖片來繪製怪物動畫
def draw_anim(self, screen, view_manager, bitmap_arr):
    # 如果怪物已經死，且沒有播放過死亡動畫
    #（self.die_max_draw_count 等於初值表明未播放過死亡動畫）
    if self.is_die and self.die_max_draw_count == sys.maxsize:
        # 將 die_max_draw_count 設定與死亡動畫的總幀數相等
        self.die_max_draw_count = len(bitmap_arr)
    self.draw_index %= len(bitmap_arr)
    # 獲取當前繪製的動畫幀對應的點陣圖
    bitmap = bitmap_arr[self.draw_index]
    if bitmap == None:
        return
    draw_x = self.x
    # 對繪製怪物動畫幀點陣圖的 X 座標進行微調
    if self.is_die:
        if type == TYPE_BOMB:
            draw_x = self.x - 50
        elif type == TYPE_MAN:
            draw_x = self.x + 50
    # 對繪製怪物動畫幀點陣圖的 Y 座標進行微調
    draw_y = self.y - bitmap.get_height()
    # 畫怪物動畫幀的點陣圖
    screen.blit(bitmap, (draw_x, draw_y))
    self.start_x = draw_x
    self.start_y = draw_y
    self.end_x = self.start_x + bitmap.get_width()
    self.end_y = self.start_y + bitmap.get_height()
    self.draw_count += 1
    # 控制人、飛機的發射子彈的速度
    if self.draw_count >= (COMMON_SPEED_THRESHOLD if type == TYPE_MAN
            else MAN_SPEED_THRESHOLD):  # ③
        # 如果怪物是人，只在第 3 幀才發射子彈
        if self.type == TYPE_MAN and self.draw_index == 2:
            self.add_bullet()
        # 如果怪物是飛機，只在最後一幀才發射子彈
        if self.type == TYPE_FLY and self.draw_index == len(bitmap_
arr) - 1:
            self.add_bullet()
```

```
        self.draw_index += 1
        self.draw_count = 0
# 每播放死亡動畫的一幀，self.die_max_draw_count 減 1。
# 當 self.die_max_draw_count 等於 0 時，表明死亡動畫播放完成。
if self.is_die:
    self.die_max_draw_count -= 1
# 繪製子彈
self.draw_bullets(screen, view_manager)
```

以上程式中，包含兩個方法：draw(self,screen,view_manager) 方法只是簡單地對怪物類型進行判斷，並針對不同類型的怪物使用不同的怪物動畫。draw(self,screen,view_manager) 方法總是呼叫 draw_anim(self,screen,view_manager,bitmap_arr) 方法來繪製怪物，在呼叫時會根據怪物類型、怪物是否死亡傳入不同的圖片陣列——每個圖片陣列就代表一組動畫幀的所有圖片。

對上面的程式來說，如果怪物類型是 YTPE_MAN，則只有當 self.draw_count 的值大於 10 時才會更新一次動畫幀，這表示只有當 pygame 每刷新 10 次時才會更新一次動畫幀；如果是其他類型的怪物，那麼只有當 self.draw_count 的值大於 6 時才會更新一次動畫幀，這表示只有當 pygame 每刷新 6 次時才會更新一次動畫幀。

提示：如果遊戲中還有更多類型的怪物，且這些怪物的動畫幀具有不同的更新速度，那麼程式還需要進行更細緻的判斷。

draw_anim() 方法還涉及一個 self.die_max_draw_count 變數，這個變數用於控制怪物的死亡動畫只會被繪製一次——在怪物臨死之前，程式都必須播放怪物的死亡動畫，該動畫播放完成後，就應該從地圖上刪除該怪物。當怪物已經死亡（is_die 為真）且還未繪製死亡動畫的任何幀時（self.die_max_count 等於初值）。

Monster 還包含了 start_x、start_y、end_x、end_y 四個變數，這些變數就

代表怪物當前幀所覆蓋的矩形區域。因此，如果程式需要判斷該怪物是否
被子彈打中，那麼只要子彈出現在該矩形區域內，即可判斷出怪物被子彈
打中。下面是判斷怪物是否被子彈打中的方法（monster.py）。

```python
# 判斷怪物是否被子彈打中的方法
def is_hurt(self, x, y):
    return self.start_x < x < self.end_x and self.start_y < y < self.end_y
```

接著實現怪物發射子彈的方法（monster.py）。

```python
# 根據怪物類型獲取子彈類型，不同怪物發射不同的子彈
# return 0 代表這種怪物不發射子彈
def bullet_type(self):
    if self.type == TYPE_BOMB:
        return 0
    elif self.type == TYPE_FLY:
        return BULLET_TYPE_3
    elif self.type == TYPE_MAN:
        return BULLET_TYPE_2
    else:
        return 0


# 定義發射子彈的方法
def add_bullet(self):
    # 如果沒有子彈
    if self.bullet_type() <= 0:
        return
    # 計算子彈的 X、Y 座標
    draw_x = self.x
    draw_y = self.y - 60
    # 如果怪物是飛機，重新計算飛機發射的子彈的 Y 座標
    if self.type == TYPE_FLY:
        draw_y = self.y - 30
    # 創建子彈物件
    bullet = Bullet(self.bullet_type(), draw_x, draw_y, player.DIR_LEFT)
    # 將子彈增加到該怪物發射的子彈 Group 中
    self.bullet_list.add(bullet)
```

怪物發射子彈的方法是 add_bullet()，該方法需要呼叫 bullet_type(self) 方法來判斷該怪物所發射的子彈類型（不同怪物可能需要發射不同的子彈）。如果 bullet_type(self) 方法返回 0，則代表這種怪物不發射子彈。

一旦確定怪物發射子彈的類型，程式就可根據不同怪物計算子彈的初始 X、Y 座標——基本上保持子彈的 X、Y 座標與怪物當前的 X、Y 座標相同，再進行適當微調即可。

當怪物發射子彈後，程式還需要繪製該怪物的所有子彈，下面是繪製怪物發射的所有子彈的方法（monster.py）。

```python
# 更新所有子彈的位置：將所有子彈的 X 座標減少 shift 距離（子彈左移）
def update_shift(self, shift):
    self.x -= shift
    for bullet in self.bullet_list:
        if bullet != None:
            bullet.x -= shift

# 繪製子彈的方法
def draw_bullets(self, screen, view_manager) :
    # 遍歷該怪物發射的所有子彈
    for bullet in self.bullet_list.copy():
        # 如果子彈已經越過螢幕
        if bullet.x <= 0 or bullet.x >view_manager.screen_width:
            # 刪除已經移出螢幕的子彈
            self.bullet_list.remove(bullet)
    # 繪製所有子彈
    for bullet in self.bullet_list.sprites():
        # 獲取子彈對應的點陣圖
        bitmap = bullet.bitmap(view_manager)
        if bitmap == None:
            continue
        # 子彈移動
        bullet.move()
        # 繪製子彈的點陣圖
        screen.blit(bitmap, (bullet.x, bullet.y))
```

上面程式中的 update_shift(self,shift) 方法負責將怪物發射的所有子彈全部左移 shift 距離,這是因為介面上的角色會不斷地向右移動,產生一個 shift 偏移,所以程式就需要將怪物(包括其所有子彈)全部左移 shift 距離,這樣才會產生逼真的效果。

3. 實現怪物管理

由於遊戲介面上會出現很多怪物,因此需要額外定義一個怪物管理程式來專門負責管理怪物的隨機產生、死亡等行為。

為了有效地管理遊戲介面上所有活著的怪物和已死的怪物(保存已死的怪物是為了繪製死亡動畫),為怪物管理程式定義以下兩個變數(monster_manager.py)。

```
# 保存所有死掉的怪物,保存它們是為了繪製死亡的動畫,繪製完後清除這些怪物
die_monster_list = Group()
# 保存所有活著的怪物
monster_list = Group()
```

接著在怪物管理程式中定義一個隨機生成怪物的工具函數(monster_manager.py)。

```
# 隨機生成、並增加怪物的方法
def generate_monster(view_manager):
    if len(monster_list) < 3 + randint(0, 2):
        # 創建新怪物
        monster = Monster(view_manager, randint(1, 3))
        monster_list.add(monster)
```

前面指出,當玩家控制遊戲介面上的角色不斷向右移動時,程式介面上的所有怪物、怪物的子彈都必須不斷左移,因此需要在 monster_manager 程式中定義一個控制所有怪物及其子彈不斷左移的函數(monster_manager.py)。

```
# 更新怪物與子彈的座標的函數
def update_posistion(screen, view_manager, shift):
    # 定義一個 list 列表，保存所有將要被刪除的怪物
    del_list = []
    # 遍歷怪物 Group
    for monster in monster_list.sprites():
        monster.draw_bullets(screen, view_manager)
        # 更新怪物、怪物所有子彈的位置
        monster.update_shift(shift)
        # 如果怪物的 X 座標越界，將怪物增加 del_list 列表中
        if monster.x < 0:
            del_list.append(monster)
    # 刪除所有 del_list 列表中所有怪物
    monster_list.remove(del_list)
    del_list.clear()
    # 遍歷所有已死的怪物 Group
    for monster in die_monster_list.sprites():
        # 更新怪物、怪物所有子彈的位置
        monster.update_shift(shift)
        # 如果怪物的 X 座標越界，將怪物增加 del_list 列表中
        if monster.x < 0:
            del_list.append(monster)
    # 刪除所有 del_list 列表中所有怪物
    die_monster_list.remove(del_list)
```

程式中，**monster_manager** 還需要定義一個繪製所有怪物的函數。該函數的邏輯也非常簡單，只需分別遍歷該程式的 die_monster_list 和 monster_list 兩個 Group，並將 Group 中的所有怪物繪製出來即可。對於 die_monster_list 中的怪物，它們都是將要死亡的怪物，因此，只要將它們死亡動畫幀都繪製一次，接下來就應該清除這些怪物了──當 Monster 實例的 self.die_max_draw_count 成員變數為 0 時，就代表所有的死亡動畫幀都繪製了一次。

以下是 draw_monster() 函數的程式，該函數就負責繪製所有怪物（ monster_manager.py ）。

```
# 繪製所有怪物的函數
def draw_monster(screen, view_manager):
    # 遍歷所有活著的怪物，繪製活著的怪物
    for monster in monster_list.sprites():
        # 畫怪物
        monster.draw(screen, view_manager)
    del_list = []
    # 遍歷所有已死亡的怪物，繪製已死亡的怪物
    for monster in die_monster_list.sprites():
        # 畫怪物
        monster.draw(screen, view_manager)
        # 當怪物的 die_max_draw_count 返回 0 時，表明該怪物已經死亡，
        # 且該怪物的死亡動畫所有幀都播放完成，將它們徹底刪除。
        if monster.die_max_draw_count <= 0:
            del_list.append(monster)
    die_monster_list.remove(del_list)
```

4. 實現"子彈"類別

本遊戲中的子彈類比較簡單，因此只需要定義以下屬性即可。

- 子彈的類型。
- 子彈的 X、Y 座標。
- 子彈的射擊方向（向左或向右）。
- 子彈在垂直方向（Y 方向）上的加速度。

本遊戲中的子彈不會產生爆炸效果。對子彈的處理思想是：只要子彈打中目標，子彈就會自動消失。根據需要建構元 Bullet 類別用於初始化子彈的成員變數的值（bullet.py）。

```
import pygame
from pygame.sprite import Sprite
import player
# 定義代表子彈類型的常數（如果程式還需要增加更多子彈，只需在此處增加常數即可）
BULLET_TYPE_1 = 1
BULLET_TYPE_2 = 2
```

```
BULLET_TYPE_3 = 3
BULLET_TYPE_4 = 4
# 子彈類別
class Bullet(Sprite):
    def __init__ (self, tipe, x, y, pdir):
        super().__init__()
        # 定義子彈的類型
        self.type = tipe
        # 子彈的 X、Y 座標
        self.x = x
        self.y = y
        # 定義子彈的射擊方向
        self.dir = pdir
        # 定義子彈在 Y 方向上的加速度
        self.y_accelate = 0
        # 子彈是否有效
        self.is_effect = True
......
```

上面 Bullet 類別建構元用於對子彈的類型，X、Y 座標，方向執行初始化。
遊戲中不同怪物、角色發射的子彈各不相同，因此對不同類型的子彈將採
用不同的點陣圖。下面是 Bullet 類別根據子彈類型來獲取對應點陣圖的方
法（bullet.py）。

```
# 根據子彈類型獲取子彈對應的圖片
def bitmap(self, view_manager):
    return view_manager.bullet_images[self.type - 1]
```

從上面程式可看出，根據子彈類型來獲取對應位置的處理方式換了一個小
技巧──程式使用 view_manager 的 bullet_images 串列來管理所有子彈的
點陣圖，第一種子彈（type 屬性值為 BULLET_TYPE_1）的點陣圖正好
對應 bullet_images 串列的第一個元素，因此直接透過子彈的 type 屬性即
可獲取 bullet_images 串列中的點陣圖。

下面程式還可以計算子彈在水平方向、垂直方向上的速度。以下的兩個方法就是用於實現該功能的（bullet.py）。

```
# 根據子彈類型來計算子彈在 X 方向上的速度
def speed_x(self):
        # 根據玩家的方向來計算子彈方向和移動方向
        sign = 1 if self.dir == player.DIR_RIGHT else -1
        # 對於第 1 種子彈，以 12 為基數來計算它的速度
        if self.type == BULLET_TYPE_1:
            return 12 * sign
        # 對於第 2 種子彈，以 8 為基數來計算它的速度
        elif self.type == BULLET_TYPE_2:
            return 8 * sign
        # 對於第 3 種子彈，以 8 為基數來計算它的速度
        elif self.type == BULLET_TYPE_3:
            return 8 * sign
        # 對於第 4 種子彈，以 8 為基數來計算它的速度
        elif self.type == BULLET_TYPE_4:
            return 8 * sign
        else:
            return 8 * sign

    # 根據子彈類型來計算子彈在 Y 方向上的速度
    def speed_y(self):
        # 如果 self.y_accelate 不為 0，則以 self.y_accelate 作為 Y 方向上的速度
        if self.y_accelate != 0:
            return self.y_accelate
        # 此處控制只有第 3 種子彈才有 Y 方向的速度（子彈會斜著向下移動）
        if self.type == BULLET_TYPE_1 or self.type == BULLET_TYPE_2 \
            or self.type == BULLET_TYPE_4:
            return 0
        elif self.type == BULLET_TYPE_3:
            return 6
......
```

從以上程式可以看出，當程式要計算子彈在 X 方向上的速度時，首先判斷該子彈的射擊方向是否向右，如果子彈的射擊方向是向右的，那麼子彈在

X 方向上的速度為正值（保證子彈不斷地向右移動）；如果子彈的射擊方向是向左的，那麼子彈在 X 方向上的速度為負值（保證子彈不斷地向左移動）。

程式中應用到的 player.py 程式碼為：

```
import pygame
import sys
from random import randint
from pygame.sprite import Sprite
from pygame.sprite import Group
import pygame.font

from bullet import *
import monster_manager as mm
# 定義角色的最高生命值
MAX_HP = 50
# 定義角色向右移動的常數
DIR_RIGHT = 1
# 定義角色向左移動的常數
DIR_LEFT = 2
```

接下來程式計算子彈在 X 方向上的速度就非常簡單了。除了第 1 種子彈以 12 為基數來計算 X 方向上的速度外，其他子彈都是以 8 為基數來計算的，這表示只有第 1 種子彈的速度是最快的。

在計算 Y 方向上的速度時，程式的計算邏輯也非常簡單。如果該子彈的 self.y_accelate 不為 0（Y 方向上的加速度不為 0），則直接以 self.y_accelate 作為子彈在 Y 方向上的速度。這是因為程式設定玩家在跳起的過程中發射的子彈應該是斜向上射出的；玩家在降落的過程中發射的子彈應該是斜向下射出的。除此之外，程式還使用 if 敘述對子彈的類型進行判斷；如果是第 3 種子彈，其將具有 Y 方向上的速度（這表示子彈會不斷地向下移動）——這是因為程式設定飛機發射的是第 3 種子彈，這種子彈會模擬飛機投彈斜向下移動。

程式計算出子彈在 X 方向、Y 方向上的移動速度之後，接著來控制子彈移動就非常簡單了——使用 X 座標加上 X 方向上的速度。Y 座標加上 Y 方向上的速度來控制。下面是控制子彈移動的方法（bullet.py）。

```python
# 定義控制子彈移動的方法
def move(self):
    self.x += self.speed_x()
    self.y += self.speed_y()
```

5. 載入、管理遊戲圖片

為了統一管理遊戲中所有的圖片、聲音資源，本遊戲開發了一個 ViewManager 工具類別，該工具類別主要用於載入、管理遊戲的圖片資源，這樣 Monster、Bullet 類別就可以正常地顯示出來。ViewManager 類別定義了以下建構元來管理遊戲涉及的圖片資源（）。

```python
import pygame

# 管理圖片載入和圖片繪製的工具類別
class ViewManager:
    # 載入所有遊戲圖片、聲音的方法
    def __init__ (self):
        self.screen_width = 1200
        self.screen_height = 600
        # 保存角色生命值的成員變數
        x = self.screen_width * 15 / 100
        y = self.screen_height * 75 / 100
        # 控制角色的預設座標
        self.X_DEFAULT = x
        self.Y_DEFALUT = y
        self.Y_JUMP_MAX = self.screen_height * 50 / 100

        self.map = pygame.image.load("images/map.jpg")
        self.map_back = pygame.image.load("images/game_back.jpg")
        self.map_back = pygame.transform.scale(self.map_back, (1200, 600))
        # 載入角色站立時腿部動畫幀的圖片
```

```
        self.leg_stand_images = []
        self.leg_stand_images.append(pygame.image.load("images/leg_stand.
png"))
        # 載入角色站立時頭部動畫幀的圖片
        self.head_stand_images = []
    self.head_stand_images.append(pygame.image.load("images/head_stand_1.png"))
self.head_stand_images.append(pygame.image.load("images/head_stand_2.png"))
self.head_stand_images.append(pygame.image.load("images/head_stand_3.png"))
        # 載入角色跑動時腿部動畫幀的圖片
        self.leg_run_images = []
        self.leg_run_images.append(pygame.image.load("images/leg_run_1.png"))
        self.leg_run_images.append(pygame.image.load("images/leg_run_2.png"))
        self.leg_run_images.append(pygame.image.load("images/leg_run_3.png"))
        # 載入角色跑動時頭部動畫幀的圖片
        self.head_run_images = []
        self.head_run_images.append(pygame.image.load("images/head_run_1.png"))
        self.head_run_images.append(pygame.image.load("images/head_run_2.png"))
        self.head_run_images.append(pygame.image.load("images/head_run_3.png"))
        # 載入角色跳躍時腿部動畫幀的圖片
        self.leg_jump_images = []
        self.leg_jump_images.append(pygame.image.load("images/leg_jum_1.png"))
        self.leg_jump_images.append(pygame.image.load("images/leg_jum_2.png"))
        self.leg_jump_images.append(pygame.image.load("images/leg_jum_3.png"))
        self.leg_jump_images.append(pygame.image.load("images/leg_jum_4.png"))
        self.leg_jump_images.append(pygame.image.load("images/leg_jum_5.png"))
        #載入角色跳躍時頭部動畫幀的圖片
        self.head_jump_images = []
        self.head_jump_images.append(pygame.image.load("images/head_
jump_1.png"))
        self.head_jump_images.append(pygame.image.load("images/head_
jump_2.png"))
        self.head_jump_images.append(pygame.image.load("images/head_
jump_3.png"))
        self.head_jump_images.append(pygame.image.load("images/head_
jump_4.png"))
        self.head_jump_images.append(pygame.image.load("images/head_
jump_5.png"))
        # 載入角色射擊時頭部動畫幀的圖片
        self.head_shoot_images = []
```

```
self.head_shoot_images.append(pygame.image.load("images/head_shoot_1.png"))
self.head_shoot_images.append(pygame.image.load("images/head_shoot_2.png"))
self.head_shoot_images.append(pygame.image.load("images/head_shoot_3.png"))
self.head_shoot_images.append(pygame.image.load("images/head_shoot_4.png"))
self.head_shoot_images.append(pygame.image.load("images/head_shoot_5.png"))
self.head_shoot_images.append(pygame.image.load("images/head_shoot_6.png"))
        # 載入子彈的圖片
        self.bullet_images = []
        self.bullet_images.append(pygame.image.load("images/bullet_1.png"))
        self.bullet_images.append(pygame.image.load("images/bullet_2.png"))
        self.bullet_images.append(pygame.image.load("images/bullet_3.png"))
        self.bullet_images.append(pygame.image.load("images/bullet_4.png"))
        self.head = pygame.image.load("images/head.png")
        # 載入第一種怪物（炸彈）未爆炸時動畫幀的圖片
        self.bomb_images = []
        self.bomb_images.append(pygame.image.load("images/bomb_1.png"))
        self.bomb_images.append(pygame.image.load("images/bomb_2.png"))
        # 載入第一種怪物（炸彈）爆炸時的圖片
        self.bomb2_images = []
        self.bomb2_images.append(pygame.image.load("images/bomb2_1.png"))
        self.bomb2_images.append(pygame.image.load("images/bomb2_2.png"))
        self.bomb2_images.append(pygame.image.load("images/bomb2_3.png"))
        self.bomb2_images.append(pygame.image.load("images/bomb2_4.png"))
        self.bomb2_images.append(pygame.image.load("images/bomb2_5.png"))
        self.bomb2_images.append(pygame.image.load("images/bomb2_6.png"))
        self.bomb2_images.append(pygame.image.load("images/bomb2_7.png"))
        self.bomb2_images.append(pygame.image.load("images/bomb2_8.png"))
        self.bomb2_images.append(pygame.image.load("images/bomb2_9.png"))
        self.bomb2_images.append(pygame.image.load("images/bomb2_10.png"))
        self.bomb2_images.append(pygame.image.load("images/bomb2_11.png"))
        self.bomb2_images.append(pygame.image.load("images/bomb2_12.png"))
        self.bomb2_images.append(pygame.image.load("images/bomb2_13.png"))
        # 載入第二種怪物（飛機）的動畫幀的圖片
        self.fly_images = []
        self.fly_images.append(pygame.image.load("images/fly_1.gif"))
        self.fly_images.append(pygame.image.load("images/fly_2.gif"))
        self.fly_images.append(pygame.image.load("images/fly_3.gif"))
        self.fly_images.append(pygame.image.load("images/fly_4.gif"))
        self.fly_images.append(pygame.image.load("images/fly_5.gif"))
```

```
self.fly_images.append(pygame.image.load("images/fly_6.gif"))
# 載入第二種怪物（飛機）爆炸時的動畫幀的圖片
self.fly_die_images = []
self.fly_die_images.append(pygame.image.load("images/fly_die_1.png"))
self.fly_die_images.append(pygame.image.load("images/fly_die_2.png"))
self.fly_die_images.append(pygame.image.load("images/fly_die_3.png"))
self.fly_die_images.append(pygame.image.load("images/fly_die_4.png"))
self.fly_die_images.append(pygame.image.load("images/fly_die_5.png"))
self.fly_die_images.append(pygame.image.load("images/fly_die_6.png"))
self.fly_die_images.append(pygame.image.load("images/fly_die_7.png"))
self.fly_die_images.append(pygame.image.load("images/fly_die_8.png"))
self.fly_die_images.append(pygame.image.load("images/fly_die_9.png"))
self.fly_die_images.append(pygame.image.load("images/fly_die_10.png"))
# 載入第三種怪物（人）活著時的動畫幀的圖片
self.man_images = []
self.man_images.append(pygame.image.load("images/man_1.png"))
self.man_images.append(pygame.image.load("images/man_2.png"))
self.man_images.append(pygame.image.load("images/man_3.png"))
# 載入第三種怪物（人）死亡時的動畫幀的圖片
self.man_die_images = []
self.man_die_images.append(pygame.image.load("images/man_die_1.png"))
self.man_die_images.append(pygame.image.load("images/man_die_2.png"))
self.man_die_images.append(pygame.image.load("images/man_die_3.png"))
self.man_die_images.append(pygame.image.load("images/man_die_4.png"))
self.man_die_images.append(pygame.image.load("images/man_die_5.png"))
```

上面程式比較簡單，程式為每組圖片創建一個 list 串列，然後使用該 list 列表來管理 pygame.image 載入的圖片。

6. 讓遊戲 " 運行 " 起來

至此，已經完成了 Monster 和 monster_manager 程式，將它們組合起來即可在介面上生成繪製怪物；同時也創建了 Bullet 類別，這樣 Monster 即可透過 Bullet 來發射子彈。

下面開始創建遊戲介面，並使用 monster_manager 在介面上增加怪物。實現主程式為（metal_slug.py）：

```
import pygame
import sys
from view_manager import ViewManager
import game_functions as gf
import monster_manager as mm

def run_game():
    # 初始化遊戲
    pygame.init()
    # 創建 ViewManager 物件
    view_manager = ViewManager()
    # 設定顯示螢幕，返回 Surface 物件
    screen = pygame.display.set_mode((view_manager.screen_width,
        view_manager.screen_height))
    # 設定標題
    pygame.display.set_caption(' 越南大戰 ')

    while(True):
        # 處理遊戲事件
        gf.check_events(screen, view_manager)
        # 更新遊戲螢幕
        gf.update_screen(screen, view_manager, mm)
run_game()
```

上面主程式定義了一個 run_game() 函數，該函數用於初始化 pygame，這是使用 pygame 開發遊戲必須做的第一件事；set_mode 函數將返回代表遊戲介面的 Surface 物件。

在初始化遊戲介面之後，程式使用一個無窮迴圈（while(True)）不斷地處理遊戲的互動事件、螢幕刷新。本遊戲使用 game_functions 程式來處理遊戲的互動事件、螢幕刷新。下面是 game_functions 的程式：

```
import sys
import pygame

def check_events(screen, view_manager):
    ''' 回應按鍵和滑鼠事件 '''
```

```
        for event in pygame.event.get():
            # 處理遊戲退出
            if event.type == pygame.QUIT:
                sys.exit()

def update_screen(screen, view_manager, mm):
    ''' 處理更新遊戲介面的方法 '''
    # 隨機生成怪物
    mm.generate_monster(view_manager)
    # 繪製背景圖
    screen.blit(view_manager.map, (0, 0))
    # 畫怪物
    mm.draw_monster(screen, view_manager)
    # 更新螢幕顯示，放在最後一行
    pygame.display.flip()
```

上面程式先定義了一個簡單的事件處理函數 check_events()，該函數判斷如果遊戲獲得的事件是 pygame.QUIT（程式退出），程式就呼叫 sys.exit() 退出遊戲。

至此，已經完成了該遊戲最基本的部分、繪製地圖，在地圖上繪製怪物。運行上面的 metal_slug 程式，將可以看到如圖 20-2 所示。

圖 20-2 自動生成多個怪物介面

20.1.2 增加"角色"

遊戲的角色類別（也就是受玩家控制的）和怪物類別其實差不多，它們具有很多相似的地方，因此在類別實現上有很多相似之處。不過，由於角色需要受玩家控制，其動作比較多，因此程式需要額外為角色定義一個成員變數，用於記錄該角色正在執行的動作，並且需要將角色的頭部和腿部分開進行處理。

1. 開發"角色"類別

本遊戲採用迭代方式進行開發，因此本節將開發 metal_slug_v2 版本。該版本的遊戲需要實現角色類別，因此程式使用 player.py 檔案來定義 Player 類別。下面是 Player 類別的建構元（player.py）。

```python
import pygame
import sys
from random import randint
from pygame.sprite import Sprite
from pygame.sprite import Group
import pygame.font

from bullet import *
import monster_manager as mm

# 定義角色的最高生命值
MAX_HP = 50
# 定義控制角色動作的常數
# 此處只控制該角色包含站立、跑、跳等動作
ACTION_STAND_RIGHT = 1
ACTION_STAND_LEFT = 2
ACTION_RUN_RIGHT = 3
ACTION_RUN_LEFT = 4
ACTION_JUMP_RIGHT = 5
ACTION_JUMP_LEFT = 6
# 定義角色向右移動的常數
```

```
DIR_RIGHT = 1
# 定義角色向左移動的常數
DIR_LEFT = 2
# 定義控制角色移動的常數
# 此處控制該角色只包含站立、向右移動、向左移動三種移動方式
MOVE_STAND = 0
MOVE_RIGHT = 1
MOVE_LEFT = 2
MAX_LEFT_SHOOT_TIME = 6

class Player(Sprite):
    def __init__(self, view_manager, name, hp):
        super().__init__()
        self.name = name  # 保存角色名字的成員變數
        self.hp = hp  # 保存角色生命值的成員變數
        self.view_manager = view_manager
        # 保存角色所使用槍的類型（以後可考慮讓角色能更換不同的槍）
        self.gun = 0
        # 保存角色當前動作的成員變數（預設向右站立）
        self.action = ACTION_STAND_RIGHT
        # 代表角色 X 座標的屬性
        self._x = -1
        # 代表角色 Y 座標的屬性
        self.y = -1
        # 保存角色射出的所有子彈
        self.bullet_list = Group()
        # 保存角色移動方式的成員變數
        self.move = MOVE_STAND
        # 控制射擊狀態的保留計數器
        # 每當使用者發射一槍時，left_shoot_time 會被設為 MAX_LEFT_SHOOT_TIME，然
          後遞減
        # 只有當 left_shoot_time 變為 0 時，使用者才能發射下一槍
        self.left_shoot_time = 0
        # 保存角色是否跳動的屬性
        self._is_jump = False
        # 保存角色是否跳到最高處的成員變數
        self.is_jump_max = False
        # 控制跳到最高處的停留時間
```

```
            self.jump_stop_count = 0
            # 當前正在繪製角色腳部動畫的第幾幀
            self.index_leg = 0
            # 當前正在繪製角色頭部動畫的第幾幀
            self.index_head = 0
            # 當前繪製頭部圖片的 x 座標
            self.current_head_draw_x = 0
            # 當前繪製頭部圖片的 y 座標
            self.current_head_draw_y = 0
            # 當前正在畫的腳部動畫幀的圖片
            self.current_leg_bitmap = None
            # 當前正在畫的頭部動畫幀的圖片
            self.current_head_bitmap = None
            # 該變數控制用於控制動筆刷新的速度
            self.draw_count = 0
            # 載入中文字型
            self.font = pygame.font.Font('images/msyh.ttf', 20)
......
```

上面程式中的粗體字程式成員變數正是角色類別與怪物類別的差別所在，由於角色有名字、生命值（hp）、動作、移動方式這些特殊的狀態，因此程式為角色定義了 name、hp、action、move 這些成員變數。

上面程式還為 Player 類別定義了一個 self.left_shoot_time 變數，該變數的作用有兩個。

• 當角色的 self.left_shoot_time 不為 0 時，表明角色當前正處於射擊狀態，因此，此時角色的頭部動畫必須使用射擊的動畫幀。

當角色的 self.left_shoot_time 不為 0 時，表明角色當前正處於射擊狀態，因此，角色不能立即發射下一槍——必須等到 self.left_shoot_time 為 0 時，角色才能發射下一槍。這表示即使玩家按下「射擊」按鈕，也必須等到角色發射完上一槍後才能發射下一槍。

為了計算角色的方向（程式需要根據角色的方向來繪製角色），程式為 Player 類別提供了以下方法（player.py）。

\# 計算該角色當前方向：action 成員變數為奇數代表向右

```
def get_dir(self):
    return DIR_RIGHT if self.action % 2 == 1 else DIR_LEFT
```

程式可以根據角色的 self.action 來計算其方向，只要 self.action 變數值為奇數，即可判斷出該角色的方向為向右。

由於程式對 Player 的 self._x 變數設定值時需要進行邏輯控制，因此應該提供 setter 方法來控制對 self._x 的設定值，提供 getter 方法來存取 self._x 的值，並使用 property 為 self._x 定義 x 屬性。在 Player 類別中增加以下程式（player.py）：

```
def get_x(self):
    return self._x
def set_x(self, x_val):
    self._x = x_val % (self.view_manager.map.get_width() +
        self.view_manager.X_DEFAULT)
    # 如果角色移動到螢幕最左邊
    if self._x < self.view_manager.X_DEFAULT:
        self._x = self.view_manager.X_DEFAULT
x = property(get_x, set_x)
```

Player 的 self._is_jump 在設定值時也需要進行額外的控制，因此程式也需要按以上方式為 self._is_jump 定義 is_jump 屬性。在 Player 類別中增加以下程式（player.py）：

```
def get_is_jump(self):
    return self._is_jump
def set_is_jump(self, jump_val):
    self._is_jump = jump_val
    self.jump_stop_count = 6
is_jump = property(get_is_jump, set_is_jump)
```

在介紹 Monster 類別時提到，為了更進一步地在螢幕上繪製 Monster 物件以及所有子彈，程式需要根據角色在遊戲介面上的位移來控制 Monster 及所有子彈的偏移，因此需要為 Player 方法計算角色在遊戲介面上的位移。下面是 Player 類別中計算位移的方法（player.py）。

```
# 返回該角色在遊戲介面上的位移
def shift(self):
    if self.x <= 0 or self.y <= 0:
        self.init_position()
    return self.view_manager.X_DEFAULT - self.x
```

從上面的程式可看出，程式計算角色位移的方法很簡單，只要用角色的初始 X 座標減去其當前 X 座標即可。

該遊戲繪製角色和角色動畫的方法，與繪製怪物和怪物動畫的方法基本相似，只是程式需要分開繪製角色頭部和腿部。

為了在遊戲介面的左上角繪製角色的名字、圖示、生命值，Player 類別提供了以下方法。

```
# 繪製左上角的角色、名字、生命值的方法
def draw_head(self, screen):
    if self.view_manager.head == None:
        return
    # 對圖片執行映像檔（第二個參數控制水平映像檔，第三個參數控制垂直映像檔）
    head_mirror = pygame.transform.flip(self.view_manager.head, True, False)
    # 畫圖示
    screen.blit(head_mirror, (0, 0))
    # 將名字繪製成圖型
    name_image = self.font.render(self.name, True, (230, 23, 23))
    # 畫名字
    screen.blit(name_image, (self.view_manager.head.get_width(), 10))
    # 將生命值繪製成圖型
    hp_image = self.font.render("HP:" + str(self.hp), True, (230, 23, 23))
    # 畫生命值
    screen.blit(hp_image, (self.view_manager.head.get_width(), 30))
```

上面方法的實現非常簡單，首先實現將圖示點陣圖進行水平映像檔，將變換後的點陣圖繪製在程式介面上；接著將角色的名字繪製成圖片，接下來即可將該圖片繪製在程式介面上；然後將角色的生命值繪製成圖片，接下來即可將該圖片繪製在程式介面上。

角色是否被子彈打中的方法與怪物是否被子彈打中的方法基本相似，只要判斷子彈出現在角色圖片覆蓋的區域中，即可判斷出角色被子彈打中了。

與怪物類相似的是，Player 類同樣需要提供繪製子彈的方法，該方法負責繪製該角色發射的所有子彈。而且，在繪製子彈之前，應該先判斷子彈是否已越過螢幕邊界，如果子彈越過螢幕邊界，則應該將其清除。由於繪製子彈的方法與在 Monster 類別中繪製子彈的方法大致相似，因此這裡不再贅述。

由於角色發射子彈是受玩家點擊按鈕控制的，但遊戲設定角色在發射子彈後，必須等待一定的時間才能發射下一發子彈，因此，程式為 Player 定義了一個 self.left_shoot_time 計數器，只要該計數器不等於 0，角色就處於發射子彈的狀態，不能發射下一發子彈。

下面是發射子彈的方法（player.py）。

```python
# 發射子彈的方法
def add_bullet(self, view_manager):
    # 計算子彈的初始 x 座標
    bullet_x = self.view_manager.X_DEFAULT + 50 if self.get_dir() \
        == DIR_RIGHT else self.view_manager.X_DEFAULT - 50
    # 創建子彈物件
    bullet = Bullet(BULLET_TYPE_1, bullet_x, self.y - 60, self.get_dir())
    # 將子彈增加到使用者發射的子彈 Group 中
    self.bullet_list.add(bullet)
    # 發射子彈時，將 self.left_shoot_time 設定為射擊狀態最大值
    self.left_shoot_time = MAX_LEFT_SHOOT_TIME
# 畫子彈
def draw_bullet(self, screen):
```

```
delete_list = []
# 遍歷角色發射的所有子彈
for bullet in self.bullet_list.sprites():
    # 將所有越界的子彈收集到 delete_list 列表中
    if bullet.x <0 or bullet.x >self.view_manager.screen_width:
        delete_list.append(bullet)
# 清除所有越界的子彈
self.bullet_list.remove(delete_list)
# 遍歷使用者發射的所有子彈
for bullet in self.bullet_list.sprites():
    # 獲取子彈對應的點陣圖
    bitmap = bullet.bitmap(self.view_manager)
    # 子彈移動
    bullet.move()
    # 畫子彈，根據子彈方向判斷是否需要翻轉圖片
    if bullet.dir == DIR_LEFT:
    # 對圖片執行映像檔（第二個參數控制水平映像檔，第三個參數控制垂直映像檔）
        bitmap_mirror = pygame.transform.flip(bitmap, True, False)
        screen.blit(bitmap_mirror, (bullet.x, bullet.y))
    else:
        screen.blit(bitmap, (bullet.x, bullet.y))
```

程式實現每次發射子彈時都會將 self.left_shoot_time 設定為最大值，而 self.left_shoot_time 會隨著動畫幀的繪製不斷自減，只有當 self.left_shoot_time 為 0 時才可判斷出角色已結束射擊狀態。這樣後面程式控制角色發射子彈時，也需要先判斷 self.left_shoot_time：只有當 self.left_shoot_time 小於或等於 0 時（角色不處於發射狀態），角色才可以發射子彈。

由於玩家還可以控制遊戲介面上的角色移動、跳躍，因此，程式還需要實現角色移動以及角色移動與跳躍之間的關係，程式為 Player 類別提供以下兩個方法（player.py）。

```
# 處理角色移動的方法
def move_position(self, screen):
    if self.move == MOVE_RIGHT:
```

```python
            # 更新怪物的位置
            mm.update_posistion(screen, self.view_manager, self, 6)
            # 更新角色位置
            self.x += 6
            if not self.is_jump:
                # 不跳的時候，需要設定動作
                self.action = ACTION_RUN_RIGHT
        elif self.move == MOVE_LEFT:
            if self.x - 6 < self.view_manager.X_DEFAULT:
                # 更新怪物的位置
                mm.update_posistion(screen, self.view_manager, self, \
                    -(self.x - self.view_manager.X_DEFAULT))
            else:
                # 更新怪物的位置
                mm.update_posistion(screen, self.view_manager, self, -6)
            # 更新角色位置
            self.x -= 6
            if not self.is_jump:
                # 不跳的時候，需要設定動作
                self.action = ACTION_RUN_LEFT
        elif self.action != ACTION_JUMP_RIGHT and self.action != ACTION_
JUMP_LEFT:
            if not self.is_jump:
                # 不跳的時候，需要設定動作
                self.action = ACTION_STAND_RIGHT

    # 處理角色移動與跳的邏輯關係
    def logic(self, screen):
        if not self.is_jump:
            self.move_position(screen)
            return
        # 如果還沒有跳到最高點
        if not self.is_jump_max:
            self.action = ACTION_JUMP_RIGHT if self.get_dir() == \
                DIR_RIGHT else ACTION_JUMP_LEFT
            # 更新 Y 座標
            self.y -= 8
            # 設定子彈在 Y 方向上具有向上的加速度
```

```
                self.set_bullet_y_accelate(-2)
                # 已經達到最高點
                if self.y <= self.view_manager.Y_JUMP_MAX:
                    self.is_jump_max = True
        else:
            self.jump_stop_count -= 1
            # 如果在最高點停留次數已經使用完
            if self.jump_stop_count <= 0:
                # 更新 Y 座標
                self.y += 8
                # 設定子彈在 Y 方向上具有向下的加速度
                self.set_bullet_y_accelate(2)
                # 已經掉落到最低點
                if self.y >= self.view_manager.Y_DEFALUT:
                    # 恢復 Y 座標
                    self.y = self.view_manager.Y_DEFALUT
                    self.is_jump = False
                    self.is_jump_max = False
                    self.action = ACTION_STAND_RIGHT
                else:
                    # 未掉落到最低點，繼續使用跳的動作
                    self.action = ACTION_JUMP_RIGHT if self.get_dir() == \
                    DIR_RIGHT else ACTION_JUMP_LEFT
    # 控制角色移動
    self.move_position(screen)
```

Player 類別提供了 draw() 和 draw_anim() 方法，分別用於繪製角色和角色的動畫幀。由於這兩個方法與 Monster 類別的對應方法大致相似，因此在此不再介紹。在 Player 類別中還包含了以下簡單方法。

• is_die(self)：判斷角色是否死亡的方法。

• init_position(self)：初始化角色初始座標的方法。

• update_bullet_shift(self,shift)：更新角色所發射子彈位置的方法。

• set_bullet_y_accelate(self,accelate)：計算角色所發射子彈在垂直方向上的加速度的方法。

2. 增加角色

為了將角色增加進來，程式先為 Monster 類別增加 check_bullet() 方法，該方法用於判斷怪物的子彈是否打中角色，如果打中角色，則刪除該子彈。下面是該方法的程式（monster.py）。

```python
    # 判斷子彈是否與玩家控制的角色碰撞（判斷子彈是否打中角色）
    def check_bullet(self, player):
        # 遍歷所有子彈
        for bullet in self.bullet_list.copy():
            if bullet == None or not bullet.is_effect:
                continue
            # 如果玩家控制的角色被子彈打到
            if player.is_hurt(bullet.x, bullet.x, bullet.y, bullet.y):
                # 子彈設為無效
                bullet.isEffect = False
                # 將玩家的生命值減 5
                player.hp = player.hp - 5
                # 刪除已經擊中玩家控制的角色的子彈
                self.bullet_list.remove(bullet)
```

接著，需要在 monster_manager 程式的 update_posistion(screen,view_manager,player,shift) 函數的結尾處增加一行程式（需要為原方法增加一個 player 形式參數），這行程式用於更新角色的子彈的位置。此外，還需要為 monster_manager 程式額外增加一個 check_monster() 函數，該函數用於檢測遊戲介面上的怪物是否將要死亡，將要死亡的怪物將從 monster_list 中刪除，並增加到 die_monster_list 中，然後程式負責繪製它們的死亡動畫（monster_manager.py）。

```python
# 更新怪物與子彈的座標的函數
def update_posistion(screen, view_manager, player, shift):
  ......
    # 更新玩家控制的角色的子彈座標
    player.update_bullet_shift(shift)
......
```

```python
# 檢查怪物是否將要死亡的函數
def check_monster(view_manager, player):
    # 獲取玩家發射的所有子彈
    bullet_list = player.bullet_list
    # 定義一個 del_list 列表，用於保存將要死亡的怪物
    del_list = []
    # 定義一個 del_bullet_list 列表，用於保存所有將要被刪除的子彈
    del_bullet_list = []
    # 遍歷所有怪物
    for monster in monster_list.sprites():
        # 如果怪物是炸彈
        if monster.type == TYPE_BOMB:
            # 角色被炸彈炸到
            if player.is_hurt(monster.x, monster.end_x,
                monster.start_y, monster.end_y):
                # 將怪物設定為死亡狀態
                monster.is_die = True
                # 將怪物（爆炸的炸彈）增加到 del_list 列表中
                del_list.append(monster)
                # 玩家控制的角色的生命值減 10
                player.hp = player.hp - 10
            continue
        # 對於其他類型的怪物，則需要遍歷角色發射的所有子彈
        # 只要任何一顆子彈打中怪物，即可判斷怪物即將死亡
        for bullet in bullet_list.sprites():
            if not bullet.is_effect:
                continue
            # 如果怪物被角色的子彈打到
            if monster.is_hurt(bullet.x, bullet.y):
                # 將子彈設為無效
                bullet.is_effect = False
                # 將怪物設為死亡狀態
                monster.is_die = True
                # 將怪物（被子彈打中的怪物）增加到 del_list 列表中
                del_list.append(monster)
                # 將打中怪物的子彈增加到 del_bullet_list 列表中
                del_bullet_list.append(bullet)
        # 將 del_bullet_list 包含的所有子彈從 bullet_list 中刪除
```

```
        bullet_list.remove(del_bullet_list)
        # 檢查怪物子彈是否打到角色
        monster.check_bullet(player)
    # 將已死亡的怪物（保存在 del_list 列表中）增加到 die_monster_list 列表中
    die_monster_list.add(del_list)
    # 將已死亡的怪物（保存在 del_list 列表中）從 monster_list 中刪除
    monster_list.remove(del_list)
```

程式中 check_monster() 函數的判斷邏輯非常簡單，程式把怪物分為兩類進行處理。

• 如果怪物是地上的炸彈，只要炸彈炸到角色，炸彈也就即將死亡。

• 對於其他類型的怪物，程式則需要遍歷角色發射的子彈，只要任意一顆子彈打中了怪物，即可判斷出怪物即將死亡。

為了將角色增加到遊戲中，需要在 metal_slug 主程式中創建 Player 物件，並將 Player 物件傳給 check_events()、update_screen() 函數。修改後的 metal_slug 程式的 run_game() 函數的程式為（metal_slug.py）：

```
def run_game():
    # 初始化遊戲
    pygame.init()
    # 創建 ViewManager 物件
    view_manager = ViewManager()
    # 設定顯示螢幕，返回 Surface 物件
    screen = pygame.display.set_mode((view_manager.screen_width,
        view_manager.screen_height))
    # 設定標題
    pygame.display.set_caption(' 越南大戰 ')
    # 創建玩家角色
    player = Player(view_manager, ' 孫悟空 ', MAX_HP)
    while(True):
        # 處理遊戲事件
        gf.check_events(screen, view_manager, player)
        # 更新遊戲螢幕
        gf.update_screen(screen, view_manager, mm, player)
run_game()
```

此時需要修改 game_functions 程式的 check_events() 和 update_screen() 兩個函數，其中 check_events() 函數需要處理更多的按鈕事件——程式要根據玩家按鈕來觸發對應的處理程式：update_screen() 函數則需要增加對 Player 物件的處理程式，並在介面上繪製 Player 物件。下面是修改後的 game_functions 程式的程式（game_functions.py）。

```python
import sys
import pygame
from player import *

def check_events(screen, view_manager, player):
    ''' 回應按鍵和滑鼠事件 '''
    for event in pygame.event.get():
        # 處理遊戲退出
        if event.type == pygame.QUIT:
            sys.exit()
        # 處理按鍵被按下的事件
        if event.type == pygame.KEYDOWN:
            if event.key == pygame.K_SPACE:
             # 當角色的 left_shoot_time 為 0 時（上 槍發射結束），角色才能發射下一槍。
                if player.left_shoot_time <= 0:
                    player.add_bullet(view_manager)
            # 使用者按下向上鍵，表示跳起來
            if event.key == pygame.K_UP:
                player.is_jump = True
            # 使用者按下向右鍵，表示向右移動
            if event.key == pygame.K_RIGHT:
                player.move = MOVE_RIGHT
            # 使用者按下向右鍵，表示向左移動
            if event.key == pygame.K_LEFT:
                player.move = MOVE_LEFT
        # 處理按鍵被鬆開的事件
        if event.type == pygame.KEYUP:
            # 使用者鬆開向右鍵，表示向右站立
            if event.key == pygame.K_RIGHT:
                player.move = MOVE_STAND
            # 使用者鬆開向左鍵，表示向左站立
```

```
                if event.key == pygame.K_LEFT:
                    player.move = MOVE_STAND

# 處理更新遊戲介面的方法
def update_screen(screen, view_manager, mm, player):
    # 隨機生成怪物
    mm.generate_monster(view_manager)
    # 處理角色的邏輯
    player.logic(screen)
    # 如果遊戲角色已死，判斷玩家失敗
    if player.is_die():
        print(' 遊戲失敗 !')
    # 檢查所有怪物是否將要死亡
    mm.check_monster(view_manager, player)

    # 繪製背景圖
    screen.blit(view_manager.map, (0, 0))
    # 畫角色
    player.draw(screen)
    # 畫怪物
    mm.draw_monster(screen, view_manager)

    # 更新螢幕顯示，放在最後一行
    pygame.display.flip()
```

上面程式中的 check_events() 函數增加了大量事件處理程式，用於處理玩家的按鍵事件，這樣玩家即可透過按鍵來控制遊戲角色跑動、跳躍、發射子彈。再次運行 metal_slug 程式，此時將可以在介面上看到玩家控制的遊戲角色，玩家可以透過方向鍵控制角色跑動、跳躍，透過空白鍵控制角色射擊。加入角色後的遊戲介面如圖 20-3 所示。

圖 20-3 加入角色後的遊戲介面

此時遊戲中的角色可以接受玩家控制，遊戲角色可以跳躍、發射子彈，子彈也能打死怪物，怪物的子彈也能打中角色。但是角色跑動的效果很差，看上去好像只有怪物在移動，角色並沒有動，這是接下來要解決的問題。

20.1.3 合理繪製地圖

透過前面的開發工作，已經完成了遊戲中的各種怪物和角色，只是角色跑動的效果較差。這其實只是一個視覺效果：由於遊戲的背景地圖是靜止的，因此玩家會感覺角色似乎並未跑動。

為了讓角色的跑動效果更加真實，遊戲需要根據玩家跑動的位移來改變背景地圖。當遊戲的背景地圖動起來後，玩家控制的角色就好像在地圖上「跑」起來了。

為了集中處理遊戲的介面繪製，程式在 ViewManager 類別中定義了一個 draw_game(self,screen,mm,player) 方法，該方法負責整個遊戲場景。該方法的實現想法是先繪製背景地圖，然後繪製遊戲角色，最後繪製所有的怪物。下面是 draw_game() 方法的程式（view_manager.py）。

```python
def draw_game(self, screen, mm, player):
    ''' 繪製遊戲介面的方法，該方法先繪製遊戲背景地圖，
```

```
            再繪製所有怪物，最後繪製遊戲角色 '''
        # 畫地圖
        if self.map != None:
            width = self.map.get_width() + player.shift()
            # 繪製 map 圖片，也就是繪製地圖
          screen.blit(self.map, (0, 0), (-player.shift(), 0, width, self.
map.get_height())) # ①
            total_width = width
            # 採用迴圈，保證地圖前後可以拼接起來
            while total_width < self.screen_width:
                map_width = self.map.get_width()
                draw_width = self.screen_width - total_width
                if map_width < draw_width:
                    draw_width = map_width
                screen.blit(self.map, (total_width, 0), (0, 0, draw_width,
                    self.map.get_height()))
                total_width += draw_width
        # 畫角色
        player.draw(screen)
        # 畫怪物
        mm.draw_monster(screen, self)
```

上面程式中，使用 screen 的 blit() 方法來繪製背景地圖；使用 blit() 方法
來繪製背景地圖 —— 這是因為當角色在地圖上不斷地向右移動時，隨著地
圖不斷地向左滑動，地圖不能完全覆蓋螢幕右邊，此時就需要再繪製一張
背景地圖，拼接成完整的地圖 —— 這樣就形成了無限循環的遊戲地圖。

由於 ViewManager 提供了 draw_game() 方法來繪製遊戲介面，因此 game_
functions 程式的 update_screen() 方法只要呼叫 ViewManager 所提供的
draw_game() 方法即可。所以，將 game_functions 程式的 update_screen()
方法改為以下形式（game_functions.py）。

```
# 處理更新遊戲介面的方法
def update_screen(screen, view_manager, mm, player):
    # 隨機生成怪物
    mm.generate_monster(view_manager)
```

```
# 處理角色的邏輯
player.logic(screen)
# 如果遊戲角色已死,判斷玩家失敗
if player.is_die():
    print(' 遊戲失敗 !')
# 檢查所有怪物是否將要死亡
mm.check_monster(view_manager, player)
# 更新螢幕顯示,放在最後一行
pygame.display.flip()
```

上面程式中被註釋起來的 3 行程式是之前繪製遊戲背景圖片、角色、怪物的程式。現在把這些程式刪除(或註釋起來),改為呼叫 ViewManager 的 draw_game() 方法與繪製遊戲介面即可。此時再運行該程式,將看到非常好的跑動效果。

20.1.4 增加音效

現在遊戲已經運行起來,但整個遊戲安靜無聲,這不夠好,還應該為遊戲增加音效,比如為發射了彈、爆炸、打中目標增加各種音效,這樣會使遊戲更加逼真。

pygame 提供了 pygame.mixer 模組來播放音效,該模組主要提供兩種播放音效的方式。

• 使用 pygame.mixer 的 Sound 類別:每個 Sound 物件管理一個音效,該物件通常用於播放短暫的音效,比如射擊音效、爆炸音效等。

• 使用 pygame.mixer.music 子模組:該子模組通常用於播放遊戲的背景音樂。該子模組提供了一個 load() 方法用於載入背景音樂,並提供了一個 play() 方法用於播放背景音樂。

為了替遊戲增加背景音樂,修改 metal_slug 程式,在該程式中載入背景音樂、播放背景音樂即可。將 metal_slug 程式的 run_game() 方法改為以下形式(metal_slug.py)。

```
def run_game():
    # 初始化遊戲
    pygame.init()
    # 初始化混音器模組
    pygame.mixer.init()
    # 載入背景音樂
    pygame.mixer.music.load('music/background.mp3')
    # 創建 ViewManager 物件
    view_manager = ViewManager()
    # 設定顯示螢幕，返回 Surface 物件
    screen = pygame.display.set_mode((view_manager.screen_width,
        view_manager.screen_height))
    # 設定標題
    pygame.display.set_caption(' 越南大戰 ')
    # 創建玩家角色
    player = Player(view_manager, ' 孫悟空 ', MAX_HP)
    while(True):
        # 處理遊戲事件
        gf.check_events(screen, view_manager, player)
        # 更新遊戲螢幕
        gf.update_screen(screen, view_manager, mm, player)
        # 播放背景音樂
        if pygame.mixer.music.get_busy() == False:
            pygame.mixer.music.play()
```

上面程式中初始化 pygame 的混音器模組；呼叫 pygame.mixer.music 子模組的 load() 方法來載入背景音樂；呼叫 pygame.mixer.music 子模組的 play() 方法來播放背景音樂。

接著，程式同樣使用 ViewManager 來管理遊戲的發射、爆炸等各種音效。在 ViewManager 的建構元中增加以下程式（view_manager.py）。

```
# 管理圖片載入和圖片繪製的工具類別
class ViewManager:
    # 載入所有遊戲圖片、聲音的方法
    def __init__ (self):
        ......
```

```
self.Y_JUMP_MAX = self.screen_height * 50 / 100
# 使用 list 串列管理所有的音效
self.sound_effect = []
# load 方法載入指定音訊檔案，並將被載入的音訊增加到 list 列表中管理
self.sound_effect.append(pygame.mixer.Sound("music/shot.wav"))
self.sound_effect.append(pygame.mixer.Sound("music/bomb.wav"))
self.sound_effect.append(pygame.mixer.Sound("music/oh.wav"))
```

上面程式中創建了一個 list 串列，接下來程式將所有透過 Sound 載入的音效都保存到該 list 列表中，以後即可透過該 list 串列來存取這些音效。

接著為 Player 發射子彈增加音效。Player 使用 add_bullet() 方法來發射子彈，因此應該在該方法的最後增加以下程式（player.py）。

```
...
    # 發射子彈的方法
    def add_bullet(self, view_manager):
        # 計算子彈的初始 X 座標
        bullet_x = self.view_manager.X_DEFAULT + 50 if self.get_dir() \
            == DIR_RIGHT else self.view_manager.X_DEFAULT - 50
        # 創建子彈物件
        bullet = Bullet(BULLET_TYPE_1, bullet_x, self.y - 60, self.get_dir())
        # 將子彈增加到使用者發射的子彈 Group 中
        self.bullet_list.add(bullet)
        # 發射子彈時，將 self.left_shoot_time 設定為射擊狀態最大值
        self.left_shoot_time = MAX_LEFT_SHOOT_TIME
        # 播放射擊音效
        view_manager.sound_effect[0].play()
...
```

此外，還需要控制怪物在死亡時播放對應的音效。當炸彈和飛機爆炸時，應該播放爆炸音效；當敵人死亡時，應該播放慘叫音效。因此，需要修改 monster_manager 的 check_monster() 函數（該函數用於檢測怪物是否將要死亡），當該函數內的程式檢測到怪物將要死亡時，將增加播放音效的程式。

修改後的 check_monster() 函數的程式為（monster_manager.py）：

```
...
# 檢查怪物是否將要死亡的函數
def check_monster(view_manager, player):
    # 獲取玩家發射的所有子彈
    bullet_list = player.bullet_list
    # 定義一個 del_list 列表，用於保存將要死亡的怪物
    del_list = []
    # 定義一個 del_bullet_list 列表，用於保存所有將要被刪除的子彈
    del_bullet_list = []
    # 遍歷所有怪物
    for monster in monster_list.sprites():
        # 如果怪物是炸彈
        if monster.type == TYPE_BOMB:
            # 角色被炸彈炸到
            if player.is_hurt(monster.x, monster.end_x,
                monster.start_y, monster.end_y):
                # 將怪物設定為死亡狀態
                monster.is_die = True
                # 播放爆炸音效
                view_manager.sound_effect[1].play()
                # 將怪物（爆炸的炸彈）增加到 del_list 列表中
                del_list.append(monster)
                # 玩家控制的角色的生命值減 10
                player.hp = player.hp - 10
            continue
        # 對於其他類型的怪物，則需要遍歷角色發射的所有子彈
        # 只要任何一顆子彈打中怪物，即可判斷怪物即將死亡
        for bullet in bullet_list.sprites():
            if not bullet.is_effect:
                continue
            # 如果怪物被角色的子彈打到
            if monster.is_hurt(bullet.x, bullet.y):
                # 將子彈設為無效
                bullet.is_effect = False
                # 將怪物設為死亡狀態
                monster.is_die = True
```

```
                    # 如果怪物是飛機
                    if monster.type == TYPE_FLY:
                        # 播放爆炸音效
                        view_manager.sound_effect[1].play()
                    # 如果怪物是人
                    if monster.type == TYPE_MAN:
                        # 播放慘叫音效
                        view_manager.sound_effect[2].play()
                    # 將怪物（被子彈打中的怪物）增加到 del_list 列表中
                    del_list.append(monster)
                    # 將打中怪物的子彈增加到 del_bullet_list 列表中
                    del_bullet_list.append(bullet)
            # 將 del_bullet_list 包含的所有子彈從 bullet_list 中刪除
            bullet_list.remove(del_bullet_list)
            # 檢查怪物子彈是否打到角色
            monster.check_bullet(player)
        # 將已死亡的怪物（保存在 del_list 列表中）增加到 die_monster_list 列表中
        die_monster_list.add(del_list)
        # 將已死亡的怪物（保存在 del_list 列表中）從 monster_list 中刪除
        monster_list.remove(del_list)
```

程式將代表炸彈的怪物的 is_die 設為 True，表明炸彈怪物已死，即將爆炸，同樣爆炸放在 monster.is_die=True 之後，這表示程式先將代表飛機或敵人的怪物設為死亡狀態，然後再播放對應的音效。

再次運行遊戲，將聽到遊戲的背景音樂，並且當角色發射子彈、怪物被打死時都會產生對應的音效，此時遊戲變得逼真多了。

現在該遊戲還有一個小問題：遊戲中玩家控制的角色居然是不死的，即使角色的生命值變成了負數，玩家也依然可以繼續玩這個遊戲，程式只是在主控台列印出「遊戲失敗！」的字樣，這顯然不是我們期望的效果。下面將開始解決這個問題。

20.1.5 增加遊戲場景

當玩家控制的角色的生命值小於 0 時，此時應該提示遊戲失敗。本遊戲雖然已經判斷出遊戲失敗，但程式只是在主控台列印出來「遊戲失敗！」的字樣。這顯然是不夠的，此處考慮增加一個代表遊戲失敗的場景。

此外，在遊戲正常開始時，通常會顯示遊戲登入的場景，而非直接開始遊戲。因此，本節會為遊戲增加遊戲登入和遊戲失敗兩個場景。

下面先修改 game_functions 程式，在該程式中定義三個代表不同場景的常數。

```
# 代表登入場景的常數
STAGE_LOGIN = 1
# 代表遊戲場景的常數
STAGE_GAME = 2
# 代表失敗場景的常數
STAGE_LOSE = 3
```

接著，該程式需要在 check_events() 函數中針對不同的場景處理不同的事件。對於遊戲登入和遊戲失敗的場景，會在遊戲介面上顯示按鈕，因此程式主要負責處理遊戲介面的滑鼠點擊事件。

在 update_screen() 函數中，程式需要根據不同的場景繪製不同的介面。下面是修改後的 game_functions 程式的程式（game_functions.py）。

```
import sys
import pygame
from player import *

# 代表登入場景的常數
STAGE_LOGIN = 1
# 代表遊戲場景的常數
STAGE_GAME = 2
# 代表失敗場景的常數
```

```
STAGE_LOSE = 3

def check_events(screen, view_manager, player):
    ''' 回應按鍵和滑鼠事件 '''
    for event in pygame.event.get():
        # 處理遊戲退出（只有登入介面和失敗介面才可退出）
        if event.type == pygame.QUIT and (view_manager.stage == STAGE_LOGIN \
            or view_manager.stage == STAGE_LOSE):
            sys.exit()
        # 處理登錄場景下的滑鼠按下事件
        if event.type == pygame.MOUSEBUTTONDOWN and view_manager.stage ==
STAGE_LOGIN:
            mouse_x, mouse_y = pygame.mouse.get_pos()
            if on_button(view_manager, mouse_x, mouse_y):
                # 開始遊戲
                view_manager.stage = STAGE_GAME
        # 處理失敗場景下的滑鼠按下事件
        if event.type == pygame.MOUSEBUTTONDOWN and view_manager.stage ==
STAGE_LOSE:
            mouse_x, mouse_y = pygame.mouse.get_pos()
            if on_button(view_manager, mouse_x, mouse_y):
                # 將角色生命值恢復到最大
                player.hp = MAX_HP
                # 進入遊戲場景
                view_manager.stage = STAGE_GAME
        # 處理登入場景下的滑鼠移動事件
        if event.type == pygame.MOUSEMOTION and view_manager.stage ==
STAGE_LOGIN:
            mouse_x, mouse_y = pygame.mouse.get_pos()
            if on_button(view_manager, mouse_x, mouse_y):
                # 如果滑鼠在按鈕上方移動，控制按鈕繪製反白圖片
                view_manager.start_image_index = 1
            else:
                view_manager.start_image_index = 0
            pygame.display.flip()
        # 處理遊戲場景下按鍵被按下的事件
        if event.type == pygame.KEYDOWN and view_manager.stage == STAGE_GAME:
            if event.key == pygame.K_SPACE:
                # 當角色的 left_shoot_time 為 0 時（上一槍發射結束），角色才能發射
```

下一槍。

```
                if player.left_shoot_time <= 0:
                    player.add_bullet(view_manager)
        # 使用者按下向上鍵，表示跳起來
        if event.key == pygame.K_UP:
            player.is_jump = True
        # 使用者按下向右鍵，表示向右移動
        if event.key == pygame.K_RIGHT:
            player.move = MOVE_RIGHT
        # 使用者按下向右鍵，表示向左移動
        if event.key == pygame.K_LEFT:
            player.move = MOVE_LEFT
    # 處理遊戲場景下按鍵被鬆開的事件
    if event.type == pygame.KEYUP and view_manager.stage == STAGE_GAME:
        # 使用者鬆開向右鍵，表示向右站立
        if event.key == pygame.K_RIGHT:
            player.move = MOVE_STAND
        # 使用者鬆開向左鍵，表示向左站立
        if event.key == pygame.K_LEFT:
            player.move = MOVE_STAND


# 判斷當前滑鼠是否在介面的按鈕上
def on_button(view_manager, mouse_x, mouse_y):
    return view_manager.button_start_x < mouse_x < \
        view_manager.button_start_x + view_manager.again_image.get_width()\
        and view_manager.button_start_y < mouse_y < \
        view_manager.button_start_y + view_manager.again_image.get_height()


# 處理更新遊戲介面的方法
def update_screen(screen, view_manager, mm, player):
    # 如果處於遊戲登入場景
    if view_manager.stage == STAGE_LOGIN:
        view_manager.draw_login(screen)
    # 如果當前處於遊戲場景
    elif view_manager.stage == STAGE_GAME:
        # 隨機生成怪物
        mm.generate_monster(view_manager)
        # 處理角色的邏輯
        player.logic(screen)
```

```
    # 如果遊戲角色已死，判斷玩家失敗
    if player.is_die():
        view_manager.stage = STAGE_LOSE
    # 檢查所有怪物是否將要死亡
    mm.check_monster(view_manager, player)

    # 繪製遊戲
    view_manager.draw_game(screen, mm, player)
# 如果當前處於失敗場景
elif view_manager.stage == STAGE_LOSE:
    view_manager.draw_lose(screen)

# 更新螢幕顯示，放在最後一行
pygame.display.flip()
```

從上面 check_events() 函數的程式來看，程式在處理事件時對遊戲場景進行了判斷，這表明該程式會針對不同的場景使用不同的事件處理程式。

程式的 update_screen() 函數同樣對當前場景進行了判斷，在不同的場景下呼叫 ViewManager 的不同方法來繪製遊戲介面。

• 登錄場景：呼叫 draw_login() 方法繪製遊戲介面。

• 遊戲場景：呼叫 draw_game() 方法繪製遊戲介面。

• 失敗場景：呼叫 draw_lose() 方法繪製遊戲介面。

接下來就需要為 ViewManager 增加 draw_login() 和 draw_lose() 方法，使用這兩個方法來繪製登入場景和失敗場景。

在增加這兩個方法之前，程式應該在 ViewManager 類別的建構元中將遊戲的初始場景設為登入場景（STAGE_LOGIN），還應該在建構元中載入繪製登入場景和失敗場景的圖片。修改後的 ViewManager 類別的建構元程式為（view_manager.py）：

```
# 管理圖片載入和圖片繪製的工具類別
class ViewManager:
    # 載入所有遊戲圖片、聲音的方法
```

```
     def __init__ (self):
         self.stage = STAGE_LOGIN
         ...
         # 載入開始按鈕的兩張圖片
         self.start_bn_images = []
         self.start_bn_images.append(pygame.image.load("images/start_n.gif"))
         self.start_bn_images.append(pygame.image.load("images/start_s.gif"))
         self.start_image_index = 0
         # 載入 " 原地復活 " 按鈕的圖片
         self.again_image = pygame.image.load("images/again.gif")
         # 計算按鈕的繪製位置
         self.button_start_x = (self.screen_width - self.again_image.get_
width()) // 2
         self.button_start_y = (self.screen_height - self.again_image.get_
height()) // 2
```

上面的建構元程式就是該版本程式新增加的程式，其中增加了一個 self.
start_image_index 變數，該變數用於控制開始按鈕顯示哪張圖片（為了替
開始按鈕增加反白效果，程式為開始按鈕準備了兩張圖片）。

接下來為 ViewManager 類別增加以下兩個方法，分別用於繪製登入場景
和失敗場景（view_manager.py）。

```
     # 繪製遊戲登入介面的方法
     def draw_login(self, screen):
         screen.blit(self.map, (0, 0))
         screen.blit(self.start_bn_images[self.start_image_index],
             (self.button_start_x, self.button_start_y))

     # 繪製遊戲失敗介面的方法
     def draw_lose(self, screen):
         screen.blit(self.map_back, (0, 0))
         screen.blit(self.again_image, (self.button_start_x, self.button_
start_y))
```

從上面的程式可以看出，程式開始時遊戲處於登入場景下。當玩家點擊登入場景中的「開始」按鈕時，程式進入遊戲場景；當玩家控制的角色的生命值小於 0 時，程式進入失敗場景。

再次運行 metal_slug 程式，將看到程式啟動時自動進入登入介面，如圖 20-4 所示。

圖 20-4　遊戲登入場景

當玩家控制的角色死亡之後，遊戲將自動進入如圖 20-5 所示的失敗場景。

圖 20-5　遊戲失敗場景

在圖 20-5 所示的介面中，如果玩家點擊「原地復活！」按鈕，則程式會將角色的生命值恢復成最大值，並再次進入遊戲場景，玩家可以繼續玩遊戲。

20.2 停車場辨識費率系統

停車場系統是透過電腦、網路裝置、車道路管理裝置共同架設的一套對停車場車輛出入、費用收取等進行管理的網路系統。該系統可以透過擷取車輛出入記錄、場內位置、停車時長等資訊，實現車輛出入及停車動態、靜態的綜合管理。本節將使用 Python 語言完成智慧停車場車牌辨識費率系統。該系統應具備以下功能：

* 顯示攝影機圖片；
* 辨識車牌；
* 記錄車輛出入資訊；
* 收入統計；
* 滿預警提示；
* 超長車提示。

20.2.1 系統設計

停車場車牌辨識費率系統的系統功能，除了核心的辨識車牌功能，還增加了滿預警提示、超長車提示和收入統計功能。其系統結構如圖 20-6所示。

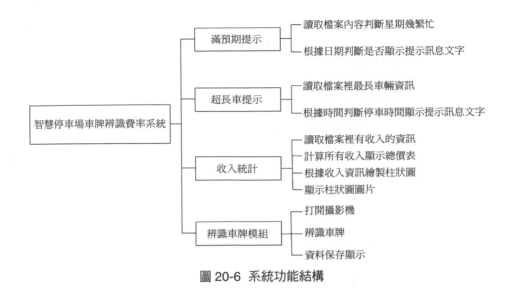

圖 20-6 系統功能結構

系統實現功能：當有車輛的車頭或車尾對準攝影機後，管理員點擊「辨識」按鈕，系統將辨識該車牌，並且根據車牌判斷進出，顯示不同資訊。管理員點擊「收入統計」按鈕，系統會根據車輛的進出記錄整理一年詳細的收入資訊，並且透過柱狀圖顯示出來。系統會根據以往的資料自動判斷一周中哪一天會出現車位緊張的情況，從而在前一天列出滿預警提示，方便管理員提前做好排程。

20.2.2 實現系統

下面透過分步驟來實現整體的智慧停車場車牌辨識費率系統。

1. 實現系統表單

具體實現系統表單的步驟為：

（1）首先創建名稱為 carnumber 的專案檔案夾；然後在該資料夾中創建資料夾，命名為 file，用於保存專案圖片資源；最後在專案檔案夾內創建 main.py 檔案，在該檔案中實現智慧停車場車牌辨識費率系統程式。

（2）匯入 pygame 後，定義表單的寬和高：

```
# 將 pygame 函數庫匯入到 python 中
import gygame
# 表單大小
size=1000,484
# 設定每秒顯示畫面（每秒顯示畫面就是每秒顯示的幀數）
FPS=60
```

（3）初始化 pygame。主要包括設定表單的名稱圖示、創建表單實例並設定表單的大小以及背景顏色，再透過迴圈實現表單的顯示與刷新：

```
# 定義背景顏色
DARKBLUE=(73,119,142)
BG=DARKBLUE   # 指定背景顏色
#pygame 初始化
pygame.init()
# 設定表單名稱
pygame.display.set_caption(' 智慧候車場車牌辨識費率系統 ')
# 圖示
ic_launcher=pygame.image.load('ic_launcher.png')
# 設定圖示
pygame.display.set_icon(ic_launcher)
# 設定表單大小
screen=pygame.display.set_mode(size)
# 設定背景顏色
screen.fill(BG)
# 遊戲循環每秒顯示畫面設定
clock=pygame.time.Clock()
# 主執行緒
Running=True
while Running:
        for event in pygame.event.get():
                # 關閉頁面遊戲退出
                if event.type==pygame.QUIT:
                    # 退出
                    pygame.quit()
```

```
            exit()
    # 更新介面
    pygame.display.flip()
    # 控制遊戲最大每秒顯示畫面為 60
    clock.tick(FPS)
```

運行程式，效果如圖 20-7 所示。

圖 20-7 主資料表單的效果圖

2. 顯示攝影機畫面

顯示攝影機畫面主要是透過捕捉攝影機畫面並保存為圖片，再透過循環載入圖片從而達到顯示攝影機畫面的目的，具體實現步驟為：

（1）匯入 openv-python 模組，該模組用於呼叫攝影機進行拍照：

```
import cv2
```

（2）匯入模組後初始化攝影機，並且創建攝影機實例：

```
try:
        cam=cv2.VideoCapture(0)
except:
        print(' 請連接攝影機 ')
```

（3）透過攝影機實例，在循環中獲取圖片並保存到 file 資料夾中，將其命名為 test.jpg 圖片，然後把圖片繪製到表單上：

```
# 從攝影機讀取圖片
sucess,img=cam.read()
# 保存圖片，並退出
cv2.imwrite('file/test.jpg')
# 載入圖型
image=pygame.image.load('file/test.jpg')
# 設定圖片大小
image=pygame.transform.scale(image,(640,480))
# 繪製視訊畫面
screen.blit(image,(2,2))
```

3. 保存資料檔案

根據專案分析，需要創建 2 個表，一個用於保存當前停車場裡的車輛資訊，另一個用於保存所有進入過停車場的車輛進出的資訊。具體實現步驟為：

（1）匯入 pandas 模組。該模組為 Python 的資料處理模組，這裡使用該模組裡的方法創建需要的檔案：

```
from pandas import DataFrame
import os
import pandas as pd
```

（2）在專案開始時需要判斷表是否已經存在了，如果不存在則需要建立表檔案：

```
# 獲取檔案的路徑
cdir=os.getcwd()
# 檔案路徑
path=cdir+'datafile/'
# 讀取路徑
if not os.path.exists(path+'停車場車輛表.xlsx'):
        # 根據路徑建立資料夾
```

```
os.makedirs(path)
# 車牌號碼、日期、時間、價格、狀態
carnfile=pd.DataFrame(column=['carnumber','date','price','state'])
# 生成 .xlsx 檔案
carnfile.to_excel(path+' 停車場車輛表 .xlsx',sheet_name='data')
carnfile.to_excel(path+' 停車場車輛表 .xlsx',sheet_name='data')
```

專案運行後會在專案檔案夾中自動創建檔案。

4. 辨識車牌

智慧停車場車牌辨識費率系統的核心功能就是辨識車牌，專案中的車牌辨識使用了百度的圖片辨識 AI 介面（官方網址：http://ai.baidu.com/），主要透過包含車牌的圖片返回車牌號碼的資訊。具體實現步驟為：

（1）在專案檔案夾中創建 ocrutil.py 檔案，作為圖片辨識模組，在其中調百度 AI 介面辨識圖片，獲取車牌號碼：

```
from aip import AipOcr
import os
# 百度辨識車牌
""" 請將申請的 key 寫到專案根目錄下的 key.txt 檔案中，並且按照對應的內容進行填寫 """
filename='file/key.txt'# 記申請的 key 的檔案位置
if os.path.exists(filename):    # 判斷檔案是否存在
        with open(filename,'r') as file:  # 打開檔案
            dictkey=eval(file.readlines()[0])# 讀取全部內容轉為字典
            # 以下獲取的三個 key 是進入百度 AI 開放平台應用到列表裡創建應用得來的
            API_ID=dictkey['APP_ID'] # 獲取申請的 APIID
            API_KEY=dictkey['API_KEY']    # 獲取申請的 APIKEY
            SECRET_KEY=dictkey['SECRET_KEY']   # 獲取申請的 SECRETKEY
else:
        print(" 請先在 file 目錄下創建 key.txt，並且寫入申請的 key! 格式如下：" "\
n{'API_ID',:' 申請的 APIID','API_KEY':' 申請的 APIKEY','SECRET_KEY':' 申請的
SECRETKEY'}")
# 初始化 AipOcr 物件
client=AipOcr(API_ID,API_KEY,SECRET_KEY)
# 讀取檔案
```

```
def get_file_content(filePath):
        with open(filePath,'rb') as fp:
                return fp.read()

# 根據圖片返回車牌號碼
def getcn():
        # 讀取圖片
        image=get_file_content('file/test.jpg')
        # 呼叫車牌辨識
        results=client.licensePlate(image)["words_result"]['number']
        # 輸出車牌號碼
        print(results)
        return results
```

（2）由於專案中使用的是免費的百度 AI 介面，它每天限制呼叫次數，所以在專案中增加了「辨識」按鈕。當車牌出現在攝影機中的時候點擊「辨識」按鈕，並呼叫辨識車牌介面。創建 btn.py 用於自訂按鈕模組。

```
import pygame
# 自訂按鈕
class Button():
        #msg 為要在按鈕中顯示的文字
        def __init__(self,screen,centerxy,width,height,button_color,text_
color,msg,size):
                """ 初始化按鈕的屬性 """
                self.screen=screensize
                # 設定按鈕的寬和高
                self.width,self.height=width,height
                # 設定按鈕的 rect 物件顏色為深藍
                self.button_color=button_color
                # 設定文字的顏色為白色
                self.text_color=text_color
                # 設定文字為預設字型，字型大小為 20
                self.font=pygame.font.SysFont('SimHei',size)
                # 設定按鈕大小
                self.rect=pygame.Rect(0,0,self.width,self.height)
                # 創建按鈕的 rect 物件，並設定按鈕的中心位置
                self.rect.centerx=centerxy[0]-self.width/2+2
```

```
        self.rect.centery=centerxy[1]-self.height/2+2
        # 繪製圖型
        self.deal_msg(msg)

    def deal_msg(self,msg):
        """ 將 msg 繪製為圖型，並將其在按鈕上置中 """
        # 應用 render() 方法將儲存在 msg 的文字轉為圖型
        self.msg_img=self.font.render(msg,True,self.text_color,self.
button_color)
        # 根據文字圖型創建一個 rect
        self.msg_img_rect=self.msg_img.get_rect()
        # 將該 rect 的 center 屬性設定為按鈕的 center 屬性
        self.msg_img_rect.center=self.rect.center

    def draw_button(self):
        # 填充顏色
        self.screen.fill(elf.button_color,self.rect)
        # 將該圖型繪製到螢幕
        self.screen.blit(self.msg_img,self.msg_img_rect)
```

（3）在 main.py 專案主文件中呼叫自訂按鈕模組，定義一些按鈕及專案中用到的顏色屬性：

```
import btn
# 定義顏色
BLACK=(0,0,0)
WHITE=(255,255,255)
GREEN=(0,255,0)
BLUE=(72,61,139)
GRAY=(96,96,96)
RED-(220,20,60)
YELLOW=(255,255,0)
```

（4）在迴圈中初始化按鈕，同時判斷點擊的位置是否為「點擊辨識」按鈕的位置，如果是，則呼叫自訂的車牌辨識模組 ocrutil 中的 getcn() 方法對車牌進行辨識：

```
# 創建辨識按鈕
button_go=btn.Button(screen,(640,480),150,60,BLUE,WHITE,' 辨識 ',25)
# 繪製創建的按鈕
button_go.draw_button()
for event in pygame.event.get():
        # 關閉頁面系統退出
        if event.tytpe==pygame.QUIT:
            # 退出
            pygame.quit()
            exit()
            # 辨識按鈕
            if 492<=event.pos[0] and event.pos[0]<=642 and 422<=event.
pos[1] and event.pos[1]<=482:
                print(' 點擊辨識 ')
                try:
                        # 獲取車牌
                        carnumber=ocrutil.getcn()
                except:
                        print(' 辨識錯誤 ')
                        continue
                pass
```

即實現了「辨識」按鈕的增加。

5. 讀取與保存車牌資訊

在前面小節中創建了保存資料的 2 個文件,這裡主要完成在這兩個文件中
保存與讀取顯示想要的內容。具體實現步驟為:

(1)運行專案時要獲取當前停車場的停車數量:

```
# 讀取檔案內容
pi_talbe=pd.read_excel(path+' 停車場車輛表 .xlsx',sheet_name='data')
pi_info_tabel=pd.read_excel(path+' 停車場資訊表 .xlsx',sheet_name='data')
# 停車場車輛
cars=pi_talbe[['carnumber','data','state']].values
# 已進入車輛數量
carn=len(cars)
```

（2）創建 text3() 方法用於讀取檔案資訊，繪製停車場車輛，顯示到介面上：

```
# 停車場車輛資訊
def text3(screen):
        # 使用系統字型
        xtfont=pygame.font.SysFont('SimHei',12)
        # 獲取文件表資訊
        cars=pi_table[['carnumber','data','state']].values
        # 頁面只繪製 10 輛車的資訊
        if len(cars)>10:
                cars=pd.read_excel(path+' 停車場車輛表 .xlsx',skiprows=len(cars)-
10,sheet_name='data').values
                # 動態繪製 y 點變數
                n=0
                # 迴圈文件資訊
                for car in cars:
                   n+=1
                   # 車輛車牌號碼，車輛進入時間
                   textstart=xtfont.render(str(car[0])+ +str(car[1]),True,WHITE)
                   # 獲取文字圖型位置
                   text_rect=textstart.get_rect()
                   # 設定文字圖型中心點
                   text_rect.centerx=820
                   text_rect.cnteryy=70+20*n
                   # 繪製內容
                   screen.blit(textstart,text_rect)
                pass
```

（3）讀取文件資訊，根據 state 欄位判斷離現在最近的停車場車輛滿預警是星期幾，在下個相同的星期幾的提前一天進行滿預警提示：

```
# 滿預警
kcar=pi_info_tabel[pi_info_tabel['state']==2]
kcars=kcar['data'].values
# 周標記，0 代表週一
week_number=0
```

```
for k in kcars:
        week_number=timeutil.get_week_number(k)
# 轉換當前時間
localtime=time.strftime('%Y-%m-%d %H:%M',time.localtime())
# 根據時間返回周標記，0 代表週一
week_localtime=timeutil.get_week_number(localtime)
if week_number==0:
        if week_localtime==6:
                text6(screen,' 根據資料分析，明天可能出現車位緊張的情況，請提前做好排
程！')
        elif week_localtime==0:
                text6(screen,' 根據資料分析，今天可能出現車位緊張的情況，請做好排程！')

else:
        if week_localtime+1==week_number:
                text6(screen,' 根據資料分析，明天可能出現車位緊張的情況，請提前做好排
程！')
        elif week_localtime==week_number:
                text6(screen,' 根據資料分析，今天可能出現車位緊張的情況，請做好排程！')
pass
```

（4）更新保存資料，當辨識出車牌後判斷是否為停車場車輛，從而對 2
個表進行資料的更新或增加新的資料：

```
# 獲取車牌號碼列資料
carsk=pi_table['carnumber'].values
# 判斷當前辨識的車是否為停車場車輛
if carnumber in carsk:
        txt1=' 車牌號碼：'+carnumber
        # 時間差
        y=0
        # 獲取行數用
        kcar=0
        # 獲取文件內容
        cars=pi_talbe[['carnumber','date','state']].values
        # 迴圈資料
        for car in cars:
                # 判斷當前車輛根據當前車輛獲取時間
```

```
            if carnumber==car[0]:
                # 計算時間差 0，1，2，...
                y=timeutil.DtCalc(car[1],localtime)
                break
            # 行數 +1
            kcar=kcar+1
        # 判斷停車時間，如果時間小於 1，讓其為 1
        if y==0:
            y=1
        txt2=' 停車費：'+str(3*y)+" 元 "
        txt3=' 出停車場時間：'+localtime
        # 刪除停車場車輛表資訊
        pi_talbe=pi_talbe.drop([kcar],axis=0)
        # 更新停車場資訊
        pi_info_tabel=pi_info_tabel.append({'carnumber':carnumber,'date':lo
caltime,'price':3*y,'state':1},ignore_index=True)
        # 保存資訊更新 .xlsx 檔案
        DataFrame(pi_talbe).to_excel(path+' 停車場車輛表 '+'.xlsx',sheet_name
='data',index=False,header=True)
        DataFrame(pi_info_tabel).to_excel(path+' 停車場資訊表 '+'.xlsx',
sheet_name='data',index=False,header=True)
        # 停車場車輛
        carn-=1
else:
        if carn<=Total:
            # 增加資訊到文件 ['carnumber','date','price','state']
            pi_talbe=pi_talbe.append({'carnumber':carnumber,'date':localti
me,'state':0},ignore_index=True)
            # 生成 .xlsx 檔案
            DataFrame(pi_talbe).to_excel(path+' 停車場車輛表 '+'.xlsx',
sheet_name='data',index=False,header=True)
            if carn<Total:
                #state 等於 0 時為停車場有車位的時候
                pi_info_tabel=pi_info_tabel.append({'carnumber':carnumber,
'date':localtime,'state':0},ignore_index=True)
                # 車輛數量 +1
                carn+=1
            else:
                #state 等於 2 時為停車場沒有車位的時候
```

```
            pi_info_tabel=pi_info_tabel.append({'carnumber':carnumber,
'date':localtime,'state':2},ignore_index=True)
            DataFrame(pi_info_tabel).to_excel(path+' 停車場資訊表
'+'.xlsx',sheet_name='data',index=False,header=True)
```

對文件進行處理完成後，繪製資訊到介面。

6. 實現收入統計

在智慧停車場車牌辨識費率系統中增加了收入統計功能，顯示一共賺了多少錢以及繪製月收入的統計圖表。實現步驟為：

（1）匯入 matplotlib 模組，使用它繪製柱狀圖：

```
import matplotlib.pyplot as plt
```

（2）創建「收入統計」按鈕，繪製到介面上：

```
# 創建 " 收入統計 " 按鈕
button_go1=btn.Button(screen,(990,480),100,40,RED,WHITE," 收入統計 ",18)
# 繪製創建的按鈕
button_go1.draw_button()
```

（3）判斷是否點擊了「收入統計」按鈕，根據文件內容生成柱狀圖圖片，保存到 file 檔案中：

```
import matplotlib.pyplot as plt

# 創建 " 收入統計 " 按鈕
button_go1=btn.Button(screen,(990,480),100,40,RED,WHITE," 收入統計 ",18)
# 繪製創建的按鈕
button_go1.draw_button()

# 判斷點擊
if event.type==pygame.MOUSEBUTTONDOWN:
        # 輸出滑鼠點擊位置
        print(str(event.pos[0])+':'+str(event.pos[1]))
```

```
# 判斷是否點擊了 " 辨識 " 按鈕位置
#" 收入統計 " 按鈕
if 890<=event.pos[0] and event.pos[0]<=990 and 400<=event.pos[1]
and event.pos[1]<=480:
        print(' 收入統計按鈕 ')
    if income_switch:
      income_switch=False
      # 設定表單大小
      size=1000,484
      screen=pygame.display.set_mode(size)
      screen.fill(BG)
    else:
      income_switch=True
      # 設定表單大小
      size=1500,484
      screen=pygame.display.set_mode(size)
      screen=fill(BG)
      attr=['1 月 ','2 月 ','3 月 ','4 月 ','5 月 ','6 月 ','7 月 ','8 月 ',
'9 月 ','10 月 ','11 月 ','12 月 ']
      v1=[]
      # 迴圈增加資料
      for i in range(1,13):
              k=i
              if i<10:
                  k='0'+str(k)
                  # 篩選每月資料
                  kk=pi_info_tabel[pi_info_tabel['date'].str.
contains('2020-'+str(k))]
                  # 計算價格和
                  kk=kk['price'].sum()
                  v1.append(kk)
                  # 設定字型可以顯示中文
                  plt.rcParams['font.sans-serif']=['SimHei']
                  # 設定生成柱狀圖圖片大小
                  plt.figure(figsize=(3.9,4.3))
                  # 設定柱狀圖屬性 attr 為 x 軸內容，v1 為 x 軸內容相對
                    的資料
                  plt.bar(attr,v1,0.5,color='green')
                  # 設定數字標籤
```

```
                                    for a,b in zip(attr,v1):
                                        plt.text(a,b,'%.0f'% b, ha='center',v
a='bottom',fontsize=7.5)

                                    # 設定柱狀圖標題
                                    plt.title(' 每月收入統計 ')
                                    # 設定 y 軸範圍
                                    plt.ylim((0,max(v1)+50))
                                    # 生成圖片
                                    plt.savefig('file/ncome.png')
                            pass
```

（4）創建 text5()，用於在確定點擊了「收入統計」按鈕後，繪製收入統計柱狀圖圖片以及總收入：

```
# 收入統計
def text5(screen):
        # 計算 price 列的和
        sum_price=pi_info_tabel['price'].sum()
        # 使用系統字型
        xtfont=pygame.font.SysFont('SimHei',20)
        # 重新開始按鈕
        textstart=xtfont.render(' 共計收入：'+str(int(sum_price))+' 元 ',True,WHITE)
        # 獲取文字圖型位置
        text_rect=textstart.get_rect()
        # 設定文字圖型中心點
        text_rect.centerx=1200
        text_rect.centery=30
        # 繪製內容
        screen.blit(textstart,text_rect)
        # 載入圖型
        image=pygame.image.load('file/income.png')
        # 設定圖片大小
        image=pygame.transform.scale(image,(390,430))
        # 繪製月收入圖表
        screen.blit(image,(1000,50))
```

點擊「收入統計」按鈕後即可顯示收入統計。

參考文獻

[1] 劉衍琦,等.電腦視覺與深度學習實戰 [M].北京:電子工業出版社,2019.

[2] 段小手.深入淺出 Python 機器學習 [M].北京:清華大學出版社,2018.

[3] Peter Harrington.機器學習實戰 [M].李銳,等譯.北京:人民郵電出版社,2018.

[4] [印度] 桑塔努·帕塔納亞克(Santanu Pattanayak).Python 人工智慧專案實戰 [M].魏蘭,潘婉瓊,方舒,譯.北京:機械工業出版社.2019.

[5] 李剛.瘋狂 Pyython 講義 [M].北京:電子工業出版社,2019.

[6] 何宇健.Python 與機器學習實戰 [M].北京:電子工業出版社,2018.

[7] 明日科技.Python 專案開發案例集錦 [M].長春:吉林大學出版社,2019

[8] [美] 弗朗索瓦.肖萊.Python 深度學習 [M].張亮,譯.北京:人民郵電出版社,2019.

[9] [印] 阿布舍克.維賈亞瓦吉亞(Abhishek Vijayvargia).Python 機器學習 [M].宋格格,譯.北京:人民郵電出版社,2019.

Note

Note

Note